U0019211

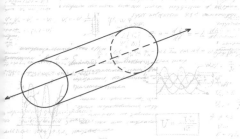
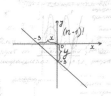

科學大師的
失誤

璀璨成就背後的真實人生

楊建鄴——著

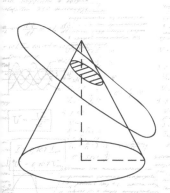

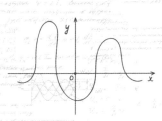

目錄

前言

　　我們都知道，首創精神是科學研究活動最根本的要求；沒有首創精神，就沒有科學的存在，當然也就更談不上科學的發展。但是，首創精神與錯誤、失敗又是緊密相連的。只有探索別人從來沒有或不敢探索的問題，提出別人從來沒有或不敢提出的新見解，才能稱得上具有首創精神。在進行這樣的探索活動時，沒有先例可循，有時甚至要打破舊框架，為後人提供一個嶄新的框架。試想，在這種情形下怎麼可能完全避免錯誤和失敗呢？這正像一個人在漆黑的夜晚摸索於崎嶇的山路上，他怎麼可能不被石頭絆一下或跌一跤呢？就算是跌得鼻青臉腫、頭破血流也不是什麼很奇怪的事，除非他乾脆屈膝抱頭，在山洞裡坐等天明。

　　謹小慎微、害怕擔風險、人云亦云的「科學家」，固然不會犯什麼錯誤，但也不會有所發現，有所發明，有所創造。蘇聯著名物理學家米格達爾（A. A. Migdal）說得好，如果從來沒有做過一件錯誤的工作可以算是一個科學家的認真負責的話，那也可以簡單地證明這位科學家缺乏勇氣和首創精神。

　　縱觀整個科學史我們就會發現，其中不僅包含令人歎為觀止、奪目耀眼的成果，而且也包含不少的錯誤和失敗。英國物理學家凱文勛爵（Lord Kelvin，1824-1907，即威廉·湯姆森William Thomson）一語道破此中真諦：我堅持奮鬥55年，致力於

科學發展，用一個詞可以道出我最艱辛的工作特點，這個詞就是「失敗」。

其實，科學史上科學家所犯的各種錯誤和所遭受的失敗，不僅在內容上豐富多彩、引人入勝，而且就其對後人的啟發性而言，比成功史還更勝一籌。對此，英國著名化學家大衛爵士（Sir Humphry Davy，1778-1829）就曾感觸至深地說：我的那些最重要的發現是受到失敗的啟發而獲得的。

所以，我們有必要對科學家的失敗事例，作一番深入細緻的研究。美國生理心理學家、美國心理學會前主席米勒（N. E. Miller，1909-2002）也曾尖銳地指出：已經發表的研究報告都是根據事後的認識寫成的。為了節省雜誌的篇幅（或許是為了面子），他們忽略了開始時在黑暗中的探索和嘗試，由於失敗而放棄的所有的嘗試幾乎都沒有被提起。因此，他們描述的圖景未免過於規律，也過於簡單，容易使人產生誤解，其作用實際上是把科學的發展推進到毫無知識的領域。

在任何時代和任何研究中，只要把研究的物件罩上一層紫藍色神祕的光彩，都會無一例外地給人們帶來遺憾、偏見和誤解。由此可知，對失敗案例的研究是多麼不可缺少！實際上，研究失敗案例，素來為科學大師重視。偉大的英國物理學家馬克斯威爾（J. C. Maxwell，1831-1879）說得好：科學史不限於羅列成功的研究活動。科學史應該向我們闡明失敗的研究過程，並且解釋，為什麼某些最有才幹的人未能找到打開知識大門的鑰匙，而另外一些人的名聲又如何大大地強化了他們所陷入的盲點。

美國著名生物學家和科學史家、哈佛大學教授邁爾（Ernst Mayr，1904-2005）在他的巨著《生物學思想發展的歷史》一

書中指出：歷史所表現出來的不僅是解決問題的成功的嘗試，還有不成功的努力。在處理科學領域的重大爭論的時候，要努力去分析爭論對手用來支持相反理論的思想、觀念（或信條）以及具體證據……只有透過學習這些概念的形成所經歷的艱難道路，學習早先的假定怎樣一個一個地被否定，換句話說，就是要學習過去的所有錯誤，才有可能獲得真正透徹和完滿的理解。在科學中，人們不僅透過自己的錯誤的歷史進行學習，而且也通過別人的錯誤的歷史進行學習。

筆者非常贊同米勒、馬克斯威爾和邁爾的觀點，因此早就有心在這方面做一些嘗試。本書彙集了作者多年來的研究成果，現在能夠奉獻給大家，感到由衷的高興。希望讀者能夠從本書26例科學家的失誤中，得到下述兩方面的收益和啟發。

一方面，即使是科學大師，像伽利略、牛頓、林奈、居維葉、高斯、歐拉、馬克斯威爾、愛因斯坦這些科學巨匠，也同樣會犯錯誤。可以肯定地說，任何一位傑出的科學家的科學探索，都絕不只是成功的記錄；甚至可以說，他們一生中所經歷的失敗肯定比他們獲得的成功更多。他們之所以能最終獲勝，是因為他們在經歷失敗的痛苦煎熬時，從不失望、從不氣餒。這就是他們成功的奧祕所在。

另一方面，失敗固然在所難免，但透過對歷史上失敗事例的研究，我們可以總結出前人失敗的經驗和教訓，以便在今後從事科學探索時作為借鑒，以減少一些可以避免的錯誤和失敗，筆者相信這是完全可以做到的。

如果這本書果真能使讀者有所裨益，並由此受到激勵，立志為人類壯麗的科學事業貢獻自己的智慧和力量，那筆者就會感到

由衷的滿足。

另外，本書講的科學大師的失誤不僅僅是研究思想和方法的失誤，還有一些是由於心理、性格、情緒等非科學原因造成的失誤。例如，有的科學家由於驕傲，有的由於某些極端民族情緒導致一時喪失客觀標準而進退失據或者走向極端，導致可悲的錯誤發生。看見這些錯誤，有時不免唏噓不止，感慨萬千。

不論由於什麼原因，其結果都是導致了失誤。研究這些失誤必定具有重要的意義和價值。但是作者本人學識有限，沒有涉及的，或者分析不嚴謹之處，在所難免，希望廣大讀者不吝賜教。

本書由北京大學出版社編輯團隊在此前幾個版本的基礎上修訂而成。修訂工作主要包括以下幾個方面：糾正了原書中的許多錯誤，修改了大量文字表達欠妥之處，調整了全書的整體結構，優化了大部分內文主標題。這些修訂為本書增色不少，本人均表贊同，並對北京大學出版社編輯團隊的職業精神深表敬意。

楊建鄴

2020年4月1日

於華中科技大學寧泊書齋

第一講
生物學界的「獨裁者」

居維葉是一位傑出的比較解剖學家，古生物學的創始人。他堅定地反對拉馬克主義理論，尤其是反對他的進化學說。雖然居維葉堅持反對物種變化的可能性，但他對比較解剖學的巨大變革使解剖學成了收集資料的有力工具，這些資料後來還成為支援進化論的證據。

——瑪格納（L. N. Magner）

在科學史上，人們一般把林奈看成是18世紀堅持物種不變教條的代表人物，這實在是有點委屈了林奈。林奈其實早就懷疑物種不變的教條，而且在他後期的著作中也有所反映。可惜由於種種原因，他始終未能大膽、明確、決斷地走向進化論，反而在科學史上成為一個不光彩的代表人物。其實真正使物種不變的教條上升成為一個理論，並成為堅定徹底的反進化論者，是19世紀法國最偉大的生物學家、當時被稱為生物學界的「獨裁者」的居維葉（Georges Cuvier，1769-1832）。美國著名生物學家邁爾說：在前達爾文時期，沒有人像喬治·居維葉那樣貢獻出那麼多最終支援進化論的新知識。

可以想見，居維葉的科學生涯，尤其是他的失誤，一定能引起讀者的興趣。

（一）

　　法國生物學家、比較解剖學奠基人喬治・居維葉於1769年出生於法國東部巴塞爾（Basel）附近的蒙貝利亞爾。他父親是一個胡格諾教徒[1]，而且是一個傳教士。年輕時他曾在法國部隊為政府效勞，曾經有一段時間居住在符騰堡（Württemberg，現為德國的一個州），後來移居法國。退伍時，他只有很少的一點養老金，因此家庭生活常處於窘迫之境。

　　居維葉從小就是一個神童。4歲就能讀書，14歲就進入斯圖加特大學學習，跟中國科學技術大學少年班大學生的平均年齡差不多。特別聰明的孩子似乎都有一個共同特點：身體都比較羸弱。居維葉似乎也難逃這一「規律」，雖從小穎悟非凡，體格卻令人擔心，常常生病。幸虧母親十分疼愛他，呵護有加。正是因為這一原因，居維葉終生都對母親懷有深深的愛意和崇敬的心情。母親去世後，居維葉將母親的一些遺物放在身邊，不時面對遺物，緬懷慈母對他的恩情。

　　母親見兒子有非同尋常的智力，很早就將他送進蒙貝利亞爾的初級小學學習。雖然居維葉在同學中年齡最小，但他那驚人的記憶和領悟能力，立即使老師對他另眼相看，並在他14歲時就將他保送到斯圖加特大學的卡洛琳學院學習生物學。生物學教授基

1　胡格諾派（Huguenots）受到16世紀30年代約翰・喀爾文思想的影響，在政治上反對君主專制。1555-1561年，大批貴族和市民改宗胡格諾派。在此期間，天主教會用「胡格諾」稱呼喀爾文的信徒，而胡格諾派自稱「改革者」。主要成員為反對國王專制、企圖奪取天主教會地產的新教封建顯貴和地方中小貴族，以及力求保存城市「自由」的資產階級和手工業者。

爾邁耶（K. F. Kielmayer）是研究比較解剖學的知名學者，他在講授比較解剖學的時候，發現了居維葉的才幹，因此十分重視他，常常給予額外的關照。

居維葉自幼就對博物學有特殊的愛好，愛屋及烏，他甚至連名家的風景畫和法國博物學家布豐（Buffon，1707-1788）著作中的彩色插圖都愛不釋手。有了基爾邁耶教授的指導，他對博物學更是執著。學習之餘，居維葉常常到野外搜集各種動植物標本，並精心作圖描繪這些標本。大學期間他多次獲得獎勵，甚至還獲得過一枚勛章。

1787年，居維葉從斯圖加特大學畢業，一時無法找到工作，這無疑給原本就家境困難的他添加了無窮的煩惱。幸運的是，第二年他在諾曼第（Normandy）一位伯爵家裡找到一份家庭教師的工作，這才使他安下心來並在教課之餘從事博物學研究。在6年的家庭教師工作中，除了為學生上課，他把時間和精力都用於調查研究諾曼第地區動物與植物的分布情況。伯爵的家正好瀕臨拉芒什海峽（La Manche），這為居維葉提供了觀察大自然的方便機會。在6年時間裡，他解剖了無數脊椎動物，還做了詳細記錄，為他以後的成功打下了厚實的基礎。

成功永遠是為那些堅持不懈的人準備的禮物；成功者也從來不把自己的時間用在等待或無窮的埋怨之中，他們的座右銘之一永遠是「不浪費一分鐘，時刻行動」。居維葉就是成功者的一個典型人物。他並沒有為自己一時的失意和遠離學術中心而抱怨生活的不公正。他的生活準則是行動，積極的行動。在這種生活準則下，生活終會給他公正回報的。

1792年，他寫出了第一部著作，內容是關於一種軟體動物

的解剖。正好在這期間，一位叫特希爾（H. A. Tesser，1741－1837）的農學家在諾曼第與居維葉邂逅，居維葉的生活旅途從此有了轉機。特希爾知道了居維葉的自強不息的精神和研究成果後，深受感動，他立即將此事寫信告訴在巴黎國家自然歷史博物館的聖－伊萊爾教授（G. Saint-Hilaire，1772－1844），說「我在諾曼第的糞土中挖出一顆明珠」，建議聖－伊萊爾能設法讓居維葉到巴黎去工作，否則科學界會後悔，云云。

　　大約是1794年年底或1795年年初，聖－伊萊爾親自寫了一封熱情洋溢的信給居維葉，請他到巴黎國家自然歷史博物館來主講動物解剖學。1795年春，蟄居諾曼第6年之久的居維葉在特希爾、聖－伊萊爾喚來的春雷聲中，終於由「驚蟄」而躍入回春的大地。從此他在學術上和官場上都一帆風順，青雲直上。1795年他就獲得法蘭西科學院院士稱號，1802年出任法國最高科學職位法蘭西科學院終身祕書，1806年被選為英國倫敦皇家學會會員。他不僅是傑出的科學家，而且還是成功的社會活動家。1813年在拿破崙時代他被任命為「皇家特命全權代表」，1819年又出任路易十八的內務大臣，1831年，62歲的居維葉被法國國王路易·菲力浦封為男爵。1832年，居維葉去世，為人類留下了十幾部巨著。

　　後世學者曾尊稱他為「第二個亞里斯多德」，也略帶貶義地稱他為生物學界的「獨裁者」。由此我們也可以感知到他為世界科學作出了多麼大的貢獻。

（二）

　　居維葉到了巴黎國家自然歷史博物館之後，立即被任命為比較解剖學教授的助教，而他也勇敢地獨當一面，在新的職位上開始了他的新的科學長征。他極端熱愛他的新工作，一上任就開始系統整理比較解剖學裡浩如煙海的資料。他曾經深情地對朋友說：「從童年時代起我對比較解剖學就十分愛好，隨著年齡的增大，在這方面的興趣有增無減，直到後來決心獻身於這門學科。」

　　比較解剖學是利用比較解剖的方法，研究動物器官之間的相互關係，和器官構造與機能之間的密切關聯的規律。這種研究需要投入大量的精力才可能獲得成就，他自己曾說：「我得一個一個地檢查我的標本的物種……在每一種情況下，我至少要解剖每一個亞屬的一個物種。」

　　在研究鳥類時他說：「我以最大的耐心檢查了博物館裡保存的四千多份鳥類標本。我的艱苦繁重的研究工作，對真實、正確的鳥類史的建立，是有很大價值的。」

　　由於他勤奮、踏實而富有成效的研究，在他來到自然歷史博物館後僅三年時間，就寫出了一本後來廣為傳播的著作《動物自然史的基本狀況》（1798年），過了兩年，他的偉大著作《比較解剖學》的第一和第二卷問世，1805年又出版了第三卷。

　　在《比較解剖學》這部傳世巨著中，居維葉根據他多年大量的研究，得出了「器官相關律」。這一規律指出，每一種動物的有機體都是一個嚴密完整的統一體；每一種動物的特有結構、形態，都與這種動物的特殊習慣（吃草、吃肉、水生……）和機能

相互關聯、相互適應；如果這種動物的某一個部分發生了變化，那一定會引起相關的另外一些部分隨之發生變化。有了這個「器官相關律」，在考古時就可以根據所發現的一小塊骨頭，合理地判斷、推測該種動物的全貌。舉一個例子：

我們根據牙齒（或爪）的形狀，可以合理地判斷具有這種牙的動物的整體情形。如果這種牙齒鋒利，適於撕裂、咬碎動物皮肉，那麼這種動物一定有較寬且堅固的齶骨，以幫助它醫咬；它的肩胛骨必須有利於它奔跑以捕捉動物；它的趾一定是尖利的爪，以幫助它抓獲和撕裂捕獲物；它的內臟組織器官要適於消化新鮮的肉；它的整個肢體結構必須適於追捕和奔襲遠處的獵物；它的頭上一定不會有如羊、牛、鹿那樣的犄角；它的大腦也一定會保證它有足夠的本能使它實現捕捉的「陰謀」；它的頸肌必須有力，脊椎和枕骨一定會有特殊形式以適合襲擊別的動物；等等。

同樣，從一個爪，一塊肩胛骨，一塊腿骨……或任何其他的骨骼，都能使我們推測這塊骨骼所屬動物的整體結構。

居維葉曾明確指出「器官相關律」的內涵和價值，他說：一個動物的所有器官形成一個系統，它們各部分合在一起並相互作用和反作用；某一部分的變化必然會導致其餘部分發生相應的變化……決定動物器官關係的那些規律，就是建立在這些機能的相互依存和相互協調上的；這些規律具有和形而上學規律和數學規律同樣的必然性……牙齒的形狀意味著顎的形狀，肩胛骨的形狀意味著爪的形狀，正如一條曲線的方程式含有曲線的所有屬性一樣。

居維葉創立的比較解剖學不僅大大促進了生物學的研究，

奠定了這門學科的基礎，而且它還打破了林奈的「人為分類」系統，創立了自然分類系統。我們知道，分類方法是科學研究中基本的理論方法，它又分為兩種：「人為分類方法」和「自然分類方法」。前者是僅僅依據事物的外部特徵或外在聯繫所進行的分類方法，這種方法帶有很強的人為性質，它也稱為「現象分類方法」；後者則根據事物的本質特徵或內部聯繫進行分類，因而也稱它為「本質分類方法」。科學研究最初的分類總是從人為分類法開始，但隨著研究的擴大和深入，人為分類法逐漸弊端百出，自然會被人們摒棄，轉而被自然分類法取而代之。

居維葉除了像林奈一樣利用形態比較法以外，他還把「器官相關律」用於分類。這樣，從他的分類中就很容易看出，整個動物界在時空上的親緣關係，由此也很容易看出生物進化的趨向。事實上，居維葉在動物分類中，就發現每一門類中的各個物種都來自一個原始的共同祖先（例如所有的鳥來自一種「始祖鳥」），雖然在長期發展中，它們的結構、形態千變萬化，但萬變不離其宗，彼此總會保持一定的親緣關係，保持某種最初的原型。顯然，居維葉的分類已經告訴人們關於物種同一起源和物種進化的思想。事實上他自己也情不自禁地說過：透過對人（和類人）這個大系列動物的細心檢查，即使在彼此相隔最遠的種中，我們也總能發現某些類似，並且能追蹤到從人到最後的魚的同一方案中的漸變等級。

在居維葉的許多著作中，他多次給出具體的解剖學例證，有力地證實了每一門類中各物種都有親緣關係、共同祖先，甚至還論述了動物四大門類之間也存在著許多中間環節。

由居維葉的著作可以看出，他的自然分類法比林奈的人為分

類法優越多了，因為他的分類法既反映了生物界的統一性和差異性，共性和個性，也反映了生物進化過程中的間斷性和連續性，比林奈的分類法更能反映生物界的自然面貌和本質特徵。

居維葉創立的比較解剖學，為進化論的確立提供了極豐富可靠的科學根據。德國著名進化論者海克爾（E. H. Haeckel，1834－1919）曾指出：我們今天稱為比較解剖學的這一高度發達的科學，直到1803年才算誕生。偉大的法國動物學家居維葉出版了他主要著作《比較解剖學》，在這部著作裡，他首次試圖確立人和動物軀體構造的一定規律……把人類明確地歸入脊椎動物這一類，並講清了人類與其他類別的根本區別。

諾貝爾生理學或醫學獎獲得者、法國生物學家莫諾（J. L. Monod，1910-1976）在講到進化論的歷史時，曾明確地說：正是由於居維葉這些不朽的業績，立即引發並證實了進化論。

那麼，讀者也許會推斷說：居維葉一定會積極開創進化論。但恰好相反，居維葉堅決反對進化論。這不是非常奇怪嗎？

（三）

美國著名生物學家邁爾說過一段有趣的話：居維葉贏得了反對進化思想者的每一次戰役，但如果他活得再長一些，就會認識到他在這場爭論中是一個敗將。

居維葉在巴黎自然歷史博物館工作時，博物館共有三位傑出的博物學家：居維葉、拉馬克和聖-伊萊爾。前面我們提到，居維葉是由特希爾向聖-伊萊爾推薦才由諾曼第到巴黎來工作的。他們三人私交不錯，居維葉在他的著作中也一再提到拉馬克和聖

－伊萊爾的名字，對他們的幫助表示感謝。但他們之間的學術觀點彼此不同。在生物進化論方面，居維葉可以說是物種不變的信奉者、宣導者。他尤其不能贊同「一些物種起源於另一些物種」的觀點。在《化石骨骼研究》一書中他寫道：沒有任何證據表明，現代各種生物所特有的全部差異，可能是由外部情況所引起的。關於這一點所發表過的一切都是假定的；相反，經驗似乎證明，由於地球的外部情況，變種被限制在相當狹窄的範圍內。就我們對古代能洞察到的程度來看，我們認為這些範圍從前和現在是一樣的，因此，我們必須承認存在著某些類型，它們從一開始就已經繁殖出來，此後也沒有越出這些範圍；屬於這些類型之一的一切生物就組成了所謂物種。變種只是從物種偶然得來的一個分支。

由上面這段話可以明顯看出，居維葉主張物種是不變的，而所謂變種只是「偶然」得到的，與物種不相關的一種獨立的東西。否定物種會演進、變化，必然使居維葉無法解釋為什麼地球上生物紛繁多樣這一事實，最終也必然會使他求助於上帝，就像牛頓不得不求助於上帝的「第一推動力」一樣。上帝在開天闢地時就創造了各種各樣的生物，一經創造之後就不會變動。環境不能改，人力更不可及；即使有所改變，也只是一些次要性狀。

正如邁爾所說：「居維葉忽略了進化中有力的比較解剖學證據。」

如果說居維葉忽略了比較解剖學提供生物進化的資訊，那麼化石順序也仍然沒有給他帶來這種資訊。居維葉也曾深入研究過化石，也注意到不同時代的地層中有不同的生物化石，而且發現地層年代越久遠，其中的化石就越簡單；隨著年代的推進，化

石越來越複雜、越接近現代生物。這一事實本身就明顯地證明：生物是經歷了進化的歷程的。可惜的是，居維葉雖然占有大量資料，仍然堅持物種不變論，而且還用「災變說」為自己的觀點辯護。

「災變說」認為，在整個地球生存的歷史時期中，地球表面經常遭到週期性的可怕災難襲擊，如洪水氾濫、火山爆發、氣候劇變等，都有可能引起地球表面規模巨大的災難，使地球上的生物突然全部滅絕。當災難過去以後，生物遺體由於沉積作用而埋入地層，形成化石。每次災變過後，上帝又重新創造地球上的生物，而且出於遺忘，上帝每次創造的生物各不相同。

居維葉幾乎完全出於臆想，說地球已經經歷過四次大的災變，而最後的一次是發生於五六千年前的一次「摩西洪水」，這次可怕的洪水使地球上所有生物蕩然無存。最可笑的是，居維葉甚至把這種「災變」稱之為「革命」，這很可能與當時的法國大革命有關。居維葉的「災變說」在他的著作《地球表面的革命》中，有詳盡的敘述。

邁爾曾深刻指出——居維葉最終還是否定了：從一定動物群到另一較高地層中動物群之間存在著進化發展，或一般地說，他否認地層序列中貫穿著一種進展……化石順序並沒有帶給他任何進化的資訊。

居維葉不願面對這個問題。貫穿地質時間的動物群的進化發展已經很容易確立，一種因果解釋也必然會取得進展。看起來只有兩種選擇：或者承認古老的動物區系演變成新的動物區系——這種選擇居維葉根本就不能接受；或者認為新的動物區系是每一次災變後產生的。承認後者也就會將神學引入科學……

那麼，居維葉為何在又一次偉大的成功降臨在他面前時，卻「拒絕」成功呢？這有主客觀兩方面的原因。進化論是一種非常具有革命性的學說。我們一定記得，當達爾文（C. R. Darwin，1809-1882）義無反顧地舉起進化論的大旗時，在整個歐洲所引起的劇烈震撼。因為進化論撼動了宗教的基礎，所以它是教廷絕不能容許的。當時報紙和雜誌上，不斷有文章咒罵、威脅、嘲弄、諷刺達爾文，以致達爾文的朋友赫胥黎（T. H. Huxley，1825-1895）宣稱：我正在磨利我的爪和牙，作好戰鬥準備。

　　面對這一革命理論，居維葉絕不敢豎起進化論的旗幟。正如科爾曼（W. Coleman）所說：居維葉本質上因循守舊，安於現狀。雖然他學識淵博、勤奮異常、頭腦清醒、判斷明確，但他不是知識上的革命者。

　　正因這樣，他雖然極有條件宣導進化論，但他寧願避開它。這種情形並非僅居維葉一人如此，在科學史上可說屢見不鮮。

　　有人說，科學家作為一個整體總是保守的。這似乎頗有一些道理。

第二講

「簡單性」的陷阱

道可道，非常道；名可名，非常名。 ——老子

簡單是真理的印記。 ——拉丁格言

真理引起了反對它自己的狂風驟雨，那場風雨吹散了真理撒播的種子。 ——泰戈爾（R. Tagore，1861-1941）

　　20世紀科學史上有一段趣話，很讓物理學家揚眉吐氣。

　　1962年6月，在德國科隆新成立的一個遺傳學研究所的開幕式上，丹麥物理學家波耳（Niels Bohr，1885-1962；1922年獲得諾貝爾物理學獎）應邀發表了一次演講，題目是「再論光和生命」。上面提到的「一段趣話」，就與這次演講有關。事情要追溯到1932年8月的某一天，那一天波耳在丹麥哥本哈根召開的國際光學會議上作了題為「光和生命」的演講，一位從德國柏林來的年輕物理學家德爾布呂克（M. L. H. Delbruck，1906-1981）也聽了這次演講。他來哥本哈根原本打算跟隨波耳學習物理學，但受了波耳演講的影響，決心改行從事遺傳學研究。波耳在演講中說：「在較狹窄的物理學領域中得到的結果，可以在多大程度上影響我們對於生物在自然科學大廈中所占地位的看法？」

接著波耳分析了互補原理在生物學研究中的地位和價值。他指出：由於存在這種本質上的互補特點，力學分析中所沒有的目的概念，就在生物學中找到了一定的用武之地。確實，在這種意義上，目的論的論證可以認為是生物學中的合法特點。

　　後來德爾布呂克在紀念波耳的論文《原子結構》發表50週年紀念會上，曾回憶起這段有趣的經歷：我在火車站遇到前來接我的羅森菲爾德。我們徑直向議會大廈奔去，那兒正在舉行開幕式……也許我和羅森菲爾德是那時唯一認真對待波耳演講的兩個人。這種嚴肅的態度決定了我此後的事業，我決定改變研究方向，想到生物學裡看一看波耳說的一些到底是不是真實的。

　　改行研究生物學後，德爾布呂克充分利用物理學中已經十分成熟的科學思想和方法，迅速取得了輝煌的成就，並於1969年因「發現病毒的複製機制和遺傳結構」獲得諾貝爾生理學或醫學獎。有人開玩笑說：「德爾布呂克改變職業是波耳1932年這次演講最大的成就。」

　　有一些物理學家也不無得意地說：「如果你在物理研究中江郎才盡，做不出成就，那就改行吧！去研究生物學、化學……」

（一）

　　1906年9月4日，德爾布呂克出生於德國柏林。他是家中7個小孩中最小的一個。父親漢斯是柏林大學歷史系教授，叔叔是大學神學教授；母親林娜是德國化學巨擘李比希（Justus von Liebig，1803-1873）的孫女。可以看出，德爾布呂克是真正的書香門第之後。家庭的薰陶對他日後的成功肯定有潛移默化的影響。

由於父親是大學教授，因而家庭比較富裕，可以在郊區寧靜、美麗的居住區購置寓所，這是當時德國富裕家庭的慣例。因此，德爾布呂克從小就在美麗的大自然裡成長、接受教育。

但是在青少年時期，卻適逢第一次世界大戰給人類帶來巨大不幸的悲慘時代。殘酷的戰爭帶來了饑餓、寒冷和死亡；戰後的德國遭遇了經濟大蕭條。雖說他們家還算幸運，但殘酷的現實，也不可能不影響到敏感的德爾布呂克。

德爾布呂克從小就對科學有極大的興趣。很可能是郊外無垠的夜空中閃爍的群星，激發了他無限的遐想，因此天文學成了他少年時期的夢想。在讀完了小學、中學和預科學校之後，他以優異的成績考進了德國著名的高等學府哥廷根大學。

大學的生活如此自由，使許多學生幾乎失控。教授們不太在乎學生聽不聽課，也沒有人來檢查大學生的學習情形。於是一些大學生高興地將大部分時間用在飲酒、擊劍上，但不滿20歲的德爾布呂克卻充分利用大學的自由，遨遊在知識的海洋中。

他先是主修天文學，研究生期間，他的興趣轉移到理論物理學上。這並不奇怪，因為當德爾布呂克在大學學習時，正是物理學處於「激動人心的時代」。量子力學異軍突起、嶄露頭角，而哥廷根大學那時有玻恩（Max Born，1882-1970；1954年獲得諾貝爾物理學獎）、法蘭克（James Franck，1882-1964；1925年獲得諾貝爾物理學獎）兩位量子力學的功勳人物，使這所大學成為當時世界量子力學的研究中心之一。還有那位傳奇式人物希爾伯特（David Hilbert，1862-1943），不時製造一些有關量子力學的奇聞，更使得年輕氣盛的德爾布呂克決心在量子力學中大顯身手。

1930年，24歲的德爾布呂克獲得了哥廷根大學的博士學位。這以後，他在3年多的時間裡，先後到蘇黎世、哥本哈根等地訪問、進修。1932年8月，他得知波耳將在哥本哈根作「光和生命」的報告，立即趕到哥本哈根。波耳的報告實際上提出了一個問題，即要把生物學研究提高到分子水準。德爾布呂克認真聽完了波耳的報告後，萌發了投身於生物學研究的想法。不過，此時的他並沒有立即轉行。之後他曾與德國著名化學家哈恩（Otto Hahn，1879-1968；1944年獲得諾貝爾化學獎）和傑出女物理學家邁特納（Lise Meitner，1878-1968），一起工作，研究放射性化學。

1933年在德國舉行的一次會議，對德爾布呂克的思想有更進一步的影響。這次會議在柏林舉行，議題是「基礎物理學的未來」。會議討論得出了3個結論：①物理學在最近一段時期，提不出有意義的研究課題；②生物學中需要解決的問題最多；③預期一些物理學工作者會轉入生物學研究領域。

這次會議之後，德爾布呂克更加堅定了自己離開物理學的決心，而將揭示生命之謎作為自己今後研究的方向。一位研究者離開自己熟悉的本行，轉到一個陌生的領域去開拓，這本身就需要極大的勇氣。

（二）

進入一個新的研究領域，最關鍵的問題是從哪裡切入。德爾布呂克轉行到生物學研究中去，有優勢，也有劣勢，他必須冷靜地權衡這一切，才能作出明智的選擇。在德爾布呂克決定轉行

的前幾年，美國生物學家馬勒（H. J. Muller，1890-1967；1946年獲得諾貝爾生理學或醫學獎）用X射線照射引起生物體基因突變，這是用物理學手段研究生物學的最佳例證。除此之外，德爾布呂克還認為，用他已掌握的數學和物理知識，以及物理學中成熟的思想方法，投身到生物學研究中去，一定會異軍突起，獲得意外的成功。他也知道，自己缺少的是生物化學知識，但這也許是一種優勢，正如法拉第數學知識欠缺，卻在電磁學領域作出了巨大貢獻一樣。

德爾布呂克在詳細分析了生物學研究狀況後，決定從遺傳學領域開始研究，揭示生命的本質。根據馬勒實驗的啟示，德爾布呂克認為：基因有可能是一種化學分子，並具有某種穩定性。這一觀點在今天看來，是常識。基因不是某種化學分子，還能是什麼呢？但是在20世紀30年代經典遺傳學一統天下的時候，這可是一個非同一般的新奇觀點。經典遺傳學只把基因看成是決定性狀的一種抽象單位，從來沒有明確地把它看成是一種化學實體。今天看來不免覺得可笑，但當時就是如此。難怪有人說：經典遺傳學家被看成是圍著遺傳學的邊緣細細咬嚼，而不力圖觸及遺傳學的靶心——遺傳分子的本質，以及遺傳分子的自催化和異催化手段。

當研究者確信基因是一種化學分子以後，遺傳學就發生了本質上的變化：經典遺傳學走向了分子遺傳學。德爾布呂克帶著他那理論物理學家的優勢和銳氣，成為完成這一重要轉折的關鍵人物。

1935年，29歲的德爾布呂克發表了一篇題為「論基因突變和基因結構的本質」的純理論性文章，從此他在生物學中嶄露頭

角，受人矚目。他的這篇文章，建立了遺傳基因的原子物理模型，並正式宣導了「遺傳基因的高分子學說」，使理論遺傳學從此打上了物理學的烙印。

德爾布呂克的好友、量子力學創始人之一薛丁格（Erwin Schrödinger，1887-1961；1933年諾貝爾物理學獎獲得者）看了這篇論文後，接受並發展了德爾布呂克的思想，寫出《生命是什麼》（1944年）一書。在這本書中，薛丁格建議用明確的物理定律來研究活細胞和遺傳過程，向那些想到新領域開拓的物理學家們，預言了一個即將開始的生物學研究新紀元。

1937年，德爾布呂克在哥本哈根的一次小型討論會上，作了題為「生命之謎」的演講。他將病毒的複製與細胞分裂、動植物有性繁殖過程作了一個精彩的對比，引起與會者的高度重視。回國後，希特勒正在實施他的恐怖政策，大批知識分子對德國的未來感到恐懼與失望，紛紛逃往國外。德爾布呂克雖不是猶太人，但他的一個親人因對納粹政策不滿而慘遭殺害，在禍殃池魚的危急形勢下，在同一年的秋天，他攜家眷逃到美國。

德爾布呂克獲得洛克菲勒基金會的贊助，選擇了加州理工學院作為今後研究生物學的基地。這個選擇不奇怪，因為這所學校有摩根（T. H. Morgan，1866-1945）開創的遺傳研究所。我們知道，摩根用果蠅作遺傳研究，取得了輝煌成就，於1933年「因發現染色體在遺傳中的作用」而獲諾貝爾生理學或醫學獎。

對於一個物理學家來說，他們總是習慣於從最簡單的對象著手研究，並把這種方法視為最基本、最重要的方法。例如力學研究始於「質點」，熱學研究始於「理想氣體」，電學研究始於「點電荷」等。那麼研究生命奧祕的「質點」應該是什麼呢？物

理學家在長期的研究中，練就一身化繁為簡的好本領，真是十分了得！德爾布呂克用他那「火眼金睛」一瞧，就深感遺傳學家們喜歡和重視的研究對象諸如玉米、豌豆、果蠅……並不是最理想的遺傳學研究模式生物，因為它們都不滿足簡單性的要求，不是遺傳學研究所需的「質點」。德爾布呂克決心重新確定一種研究對象，它既能滿足最簡單的模型的要求，又具有足以代表生命本質的特徵。那會是什麼呢？

經過慎重考察，德爾布呂克和他的同事們找到了這種「質點」，那就是噬菌體（bacteriophage）。噬菌體是一種侵犯各種細菌細胞的病毒，它像所有病毒一樣，由一個蛋白質外殼和包在裡面的核酸組成；核酸通常是DNA，但也有RNA[2]。噬菌體的形狀有點像注射器，它先用較細的一端吸附在細菌細胞的外膜上，然後將它自己的核酸「注入」細菌細胞，此時它的蛋白質外殼仍然留在細菌的外膜上。噬菌體的核酸一旦注入細菌體內，這核酸就會發出指令，令細菌體內的細胞裝置產生病毒所需的新的DNA和新的蛋白質外殼，每次組裝成50～100個新噬菌體，釋放出來後，又繼續感染其他細菌。由此可見，噬菌體只能寄生在其他細胞上，利用自己的遺傳訊息進行繁殖。

德爾布呂克非常敏銳地覺察到噬菌體的價值，用它來研究生命本質和解釋生命現象是再合適不過的了。因為它有五大優勢：①噬菌體極易生長；②一個很小的空間就可以培養數以萬計的噬

2　DNA（Deoxyribonucleic Acid，縮寫為DNA）即去氧核糖核酸，是一種分子，可組成遺傳指令，以引導生物發育與生命機能運作。RNA（Ribonucleic Acid，縮寫為RNA）即核糖核酸，存在於生物細胞以及部分病毒、類病毒中的遺傳訊息載體。

菌體；③更新換代時間極短，20～30分鐘即可繁殖一代；④組成極簡單，僅有兩種生物大分子——蛋白質和核酸；⑤雖然結構簡單，但仍有生命最本質的特徵——自我複製。

由以上五點分析可知，用噬菌體做實驗以觀察核酸和蛋白質在繁殖過程中的變化，既簡單又精確，是最理想的研究材料。與噬菌體相比，摩根鍾愛的果蠅有許多無法避免的缺點，不適於對生命本質作更深入的研究。

由於德爾布呂克的熱情宣傳，他終於在美國組成了一個研究團體，人們稱之為「噬菌體小組」（phage group）。由於許多方面的原因（戰爭、敵僑、不信任……），德爾布呂克幾乎沒有得到什麼資助，但憑著他那鍥而不捨的精神，他的研究小組終於取得了重大進展。大約在1945年以前，他們已經證實由於細菌對噬菌體敏感，使細菌中可以產生抗噬菌體的變種；還發現了噬菌體複製機理，而這複製的機理又無一例外適用於所有病毒。也就是說，由於他們的開拓性研究，奠定了分子生物學這門新學科的基礎，為生命科學帶來了革命性的進展。這對於人類科學事業是一巨大的貢獻。

1946年，德爾布呂克和美國生物學家赫爾希（A. D. Hershey，1908-1997）各自分別地發現，不同病毒的遺傳物質可以重新組合，變成一種與原來病毒都不相同的病毒。這一發現創立了分子遺傳學。歷經二十多年的考驗，德爾布呂克的研究成果終於得到確認。

1969年，德爾布呂克和赫爾希、盧里亞（S. E. Luria，1912-1991）共同分享諾貝爾生理學或醫學獎。

（三）

德爾布呂克由於具有一個理論物理學家的素質和修養，這使他在進入生物學研究領域後受益匪淺，連續取得了重大成就。但是，由於缺乏系統的生物化學知識和技能訓練，導致他多次失誤，讓真理從他的鼻尖上溜走了，成為他終生的憾事。

德爾布呂克到美國後不久，就遇到了一位志同道合的朋友，那就是來自義大利的微生物學家盧里亞。盧里亞原來在巴黎巴斯德研究所時，就一直研究噬菌體，1940年來到美國後，恰好碰上德爾布呂克想以噬菌體作為研究遺傳學的材料，加之兩人都是「敵僑」，又都說德語，於是他們成了天生的一對合作研究者。兩人在確鑿的實驗基礎上，又透過漂亮的數學論證，完美地證實細菌具有「自發突變」的本能。這一實驗其實是一個判決性實驗，證實了DNA是遺傳物質。但完成這一實驗的德爾布呂克卻不承認DNA是遺傳物質，甚至在有人指出這一點時，他仍然堅持錯誤，不為所動。這真是科學史上一段精彩的故事。為了讓讀者能領略這種「精彩」，我們還得把話題稍稍扯遠一點。

我們知道，經典遺傳學已經揭示出基因就在染色體上，而染色體的化學成分主要是蛋白質和核酸。那麼，究竟是蛋白質，還是核酸才是基因的物質載體呢？關於這個問題，科學家經歷了一段頗為曲折的認識過程。

早在20世紀20年代，英國微生物學家格里菲斯（Frederick Griffith，1879-1941）在研究肺炎雙球菌的轉化實驗時，就明確發現有一種物質，當它從一種細菌轉移到另一種細菌中後，竟然可以改變後者的遺傳性狀。這在當時真是一個驚人的偉大發現！

但當時科學家們普遍認為，細菌太微小、太原始了，它不可能含有基因。於是格里菲斯的重大發現並未引起人們的重視。更讓人唏噓的是，1941年德國對倫敦進行大轟炸時，格里菲斯被炸死在實驗室裡。不幸的格里菲斯至死也不知道正是他預示了現代分子遺傳學的到來。

在格里菲斯之後，一位加拿大出生的美國細菌學家艾弗里（O. T. Avery，1877-1955）接著作出了更重要的發現。1913年，艾弗里是紐約洛克菲勒醫學研究所的細菌學家。那年美國有5萬人死於肺炎雙球菌感染，他的母親也因此死亡。艾弗里非常希望弄明白：為什麼這種球菌可以殺死一些人，而另一些人雖然也感染了卻不會死去？於是他決心弄清楚究竟是什麼物質決定了細菌的毒性。當時醫學界普遍認為，帶有毒性（或決定毒性）的最基本物質一定是蛋白質。但艾弗里經過確鑿的實驗證實，決定這種毒性的物質是純粹的DNA，根本不是蛋白質。這是一個關鍵性的進展，明確否定了蛋白質是遺傳的物質載體這一錯誤認識，確定了DNA才是真正的遺傳學基礎。這一實驗結果於1944年公布。

但是，即使有如此確鑿的實驗可以證實，人們囿於偏見仍然懷疑：這麼簡單的DNA難道可以承擔如此艱巨、微妙、複雜的遺傳任務？他們還懷疑艾弗里的實驗樣品中很可能有少量蛋白質的殘留物。

唉，懷疑本是科學家的尚方寶劍，用它可以剔除愚昧、錯誤、偏見等；但懷疑本身如果被偏見蒙蔽時，這把尚方寶劍卻可以扼殺多少天才的思想和發現！

在懷疑艾弗里這一結論的人裡，絕不都是思想僵化或無能之輩。例如，德爾布呂克就不相信艾弗里的理論。特別值得指出的

是，1943年5月的一個下午，德爾布呂克正在校園裡散步，與正在思考的艾弗里相遇，於是兩人就正在研究的課題閒聊起來。艾弗里談到關於DNA是遺傳的物質載體的實驗發現，德爾布呂克驚訝地說：「是嗎？我剛收到我一個哥哥的來信，談到他最近的新發現，而且與您剛才說的如出一轍……」

「那您的看法呢？」艾弗里不免性急地問。

德爾布呂克的觀點使艾弗里大失所望。德爾布呂克認為DNA是一種「乏味的隨性大分子」，根本不可能承擔遺傳物質載體這樣重要的角色。

艾弗里見德爾布呂克如此堅決，囁嚅了一下，終於沒再多說什麼。也許艾弗里想說，你們這些噬菌體小組的成員呀，大都沒有深厚的生化知識根基，何以在探討如此複雜的生物學問題時，不多聽一下別人的意見，而如此斬釘截鐵地不容商量呢？

遺憾的不僅是德爾布呂克失去了一次發現真理的絕好機會，而且由於艾弗里在1955年不幸去世，未能獲得諾貝爾獎的桂冠。如果他再多活幾年，他應該會獲得此殊榮的。當然，如果科學界能早些接受艾弗里的正確見解，他也許會在生前奪冠。科普作家方舟子在一篇文章中寫道：科學類諾貝爾獎授予了不配獲獎的人，錯過了應該獲獎的人，也是屢見不鮮的。生物的遺傳物質被證明是去氧核糖核酸（DNA），這稱得上是20世紀最重大的科學發現之一，但是其發現者美國生物化學家艾弗里卻沒有因此獲得諾貝爾生理學或醫學獎……以艾弗里的性格，他應該不會渴望獲得諾貝爾獎。他也不需要靠諾貝爾獎為自己增輝。分子遺傳學的歷史要從艾弗里艱苦卓絕的偉大實驗講起，今天沒有哪個生物系的學生會不知道艾弗里的實驗，而大多數諾貝爾獎獲得者的工

作又有多少人知道？有的人獲得諾貝爾獎，是為自己增輝，有的人獲獎，卻是為諾貝爾獎增輝。艾弗里沒有獲得諾貝爾獎，應該是諾貝爾獎的遺憾，而不是艾弗里的遺憾。

　　除此以外，德爾布呂克的簡單性思想雖然盛譽一時、名揚一方，但當這種思想被誇張、放大時，它必然又會反過來損害、阻礙科學的發展。麥克林托克（Barbara McClintock，1902–1992；1983年獲諾貝爾生理學或醫學獎）就是深受其害的一位。在20世紀中期，正是噬菌體學派異軍突起之時。他們提倡將物理學中最有效的「簡單性思想」用來研究生物學，將非決定論、還原論思想帶進生物學。因此，生物學的研究必須從最簡單的物件入手，而噬菌體就是一個最理想的簡單模型。一時間，噬菌體小組威風八面，影響遍及美國。

　　這時麥克林托克卻反其道而行之，用玉米作為研究遺傳奧祕的物件。當時生物學家們普遍認為，麥克林托克正可悲地走在一條錯誤的研究道路上。因為玉米是一種高等真核生物，生長週期長，一年才成熟一次（噬菌體二三十分鐘繁殖一代）；而且玉米是一種馴化植物，幾乎沒有野生型，因此從中引申出的一些概念、思想，在分子生物學家看來恐怕沒有普遍的意義。因此，當麥克林托克沉浸在玉米研究上時，幾乎所有的研究者都選擇遠離她，而狂熱地湧向噬菌體。

　　噬菌體研究小組的活動場所經常在紐約冷泉港，而麥克林托克則幾乎很少離開冷泉港。這樣，德爾布呂克當然十分熟悉麥克林托克的研究方向和內容。儘管他十分尊重麥克林托克，但認為她只代表了一種過時的傳統，從她那兒不會學到什麼東西。德爾布呂克甚至對人說：「在理解真正重要的遺傳學問題時，生物化

學可能是無用的。」

當生化學家想透過研究酶是如何合成和作用以瞭解遺傳的本質時，德爾布呂克認為這種研究是誤入了歧途，由此可知他對麥克林托克的研究，感到多麼「痛心」和「遺憾」。德爾布呂克甚至極端地認為，遺傳學基本單位可能會服從物理學新定律。他的雄心壯志就是要尋找這一「物理學」的新定律（而不是生物學的！）。事實證明，尋找「物理學」新定律的任務徹底失敗，好在他由此發現了生物學中的新規律。但他並沒有明白自己在思想方法上的偏見。

美國作家凱勒（E. F. Keller）在為麥克林托克寫的傳記《情有獨鍾》一書中寫道：「幸運的是，並不是每個人都抱有像德爾布呂克那樣的偏見。」

麥克林托克就沒有「德爾布呂克那樣的偏見」，她在1983年81歲高齡時獲得了諾貝爾生理學或醫學獎。因為她的高壽，艾弗里的悲劇沒有在她身上再現。

1953年以後，德爾布呂克急流勇退，離開了分子生物學的研究領域。其原因恐怕還是因為他缺乏系統的生化知識和技能訓練，無法再在該方向上深入下去。於是他又轉向一個新的研究領域，想在新領域裡「找回自我」。這次他尋找的領域是「感覺生物學」，研究的物件確定為一種單細胞真菌——鬚黴。他仍然試圖以研究噬菌體的老路來研究，結果很失敗。原來跟隨他的幾個學生，先後離他而去。而正當他毫無進展地研究感覺生物學時，分子生物學進入突飛猛進的新時期，新的巨大突破不斷湧現。

可惜德爾布呂克已不能分享這些新的成就了。這正是：年歲晚暮時已斜，安得壯士翻日車？

第三講
必然性與偶然性，誰是誰非

　　無疑，偶然性在宇宙事物中的作用問題，自第一位舊石器時代的戰士偶然被石塊絆倒時起，就已經為人們所辯論了。

　　　　　　　　　　　　　　　──托夫勒（Alvin Toffler，1928-2016）

　　正如美國未來學家托夫勒所說，人們關於偶然性和必然性的爭論，其起源可以上溯到久遠的舊石器時代。而且，在後來相當長的一段時期裡，這種爭論變得帶有強烈的宗教和政治色彩。「是命裡註定，還是自由意志，圍繞它的確切含義展開了血淋淋的衝突。」

　　儘管經歷了長期而嚴酷的爭論，但它似乎是一個永遠會引起科學家、哲學家爭論的話題。儘管爭論表現出的形式越來越現代化、複雜化，但爭論的基本問題並沒有發生實質上的改變。20世紀80年代中葉，法國著名遺傳學家莫諾（Jacques Monod，1910-1976）發表了一系列著作，向以普里戈金（Ilya Prigogine，1917-2003）為首的「非平衡態熱力學派」提出了挑戰。莫諾指出：近來有一類新型微妙的「泛靈論」[3]者──我稱他們為熱力學者，

3　泛靈論（animism），盛行於17世紀的哲學思想，認為萬物皆有靈魂或自然精神。

他們提出一些理論和公式，並試圖以此為根據說明地球上的生命不可能不出現，其後的進化也不能不出現。

莫諾還點了德國科學家艾根（Manfred Eigen，1927-2019）的名。艾根用數學和物理學理論探討分子進化，在德國也自成一個學派。艾根和普里戈金也都是諾貝爾獎得主，分別於1967和1977年獲得諾貝爾化學獎。普里戈金因為在研究非平衡態熱力學中，提出了著名的「耗散結構理論」（Dissipative structure theory），而且他正好是因為「研究了非平衡態熱力學，特別提出了耗散結構理論」才榮獲諾貝爾獎的，而莫諾也正好是以耗散結構為主要批判目標。

讀者一定會好奇：這兩位大師到底為什麼意見不一致，以致非引起公開論戰不可？他們到底誰是誰非呢？這可不是一句兩句話說得清的，話還得從頭說起。

（一）

首先介紹一下莫諾。

1910年2月9日，雅克·莫諾出生於巴黎，他的父親是一位畫家。1928年莫諾進入巴黎大學學習生物學，1931年獲學士學位，1941年獲博士學位。在準備博士論文時，沃爾夫教授對他說：要想研究生物生長問題，纖毛蟲還嫌太複雜，並不是理想材料，最好改用細菌，如大腸桿菌，它既可在人工培養基中生長，又便於研究人員控制各種條件。這是一個至關重要的建議。從1937年起，莫諾就開始選用大腸桿菌作為研究材料。這是他成功的起點。

莫諾的研究課題是「細菌生長的動力學」。他利用生物統計學知識，測定細菌在含不同糖的培養基中的生長常數。在測量中，莫諾發現一個有趣而又讓他迷惑不解的異常現象：當細菌在含葡萄糖和乳糖的培養基中生長時，細菌首先利用葡萄糖，葡萄糖用完之後再利用乳糖；但在用完葡萄糖轉而利用乳糖時，細菌似乎因為換口味有些不習慣，先停止生長一段時間，然後才開始利用乳糖。這一異常現象反映在生長曲線上，表現為在兩段上升的生長曲線間，有一段平坦的直線，莫諾稱為「二次生長曲線」。但他卻無法對此作出解釋。他問沃爾夫教授，教授也感到新奇。教授思考一會兒後說：「這可能同酶的適應性有關。」

「酶的適應性？」莫諾沒聽說過。

後來的事實證明，在二次生長曲線的後面，埋藏著一座金礦，就看哪個有心人能夠把它開採出來。莫諾是有心人之一。為了弄清什麼是「酶的適應性」，他查閱了不少文獻。原來細胞裡有兩種酶，一種是「組成酶」，它是細菌的正常組成部分；另一種是「適應酶」（現在稱為「誘導酶」），平時僅以微弱數量存在，只有當環境中出現這種酶的受質時，它才會大量產生。打個比方：「組成酶」是正規軍，「適應酶」是預備役部隊，當有特殊需要時，預備役部隊才會作戰鬥動員，並迅速投入戰鬥。

莫諾明白了這些基本概念後，提出了一個假說用來解釋「二次生長曲線」。但初戰失利，他的假說被證明是錯誤的。

正在這時，第二次世界大戰爆發，巴黎淪陷，莫諾參加了反法西斯的地下武裝鬥爭，他的研究工作一時無法進行。莫諾是一位英勇的抵抗運動成員，為了躲避德國「蓋世太保」的搜捕，他離開了巴黎大學，到巴斯德研究所工作。第二次世界大戰結束

後，他接任巴斯德研究所所長之職。

第一次研究的失敗，使他明白要解開「二次生長曲線」之謎，需要從遺傳學角度入手。正在這時，他看到德爾布呂克和盧里亞論述細菌自發突變的論文，這使他大受啟發，決心從遺傳學的角度深入探討細菌中適應酶的形成。而且他也逐漸明白，他所研究的問題正好處於遺傳學和生物化學的交叉點上，當時還沒有人注意這一研究課題。後來，當他把自己的研究成果公布時，受到人們極大關注，莫諾也因此大受鼓舞！

經過艱苦的研究，莫諾終於弄清楚了：所謂酶的誘導，其實是一種大分子合成過程，而蛋白質大分子結構本身是穩定的。這一結論對分子生物學來說十分重要。

20世紀50年代正是細菌遺傳學研究蓬勃發展的時代，莫諾的實驗室裡先後增加了兩位重要成員：美國來的雅各（Francois Jacob，1920-2013）和科恩（Stanley Cohen，1922-2020），這兩位先後於1965年和1986年獲得了諾貝爾生理學或醫學獎。

在他們有效的合作中，終於解開了二次曲線之謎，提出了「信使核糖核酸」。這種模型認為，蛋白質合成的第一步，是將DNA鏈上的鹼基順序轉錄成一種與鹼基互補的RNA。正是這種RNA，把遺傳訊息傳送到核蛋白體上，因此莫諾和雅各把它命名為「mRNA」（信使核糖核酸）[4]。這一假說，很快由法國生物學家伯瑞納等人證實。mRNA的發現，是生物學家從分子水準探索遺傳學規律，獲得的又一項了不起的新成果。俗話說：種豆得

4　信使核糖核酸（Messenger RNA，簡稱mRNA）攜帶遺傳訊息，在蛋白質合成時充當範本。

豆，種瓜得瓜。何以會如此呢？這是一個遺傳學中的奧祕，現在這一奧祕正在莫諾等人的研究中，顯示出其中的奧妙和強大的生命力。

莫諾的另一個巨大成就是提出了「操縱子」學說。操縱子[5]由結構基因和一個「操縱基因」（它控制結構基因的轉錄）組成。操縱基因開放時，就可以產生mRNA；它關閉時就不能產生mRNA。這樣，操縱子模型有助於解釋酶的合成和噬菌體的誘導作用。

下面我們再來介紹一下普里戈金。

普里戈金於1917年1月25日生於莫斯科一位化學工程師的家庭，那年，俄國發生了「十月社會主義革命」。一場重大的社會劇變在俄國大地發生，許多不適應這場革命的家庭先後離開了俄國，到國外謀求發展。普里戈金一家也於1921年離開了莫斯科，最終在1929年定居於比利時首府布魯塞爾。

普里戈金的讀書生涯都在布魯塞爾度過。在讀書期間，普里戈金愛好極多，喜歡歷史學、考古學，也非常喜愛音樂，對哲學也有經久不衰的興趣。他曾說：「當我在閱讀柏格森的《創造進化論》時我所感受到的魅力，至今記憶猶新。」

他還非常欣賞法國哲學家柏格森（Henri Bergson，1859-1941）的一句話：當我們越是深入地分析時間的自然性質的時候，我就越會明白時間的延續就意味著發明和新形式的創造。

5　操縱子（operon）指啟動基因、操縱基因和一系列緊密連鎖的結構基因的總稱。

柏格森指明的深刻哲理，促使普里戈金在對時間的普遍性研究方面獲得重大進展，以至於他敢於說「時間又一次被發現了」。

　　1941年，普里戈金在布魯塞爾自由大學化學系獲博士學位，十年之後被該大學聘為教授。在幾十年的研究生涯中，他建立了「布魯塞爾學派」。該學派最著名的成就是創建了一個震驚科學界的「耗散結構理論」，普里戈金本人也因為這一理論於1977年榮獲諾貝爾化學獎。

　　在普里戈金以前，科學領域中有兩個基本問題讓人迷惑不解。

　　一是有序和無序的關係問題。按照熱力學第二定律，宇宙將不斷從有序轉向無序，例如山會剝蝕、塵化，房子會倒塌、毀掉，人會死去，最終消失……一切都是如此；但生物進化論卻無可置疑地向我們證實，生物是從簡單走向複雜、從無序走向有序。例如，人這種最複雜、最有序的高級動物就是從無機物逐漸演化而來的。這兩者何以如此相互矛盾？

　　二是可逆性問題。熱力學第二定律描述的都是不可逆的現象，例如熱可以從溫度高的地方自動向溫度低的地方傳播（一杯熱水慢慢冷卻），但逆過程（即相反的過程）卻從來沒有人見過。試問：誰見過熱從溫度低的地方向溫度高的地方自動傳播（一杯冷水由於四周空氣把熱聚集起來，而使得杯中的冷水沸騰起來）？這從本質上說，就指明時間是有方向的。但是已建立起來的經典力學、相對論力學和量子力學裡，一切過程又和時間無關，當把時間 t 用正值（t）或負值（$-t$）代入力學方程式，結果完全一樣。這顯然又是一對矛盾。

如何解決這些矛盾？普里戈金學派從20世紀50年代起就致力於研究和解決這兩組矛盾：有序無序矛盾和可逆不可逆矛盾。到1969年，他們終於取得了突破性進展，向全世界宣布了他們的「耗散結構理論」。簡而言之，耗散結構的概念是相對於平衡結構的概念提出來的，它提出一個遠離平衡態的開放系統，在外界的變化達到一定閾值時（遠離平衡態的非平衡體系），量變可能引起質變，系統透過不斷地與外界交換能量與物質，就可能從原來的無序狀態轉變為一種時間、空間或功能的有序狀態。這種新的有序狀態要維持下去，必須與外界不斷交換物質和能量。下面我們舉一個簡單的例子。

在一個金屬盤子裡裝上一些液體，然後在盤子下用火加熱。加熱之前，水中的億萬分子是做無序運動，整體上水是平靜地待在盤子裡；當加熱到相當高的溫度時，上下水溫相差加大，大到一定的時候（即遠離原來與四周沒有溫差的平衡態了），上面的水往下流，下面的水往上躥，形成上下對流運動。這並不奇怪，奇怪的是這種對流運動很有秩序，根據金屬盤子的形狀和其他條件的不同，會出現很漂亮的對流花紋。這時億萬分子在某種神祕的呼喚下，在宏觀做非常有序的運動。無序成了有序，而且發生在遠離平衡態之下；如果想使這美麗的花紋保持下去，必須不斷加熱，也就是水這一體系不斷從外界（火）吸收（熱）能量。活的人體、植物、動物，都是一個耗散結構；一個社會、城市、工廠，也是一個耗散結構。這樣，耗散結構可以是生物的、物理的、化學的，也可以是社會的，因而這一理論有極廣泛的應用，對自然科學、社會科學，甚至對數學理論的發展，都有著積極的促進作用，產生了劃時代的影響。最令人感興趣的是，這一理論

對於揭開生命科學之謎，也具有重大意義。正是由於它的重大理論價值，普里戈金才獲得了諾貝爾獎。

（二）

莫諾正是對普里戈金用耗散結構解決生命之謎的嘗試，有不同意見，並向普里戈金發起了挑戰。

普里戈金認為，生命是一種高級自組織形態，也是一種耗散結構，因而生命的起源也可以從耗散結構的理論中獲得啟示，甚至可以揭開生命之謎。他在與尼寇里斯（G. Nicolis）合著的《探索複雜性》一書中指出：生物在其形態和功能兩方面都是自然界中創造出來的最複雜最有組織的物體……它們使物理學家從中得到鼓勵和啟發……現在可以確信，普通的物理化學系統可以表現出複雜的性能，它們具有許多往往屬於生物的特性。人們自然會問，上述的某些生物特性是否能歸因於由非平衡約束引起的轉變？這也許是科學家提出的一個最基本的問題。現在尚無法提出盡善盡美的答案，但人們可以聯想到某些例子，其中物理化學自組織[6]現象同生物秩序之間的聯繫特別引人注意。

艾根在1978年也指出：自組織過程是一種仲介，有了這種仲介，生命起源的化學變化才能過渡到生物進化過程中去。

我們只著重談莫諾十分關注的偶然性問題。耗散結構將偶然性引入了生命起源的過程中，但普里戈金並沒有將生命起源歸

6　自組織（self-organization）。前面講到加熱金屬盤中的水形成美麗的對流花紋，就是這種「物理化學自組織」的一個最簡單易見的例子。

結於純粹偶然事件。生命現象作為一個「歷史客體」，在它的起源和形成過程中有許多偶然的事件扮演關鍵性的突變作用。突變對單個生命系統來說，是非常偶然的、機率極小的事件，這是現實可以證明的。也就是說，從「大數律」[7]來看，機率極小的事件偶然在全系綜[8]都得以實現的條件下，其實現的機率可以是1。因而這兒所指的確定性，也有嚴格意義上的確定性。非但如此，「原始生命的出現」這一極偶然的事件一旦實現後，由於總體上的自催化功能（新陳代謝、自我複製和繁殖），就可以立即轉化為一種嚴格的規律。這樣，在耗散結構裡，偶然性和必然性在同一過程中表現出一種不可分離的關係。

　　莫諾是一位嚴謹而又富有創造性的實驗科學家，但他不滿足於僅僅成為一個優秀的實驗科學家，也不滿足於只獲得單純、具體的科學知識，他像愛因斯坦、波耳和普里戈金一樣，喜歡探索自然科學中的哲學問題。1970年他寫的《偶然性和必然性》一書，就是他關於哲學沉思的成果。

7　大數律（Law of Large Numbers）是指在隨機試驗中，每次出現的結果不同，但是大量重複試驗出現的結果的平均值卻幾乎總是接近於某個確定的值。其原因是，在大量的觀察試驗中，個別的、偶然的因素影響而產生的差異將會相互抵消，從而使現象的必然規律性顯示出來。例如，觀察個別或少數家庭的嬰兒出生情況，發現有的生男，有的生女，沒有一定的規律性，但是透過大量的觀察就會發現，男嬰和女嬰占嬰兒總數的比例均會趨於50%。

8　系綜是在一定的宏觀條件下，大量性質和結構完全相同的、處於各種運動狀態的、獨立的系統的綜合。系綜理論作為一種平衡態統計物理理論，用於描述和解釋相互作用的粒子系統；常用系綜有微正則系綜、正則系綜和巨正則系綜。

莫諾是現代達爾文主義[9]者，所以他既承認偶然性（如突變）的作用，也同時承認必然性（如進化）的結果。他曾說過：突變從純粹偶然性的範圍內被延伸出以後，偶然性事件就進入必然性的範圍了。進化的普遍漸近過程，進化的循序前進，以及進化給人的順利而穩定展開的印象，這些統統起因於那些嚴格的條件，而不是起因於偶然性。

　　但對於突變，他有不同的看法。無論是原始生命的發生，還是DNA遺傳分子的突變，都是一種極偶然、機率極小的事件，而後才確定地轉化為極嚴格的規律。這樣，莫諾認為：機率極小的突變是生命產生、生物進化的唯一源泉，那麼自然界的物種又有什麼必然性可言呢？他在上面提到的那本書中寫道：突變是量子事件……按其本質是不能預見的。

　　關於人類的出現，他認為只不過是「蒙地卡洛賭場裡中簽得彩的一個號碼」。他認為生物體是一個非常保守的系統，不變性是生物的固有屬性；DNA的突變和生物進化是因為複製的錯誤等偶然性因素所導致的，他說：只有偶然性才是生物界每一次革新和創造的源泉。

　　莫諾的觀點，顯然與普里戈金的觀點有很大的不同。1975年，莫諾進一步闡明他的觀點，還點名批評了艾根。他在《關於分子進化論》一文中指出：生物體的特權不是進化，而是保守。說進化是生物的一個規律，那是概念上的錯誤……進化論的一個側面是完全偶然性的側面。人、社會等的存在是完全偶然的……

9　現代達爾文主義是在達爾文的自然選擇學說和群體遺傳學理論的基礎上，結合生物學其他分科，如細胞學、發生學、生態學等新成就而發展起來的當代達爾文進化理論。

生命在地球上的出現，在它出現之前也許是無法預言的。我們必然斷言：任一特定物種包括我們人類在內的存在，都是一個獨一無二的事件，一個在整個宇宙中只發生一次的事件，因而也是不可預言的……我們人類出現以前是不可預言的，我們可能不生活在這裡，也可能不出現。

由莫諾的文章可以看出，他把生物體的出現看作是一種「本質上」的偶然性，也就是說是一種絕對的巧合，即使用統計方法也不能預言。

（三）

普里戈金不同意莫諾把耗散結構稱為「新型的微妙的泛靈論者」，尤其不同意莫諾過分強調偶然性而否定必然性的哲學結論。他針對莫諾的觀點指出：偶然性與必然性彼此合作而並不相互對立，因而主張毫無規律性的純粹偶然性觀點是錯誤的。

的確，莫諾過分誇大了偶然性。他否認事物的變化是有方向的，認為生物進化完全是一種偶然出現的現象，毫無規律可言和無法預言的；並由此指責普里戈金和艾根為「泛靈論」，認為承認自然發展具有規律就等於承認「宇宙中存在一種有靈性的發展意向」。莫諾的這些哲學見解，實在太草率了。

實際上，生物的變異看起來似乎是純屬偶然，但在這種偶然性的背後它仍然受某種必然性的支配。例如，DNA分子發生突變是一件很偶然、機率極小的事件，但是這種突變在由大量（幾十億以上）個體組成的物種來說，就不再是一個偶然事件了，即突變在物種中的實現具有一種必然性。而且這種突變引起的變

異，將因某種具有嚴格確定性的自然選擇而不斷嚴格複製出來。當然，生命群體的進化是非常複雜的現象，要把它完全弄清楚還有待時日，但這並不妨礙人們用自組織理論來定性描述和說明生物進化。

以普里戈金為首的學派用耗散結構理論，以物理學和化學中比較成熟的方法研究生物進化的方向和規律，應該說是一種很可喜的探索，而且也取得了一些有價值的突破，怎麼說得上是「泛靈論」呢？據說莫諾並不真正懂得普里戈金和艾根的理論。這不奇怪，一位偉大的分子生物學家不精通物理學、數學和化學，這是常見的，而且我們也沒有理由要求生物學家精通他們專業以外的知識。但是，當他們抬起頭向他們專業以外的領域表示關注時，我們有理由希望他們謹慎行事；尤其在做哲學結論時，更要小心，而且最好不要隨便給別人扣上一個什麼「論」的帽子。

美國物理學家賽格雷（E. G. Segrè，1905-1989；1959年獲諾貝爾物理學獎）曾深有感觸地說過：一旦某一規則在許多情況下都能成立時，人們就喜歡把它擴大到一些未經證明的情況中去，甚至把它當作一項「原理」。如果可能的話，人們往往還要使它蒙上一層哲學色彩，就像愛因斯坦之前人們對待時空概念那樣。

莫諾發現突變的偶然性在進化過程中所起的創造性作用，並批評了機械決定論，這無疑是一個巨大的成就。但他又把突變的偶然性誇大為偶然性將主宰宇宙，那恐怕就過分了。

在科學史上我們常常可以看到，一些科學大師在做哲學概括時，常常會陷入盲點。例如愛因斯坦、奧斯特瓦爾德等。為什麼會這樣呢？我們用費曼（Richard Feynman，1918-1988；1956年獲諾貝爾物理學獎）的觀點來分析，也許會讓我們得到一些有益

的啟示。費曼曾把科學家劃入探險家一類的人,而把哲學家劃入旅行家行列。他說:「旅行家喜歡看到什麼東西都整整齊齊;探險家則把大自然看成像他們所發現的那樣。」

莫諾在他的專業領域裡是一個優秀的探險家,但又希望像旅行家那樣來審視一下全部的自然科學。他也許全然沒有想到,當他按照自己的理解來運用「因果關係」、「決定論」、「偶然性」或「必然性」之類本屬於哲學範疇的名詞時,他根本沒有仔細考慮和研究這些名詞所包含的全部細節,以致像公牛闖進了瓷器店,引起了一陣混亂。尤其在不太瞭解別人研究的內容時,只因為別人稍稍涉及一些與哲學有關的命題,便立即做出過激的哲學上的反應。這樣,他恐怕非失足不可。

我們還記得愛因斯坦(Albert Einstein,1879-1955)晚年所陷入的盲點嗎?他於1942年寫給朋友的一封信中說:偷看上帝的底似乎是很困難的。但是我一刻也不能相信上帝會擲骰子並使用「傳心術」的手段(就像目前的量子理論所設想他做的那樣)。

愛因斯坦對量子力學理論的態度,真有點像莫諾對待耗散結構理論的態度,一個用「擲骰子」、「傳心術」來嘲諷對方,一個則用「泛靈論」來駁斥不同意見的人。而他們的對方,則是熱忱的探險家,被大自然的無限奧妙所激動,決心更深入地去探幽索微,以飽眼福。

當然,這並非說科學家不應該做哲學的反思。反思是必不可少的;事實上,科學研究,尤其是涉及一些基本原理的研究,是離不開哲學思想導引的。即使歷史上由於哲學的獨斷曾經損害過科學,我們也絕不能因此而菲薄甚至厭惡哲學;即使自然科學家涉足哲學領域時容易陷入盲點,我們也不能因此持敬而遠之

的態度。

　　玻恩晚年曾深有體會地說過一段話，這段話一定會引起我們的關注和深思。他說：關於哲學，每一個現代科學家，特別是每一個理論物理學家，都深刻地意識到自己的工作是同哲學思維錯綜地交織在一起的，要是沒有充分的哲學知識，他的工作就會是無效的。在我自己的一生中，這是一個最主要的思想。

三位諾貝爾獎得主與一樁
離奇的官司

文章千古事，得失寸心知。

——（唐）杜甫

哥倫布為人機巧。有一次，有人讓他把雞蛋豎立起來。哥倫布在桌上把雞蛋的一頭敲破了一點，然後輕而易舉地把雞蛋豎立起來。

——一個傳說故事

20世紀90年代，在美國，為一項高科技的專利權、優先權打了一場官司，美國著名的杜波特公司狀告塞特斯公司，起訴塞特斯公司侵權、非法牟取暴利。這場官司引起了美國科學界、技術界和工業界的高度關注，因為這不僅僅是一項被稱為PCR的技術的優先權屬於誰的問題，還有一些人們在法律上還弄不清的概念亟待澄清。另外，這樁官司涉及三位諾貝爾獎得主，更讓人們感到好奇。

我們把這樁官司寫進本書，當然不僅僅是寫一樁離奇的官司，更重要的是讓讀者看到，即便是獲得過諾貝爾獎這等殊榮的科學大師，也會因為種種私利的驅動，而使自己陷入很不光彩的

境地。

這樁官司涉及兩位諾貝爾生理學或醫學獎獲獎者和一位諾貝爾化學獎獲得者，不過只有兩位涉及較深，另一位雖有涉及但關係不大。為此，我們先介紹一下這兩位獲獎者，然後簡略介紹一下PCR技術，最後再談這場官司。

（一）

這兩位獲獎者是科恩伯格（Authur Kornberg，1918-2007）和繆里斯（K. B. Mullis，1944-），前者是1959年諾貝爾生理學或醫學獎獲得者，後者是1993年諾貝爾化學獎得主。

科恩伯格於1918年3月3日出生於美國紐約市的布魯克林區。1933年，他得到紐約州的獎學金進入紐約大學醫學院，1937年以優異成績獲得學士學位。接著，他又獲得巴斯韋爾獎學金，進入羅徹斯特醫學院學習，1941年獲該校醫學博士學位。

在攻讀研究生學位時，他對酶[10]有了強烈興趣；十年後在美國公共衛生組織任醫學顧問時，仍然醉心於酶的本質及作用這一重要課題。科恩伯格對一個重要的遺傳學問題更是特別鍾情：一個特殊的細胞何以會產生這種酶或那種酶？為什麼產生酶的是某種細胞而不是另外的細胞？由於當時遺傳學的生化研究還是空

---

10 酶（enzyme）是細胞賴以生存的基礎。指由生物體內活細胞產生的一種生物催化劑。大多數由蛋白質組成（少數為RNA）。能在機體中十分溫和的條件下，高效率地催化各種生物化學反應，促進生物體的新陳代謝。生命活動中的消化、吸收、呼吸、運動和生殖都是酶促反應過程。細胞新陳代謝包括的所有化學反應幾乎都是在酶的催化下進行的。

白，所以想弄清這些問題十分困難。

後來，當華生（J. D. Watson，1928-；與克里克同獲1962年諾貝爾生理學或醫學獎）和克里克（F. H. C. Crick，1916-2004）弄清楚了DNA的雙螺旋結構以後，尤其是紐約大學醫學院的奧喬亞（Severo Ochoa，1905-1993；1959年與科恩伯格一起獲諾貝爾生理學或醫學獎）成功地合成了RNA後，科恩伯格才有了深入研究酶的條件。他利用華生、克里克的DNA分子模型為指導，運用奧喬亞合成RNA時採用的方法，開始人工合成DNA大分子。

科恩伯格合成DNA的重大意義在於，人類首次掌握了遺傳物質基礎的製造方法，這就為改變基因、控制生物體的遺傳性能，並進而為治療癌症和各種遺傳性疾病開闢了道路。他本人也正因為這一貢獻於1959年獲得諾貝爾獎。1974年他出了版《DNA合成》一書，1980年又出版了他本人十分得意的一本書《DNA的複製》。

科學研究是永無止境的，後來者總是把先行者的成就更迅速地向前推進。這正是「長江後浪推前浪」！繆里斯就是一位優秀的後來者。

繆里斯於1944年出生於美國南卡羅來納州的哥倫比亞市。他從小就對科學有濃厚的興趣。他的母親曾回憶說：他是一個活潑的孩子，但常常把事情弄得一團糟。3歲時，有一次他把雞蛋與顏料混到了一起，然後把房子塗成黃色。我經常發現他把各種甲蟲和蚯蚓放到大小不同的瓶子中。這個野孩子簡直對任何事情都有興趣。當時我還為此擔心，現在才明白他的大腦是超人的。

繆里斯的童年是無拘無束的。他家就住在一個原始森

林區的邊緣上，那兒有一條小河，林子裡和小河邊有負鼠（opossum）、浣熊、毒蛇等動物。繆里斯和一幫男孩子如果在這兒玩夠了，就會興致勃勃地鑽進城市的下水管道網中去玩。他熟悉那個黑暗的地下迷宮，雖說進去後常常被恐怖籠罩，但正是這份刺激讓他著迷。

大約是十六、七歲吧，繆里斯完成了他的第一個「發明」，他以加熱的硝酸鉀和糖為燃料製成火箭，將一隻青蛙送到了離地面1.5英里的高空；令人驚喜的是青蛙竟然平安返回地面。有一次這種燃料突然爆炸，像一團煙球直飛到鄰家，萬幸的是沒引起火災，否則繆里斯真是要吃不了兜著走！

到了讀高中時，他媽媽才放了心。此時繆里斯不僅擔任了學生會副主席、辯論俱樂部主席，而且成了全國優秀公費生。但他仍然著迷於不斷地「發明」。在喬爾加理工學院學習化學時，暑假裡他把一個舊雞屋改造成一個實用的化學實驗室，製出各種產品出售。

1972年，繆里斯獲得伯克利加州大學博士學位。但令導師驚訝的是，他在1968年竟發表了一篇與研讀博士無關的論文《時間倒轉的宇宙學意義》，而且發表在水準很高的《自然》雜誌上！

獲得博士學位後，繆里斯留校做博士後研究。這期間，他對生長激素釋放抑制因數，用以影響基因的合成和複製很有興趣。他第一次明白：DNA的一些有意義的片段可以用化學方法來合成。這真是激動人心！於是，他開始到處尋找有關合成DNA的圖書和文獻。

1979年秋，繆里斯進入了塞特斯公司，這是位於舊金山的一個生物技術公司。當時在舊金山有好幾個公司的研究部門，對於

改進DNA合成的方法感興趣，並展開了積極的實驗研究。正是在這一時期，繆里斯迎來了他事業的輝煌時期。

在1983年4月一個週末的夜晚，繆里斯在家附近的森林散步。空氣潮濕涼爽，七葉樹的花香彌漫……就是在這醉人的夜晚，繆里斯突然靈感大發，奇妙的思想一個接一個從潛意識裡向外冒，他幾乎應接不暇了！正是這時，他有了PCR技術的最初想法（關於這一技術，下面一個小節將作稍微詳細的介紹）。他驚歎於自己的靈感：天啊！如果這一過程真能迴圈進行下去，那DNA的產量是多麼驚人啊！2的10次方大約是1000，2的20次方大約是100萬，2的30次方大概是10億……真是驚人的增長！

那天晚上，繆里斯滿腦子想的都是DNA「擴增」的神奇過程。但繆里斯有些擔心：這樣簡單的想法，怎麼以前就沒人想到過呢？恐怕事情沒有這麼簡單吧？

星期一的清早，他急忙趕到大學圖書館，檢索文獻。奇怪的是根本沒有關於DNA擴增的文章。隨後他又向不少於100人介紹他的想法，但沒有一人感興趣。他們既沒聽說過這種方法，也不知道為何此前人們不做這個實驗。大多數人回答說：既然沒人這麼想、這麼做，那要麼是它無法進行，要麼是它毫無價值。因此結論是：甩開你的靈感吧！那一定是垃圾。不是嗎？

但繆里斯不放棄自己的靈感，整個春天和夏天，他都一直在深究他的設想。9月份的一個晚上，他終於覺得理論上準備得差不離了，於是決定開始行動——做實驗。他把人類DNA的一部分和一種神經生長因數引子放入一個有紫色螺旋帽的小試管中，將混合物煮沸幾分鐘再冷卻，然後加入約10個單元的DNA多聚酶，封好試管，將它置於37°C的環境中。

第二天中午，繆里斯到實驗室去看結果。他失望了！沒有出現他想像中的擴增現象。思索許久之後，他終於明白問題之所在。

1983年的12月16日，他終於成功了。他高興地對人說：「我終於把分子生物學的規律改變了！」

（二）

儘管繆里斯實驗成功了，仍然很少有人能洞察到其偉大的實用價值。但繆里斯可是毫不含糊地相信自己，並把自己的技術稱為「PCR技術」。他一方面積極申請專利，一方面設計了一張廣告，描述PCR技術，宣揚它的重要實用價值。

據說在開始，繆里斯的宣傳只引起了一個人的「關注」，這個人還是一位了不起的大人物：1958年的諾貝爾生理學或醫學獎得主、洛克菲勒大學校長萊德伯格（Joshua Lederberg，1925-2008）。他在看廣告時轉頭對站在旁邊的繆里斯問道：「這個方法行得通嗎？」

由這句話可以看出，人們當時對繆里斯的技術是多麼生疏和不信任。可是幾十年後的今天，情形大不相同了，PCR技術已經成為分子生物學中不可缺少的工具。它是一項革命性的技術突破，它使得生物學能夠研究古代標本中的DNA片段，也使法學家能夠分析從犯罪現場獲得的微量的DNA。

那麼到底什麼叫PCR技術呢？其實說穿了每一個人都很容易理解其中奧妙。

PCR是Polymerase Chain Reaction的縮寫，意思是「聚合酶鏈

式反應」。「鏈式反應」在物理學中也有，原子反應堆、原子彈就是一種「鏈式反應」，指中子不斷地自動增多，使核反應自動維持下去。在生物學中，PCR也是這個意思，即DNA不斷擴增下去。這是一種很簡便的、在體外模擬細胞內DNA的複製過程，所以有人稱它為「無細胞的分子複製」。更通俗地說，PCR技術猶如一台影印機，可將一份文本迅速地複製成百萬份文本。只不過PCR技術是用生物技術方法，將DNA不斷「複印」（即複製）出成百萬DNA的技術。

PCR技術一旦被科技界接受，立即成為分子生物學領域中最耀眼的明星，而繆里斯本人也立即聞名遐邇，並於1993年獲得諾貝爾化學獎。

PCR的蹤影現在幾乎隨處可見。在醫學上，它可用來迅速檢測危險的傳染病的病原菌，如HIV（人類免疫缺陷病毒）；在法醫上可以利用PCR技術從血液、頭髮、精液、唾液和皮膚中提取DNA樣本，用作分析、鑒定；在生物學研究中，PCR技術已成為檢測遺傳改變的有用工具，因為擴增遺傳材料的特定片段，可以直接分析相關的DNA區域，而無須知道整個基因組的背景情況。

今天，PCR技術不斷完善，已發展成為適用於幾乎任何一個生物領域的通用技術。而且可以確信，PCR的用途將越來越開闊，新的商業機會將會非常誘人。

但「天有不測風雲，人有旦夕禍福」，正當繆里斯名利雙收之時，一場沒有想到的惡意官司向他凶狠地撲來。

（三）

英國哲學家法蘭西斯・培根（Francis Bacon，1561-1626）說：「嫉妒是沒有假期的。」

英國作家菲爾丁（Henry Fielding，1707-1754）說：「一些人攻擊另外一些人，是因為另外一些人擁有他們極想獲得而又沒有得到的東西。」

當PCR成了一項利潤豐厚的技術，為塞特斯公司帶來上億美元的利潤時，其他一些公司當然也躍躍欲試。但人們沒料到的是，實力雄厚的杜波特公司突然向法院起訴說塞特斯公司侵權，要求塞特斯公司必須停止PCR技術的應用，並賠償由此帶來的損失。

這話從哪兒說起呢？

杜波特公司的理由是，PCR技術是根據麻省理工學院教授、1968年諾貝爾生理學或醫學獎得主柯拉納（H. G. Khorana，1922-2011）在70年代初的工作基礎上創造出來的，因而塞特斯公司犯了侵權罪。

柯拉納是出生於巴基斯坦的一位學者，1948年他在英國利物浦大學獲有機化學博士學位。1960年到美國的大學任教，1970年任麻省理工學院教授。柯拉納因為研究「基因密碼破譯、蛋白質合成機制及信使核糖核酸和酶」，獲1968年諾貝爾生理學或醫學獎。

當1966年他宣布基因密碼已全部破譯的時候，他也在這年宣布加入了美國國籍。接著，他開始了更困難的研究——合成DNA基因。後來他將自己的研究成果寫進了《基因的總體合

成》（Total Synthesis of a Gene）一文中。在這項研究期間，柯拉納曾在一篇論文中闡述過PCR技術的基本思想，指出在某種條件下可以反復製得DNA，等等。但是在他的文章中沒有提出具體的溫度、引子的濃度……而且十分遺憾的是，柯拉納後來也始終沒有做過這一實驗。

杜波特公司正是根據柯拉納的兩篇論文和一項轉讓證明書，作為重要證據交給法庭。但柯拉納本人拒絕出庭作證，這真讓杜波特公司覺得臉面上不好看。但杜波特還是要把官司打下去。而法院經過調查之後指出，杜波特公司的起訴缺乏根據：科學家大腦裡的「思想」作為商品轉讓，是不受法律保護的，因此杜波特公司從柯拉納那兒得到的「轉讓」是不成立的。塞特斯公司保住了他們豐厚的利潤。繆里斯聲名鵲起，而柯拉納也沒有糊塗到捲入這場官司中去。

可是，有一位諾貝爾獎得主卻不明智地捲進了這場官司，他就是前面提到的科恩伯格。科恩伯格好糊塗，竟然作為杜波特公司的證人走上了法庭。他振振有詞地說：PCR技術根本就用不著等繆里斯來發明。早在50年代中期，我本人就一直在和DNA聚合酶打交道，而PCR技術只不過是DNA聚合酶特性的合理延伸而已，而這種酶正好是我本人發現的。

這幾句話倒還不怎麼過分，但下面的話恐怕有失一位科學家的風度了。他不負責地調侃說：由以上所說可以清楚地看出，我的實驗室的研究人員或其他與我們相似的實驗室研究人員，什麼時候想做PCR就都可以做，只是一直沒有這個需要。而繆里斯肯定是閒著沒事幹，這才去做我和我的學生絕不會去做的事……不過，他這樣做反而讓他實現了DNA範本的擴增！

儘管科恩伯格的話說得俏皮，大有嘲諷之意，但繆里斯的律師可是成竹在胸，不為這種令人生氣的調侃所動。繆里斯的律師問：「您在1980年出版過一本《DNA的複製》，是嗎？」

這是科恩伯格最得意的一本專著，曾一版再版，因此他毫不猶豫地回道：「是。」

「1983年再版過，是嗎？」「是。」

「據我所知，1983年版的《DNA的複製》一書上並沒有寫上有關DNA擴增技術的內容，是吧？」

科恩伯格預感他鑽進了一個可怕的圈套，但他必須正面回答，他沒有任何理由不回答。

「是的。」

律師面帶勝利笑容地出示《DNA的複製》最新版本，翻開到夾有書籤的地方，對法官說：「這兒……在新版中，卻出現了DNA擴增的內容，這一事實說明了什麼呢？」

好了，每一位讀者想必明白律師的反問，對科恩伯格是一記多麼沉重的打擊！科恩伯格低下了頭，他感到無地自容。是啊，當哥倫布被要求把雞蛋豎立在桌子上的時候，人們都準備看他的笑話，看他在公眾面前出醜。可是，哥倫布輕輕將雞蛋的一端在桌上一敲，然後雞蛋穩穩地立在了桌上。

「瞧，蛋不是立起來了嗎？」

周圍準備看笑話的人開始驚愕了一下，接著大聲訕笑起來：「這誰不會呀！這種立雞蛋的方法太簡單了！」

但誰能否認哥倫布真的把蛋豎立起來了呢！科恩伯格正好是犯了嘲弄哥倫布的那些愚人的錯誤。繆里斯就是豎起雞蛋的哥倫布！

繆里斯也像哥倫布一樣，頗有點傳奇色彩。例如，他發表過詩歌、散文和小說。他的生活極富浪漫色彩，結過三次婚，也離過三次婚。他似乎與許多藝術家一樣，認為每次當他陷入羅曼蒂克的戀情中時，他就更富有靈感和創造力。他甚至開玩笑地說：「我希望人們對我多次結婚和有許多女友的瞭解，能超過對PCR的瞭解。」

　　他曾得意地對記者說：「我不喜歡動手；作為一個發明家，最重要的是為解決某些問題而盡力設計一個簡捷的行動方案。」

第五講
貝特森為什麼要反對摩根

關於哲學，每一個現代科學家，特別是每一個理論物理學家都深刻意識到自己的工作是同哲學思維錯綜地交織在一起的，要是對哲學文獻沒有充分的瞭解，他的工作就會是無效的。在人的一生中，一旦認識到這點，將是一個最主要的思想收穫。——玻恩（M. Born，1882–1970）

威廉・貝特森（William Bateson，1861–1926）是英國著名的遺傳學家。在國際上他享有「偉大的遺傳學先驅」的盛譽，正是他奠定了遺傳學裡的「劍橋學派」，也正是他的奮力反擊，使被遺忘了幾十年的孟德爾遺傳律，得以重振雄風，得到世人的承認。貝特森的功勞可謂大矣。但是，奇怪的事卻不少：當以美國摩根為首的生物學家，把孟德爾學說進一步推進到染色體理論中時，貝特森卻成了摩根理論堅定的反對者，長達20年扮演了一個反面保守角色。這是為什麼呢？

（一）

1861年8月8日貝特森出生在英國約克郡惠特比鎮一位學者家庭裡，父親曾擔任劍橋大學聖約翰學院的院長。長大後，貝特

森順利地考上了劍橋大學，開始學習動物學。大學畢業後，他在1883年到1884年的兩年時間裡，到美國約翰·霍普金斯大學布魯克斯教授（W. K. Brooks，1848-1908）的實驗室待了兩年。在布魯克斯的指導下，他學習海洋生物的發育問題，曾到維吉尼亞州和北卡羅來納州沿海的海岸考察海洋生物，並在考察中取得了他第一個重要研究成果：完成了柱頭蟲屬（acorn worm）的生活史的研究；並透過發現柱頭蟲除了鰓裂以外，還有一根很小的脊索和背部神經索，從而把它鑒定為原始脊索動物。

布魯克斯還擔任過遺傳學家摩根（1933年諾貝爾生理學或醫學獎獲得者）的導師，貝特森想必是受到布魯克斯的影響，認為遺傳學是一個很值得研究的領域，而且對「非連續變異」（discontinuous variation）很有興趣。非連續變異一詞指的是：一個個體與其後代可以發生突變的、容易辨認的變異，例如藍眼睛的人可以生一個褐眼睛的兒子，紅花的花籽可以開出橙色的花，等等。與其相反的觀點則是「連續變異」（continuous variation）。在19世紀末到20世紀初，生物學家都力求解答這個問題：哪一類變異是真實的？自然選擇對哪一種遺傳起作用？

貝特森從美國回到劍橋大學以後，成了聖約翰學院的高級研究員，隨即開始了對變異的研究。他確信，研究變異和變異性狀的遺傳是研究遺傳學正確的方向。1886年至1887年，年輕而充滿熱情的貝特森，到俄國、埃及遊學，希望獲得對研究變異有用的資料。

1899年7月11日，貝特森向英國皇家園藝學會提交一篇論文——《作為科學研究方法的雜交和雜交育種》。從這篇論文可看出，儘管他的研究結果很容易用孟德爾的觀點來解釋，但他本

人在那時仍然沒有提出明確的遺傳學理論。但情況很快就發生了戲劇性的變化。

1900年5月8日，貝特森乘火車從劍橋到倫敦參加一次會議。在火車上，他第一次閱讀了孟德爾的著作。我們知道，孟德爾（G. J. Mendel，1822-1884）是奧地利遺傳學家，他根據豌豆雜交試驗的結果，於1865年在布爾諾自然科學協會上，發表了《植物雜交試驗》，提出了「遺傳單位」（現在叫「基因」）的概念，並提出遺傳的三條規律，現在稱為「孟德爾遺傳規律」。遺憾的是，孟德爾的遺傳規律被埋沒了30多年，直到1900年才由荷蘭植物學家德弗里斯（H. de Vries，1848-1935）、柯靈斯（C. E. Correns，1864-1935）和奧地利植物學家丘歇馬克（E. von Tschermak，1871-1962）發掘出來，這才引起了人們重視。貝特森也正是從德弗里斯那兒才看到孟德爾的論文。

貝特森真是「心有靈犀一點通」，立即明白了孟德爾理論的價值。因為他本人的研究那時正處在這個突破的邊緣，所以他在火車上一看完孟德爾的論文，立即成了孟德爾遺傳理論的熱情而又有效的推廣者。他在倫敦一開完會，立即返回劍橋，把孟德爾的思想收編到自己的講稿中，並著手翻譯孟德爾的著作。而且，他開始用各種動物、植物來驗證孟德爾的理論。實驗的初步結果表明，孟德爾的理論與實驗基本上一致。

可是沒有想到的是，由於他擁護和宣傳孟德爾的理論，他以前的好友韋爾登（W. F. R. Weldon，1860-1906）開始對他進行攻擊。韋爾登是一位頗有影響的生物統計學家，他不重視非連續變異。貝特森那時熱情洋溢、思維敏捷、反應迅速，對韋爾登的攻擊毫不客氣，1902年出版了一本名為《孟德爾遺傳原理：一個回

擊》的書，進行反擊。韋爾登沒有被說服，論戰繼續下去。1904年，在英國科學促進會的一次會議上，兩人展開了論戰，結果貝特森大獲全勝。從那時起，「非連續性」成了遺傳學概念中一個毋庸置疑的特徵。

貝特森的主張得到了國內外許多學者的支持。1902年貝特森去美國參加一個農業會議時，受到了意料之外的熱烈歡迎。他在給妻子的信中寫道：我每到一處都受到了手裡拿著孟德爾論文的農業專家的歡迎。真讓人興奮！孟德爾，到處都是孟德爾！

由於貝特森的這一突出貢獻，他於1910年被任命為約翰·莫尼斯園藝研究所所長。在他的帶領下，該研究所成了當時英國遺傳學的研究中心。

（二）

貝特森在遺傳學的建立和發展過程中，作出了出色的貢獻。他在1906年第三屆國際遺傳學會議上，從希臘字中創造了「遺傳學」（genetics）這個專有名詞，以代替「傳下去」（descent）這個不確切的詞，「以此來象徵對於遺傳學認識的新紀元」。斯多培（J. H. Stubbe）在《遺傳學史》（1965年）一書正確指出，於是，研究遺傳這門科學，由於貝特森才有了自己的名稱。

除此以外，貝特森還在深入研究中繼續創造了許多新的術語，如F1代，F2代，等位基因，上、下位基因，合子，純合體和雜合體⋯⋯這些術語至今仍為大家使用。

正當貝特森取得矚目成就、受到科學界讚譽的時候，他卻在20世紀20年代遺傳學蓬勃發展的時期，充當了長達20年的、阻

礙遺傳學進展的反面角色。這真是出人意料的一個悲劇。美國哈佛大學教授邁爾指出：貝特森是一位具有複雜個性的人，在爭論時，他好鬥，甚至到了粗野的地步，不過與此同時，他完全獻身於研究。他具有革命性和守舊性的混合特點，難於接受新思想。在1900年以後的10年裡，他是遺傳學領域的帶頭人。的確，正如在卡斯特爾（W. E. Castle）1951年的論述時所說的那樣，我們有許多正當的理由可以把貝特森看成是「遺傳學的真正奠基人」。1910年以後，他對染色體理論的反對，以及對物種瞬間形成這一論點所做的長久的辯護，使得他再沒有什麼建樹。

非常有趣的是，摩根開始時對孟德爾理論持反對態度；但一年之後，他又成為美國孟德爾理論最狂熱的支持者之一。開始時，摩根之所以反對孟德爾的理論，是因為孟德爾的理論中有一些錯誤，以及一些新的實驗結果用它無法作出解釋。但當他認識到孟德爾理論深刻的本質，以及正確評價它的不足以後，他立即改變了態度，從此積極宣傳並發展孟德爾理論。在這後一點上，貝特森和摩根的態度涇渭分明：貝特森無條件地支持孟德爾理論，而摩根則克服孟德爾理論的缺點，並向前推進這一理論。

在發展孟德爾理論過程時，摩根以果蠅為研究物件，發現了新的遺傳規律，提出了染色體遺傳學說，認為「染色體是孟德爾遺傳性狀傳遞機理的物質載體」。摩根還進一步創立了基因學說，認為基因是組成染色體的遺傳單位；他證明基因在染色體上占有一定的位置，並成直線排列。在生物個體發育過程中，一定的基因在一定的條件下，控制著一定的代謝過程，從而表達出一定的遺傳特性和特徵。由於「發現染色體在遺傳中的作用」這一卓越成就，摩根於1933年獲諾貝爾生理學或醫學獎。

貝特森幾乎在摩根提出染色體概念之初，立即表示反對，從根本上否認染色體與孟德爾理論有什麼關係。貝特森的一個學生曾寫道：在1903-1904年間，我是貝特森最早一批學生中的一個。在那些日子裡，我最鮮明的記憶是他與染色體理論的對抗。我記得，在圖書館裡，我無意中看到薩頓（W. Sutton，1877-1916）的論文，很有興趣。我把它帶給貝特森看，問他有什麼意見，他竟不屑一顧。我記得他翻了一下那篇論文，就斷言道：染色體絕不可能與孟德爾學說有什麼關係的。

　　從那時開始，貝特森就開始了與染色體理論的鬥爭。直到1922年他訪問了摩根的實驗室之後，才最終放棄了對染色體理論的懷疑，並寫信表示他對「已經在西方升起的星星」的敬意。這個過程整整20年！這20年正是生物學新紀元的開端，是美國生物學研究走向世界領先地位的20年，是摩根和他的同事大顯身手之時，而貝特森卻錯失良機，不僅使自己成為這一時期保守勢力的典型代表，而且還使得英國遺傳學研究也落後了整整20年！正如美國著名學者艾倫（G. E. Allen）在《20世紀的生命科學》（*Life Science in the Twentieth Century*）（1975年）一書中指出的那樣：由於貝特森頑固地堅持他的立場，他被遺傳學的發展拋在後面了。到1920年，他成了一個脫離時代的人。他固執地認為，「基因」（或孟德爾的遺傳因數）的物質基礎在細胞結構中沒有任何直接的證據。

　　貝特森從一個「遺傳學真正的奠基人」變成一個「脫離時代的人」，成為反對染色體這一正確理論的三個主要人物之一。這其中一定有很深刻的原因，使他一葉障目，看不到遺傳學進一步發展的方向。這些原因，我們有必要進一步深究，從中肯定會得

出某些值得借鑒的教訓。

（三）

　　科學的進步，一般都要經歷「唯象理論」（Phenomenological theory）的階段。「唯象」是指只關注客觀物件表面現象上的變化，而沒有深入探索表像內部深層的機理。例如，物理學家研究熱學的過程中，先發現了熱力學第一、第二定律，這都是唯象的一些規律，其內部（即微觀層次上）的機理，是到唯象研究相當成熟以後，才開始引起物理學家們的關注，於是此後建立了氣體分子運動論、統計力學，這已經屬於比唯象理論高一級的「理論架構」（Theoretical Structure）階段。物理學家比較早地經歷了這一轉變。生物學大致上是從20世紀20年代從唯象理論中走出來，開始走向生命奧祕的深層。正像從熱力學到分子運動論的轉變中有許多反對者一樣，生物學在這種「蛻變」過程中，也必然會引起一些懷疑論者的反對；而且像在物理學中發生過的一樣，這些反對者多是在建立唯象理論中功績卓越的科學大師。

　　貝特森不幸成這一蛻變過程中的反面人物。貝特森的反對理由很多，我們只撿兩個容易說懂的簡單介紹一下。摩根試圖結束生物遺傳學中唯象的描述方式，找到遺傳的物質載體。他把孟德爾抽象的「因數」歸結為「染色體粒子」，從物質結構中去尋找遺傳學的規律。這種做法顯然是一種進步，正如物理學家想從物質的原子——分子結構中探尋熱現象的本質一樣。但不幸的是，貝特森認為摩根的這種追究是十分荒謬的。他說：（摩根他們的想法）是不可想像的。染色體的粒子或任何其他物質，不管多麼

複雜，怎麼可能具有我們所說的因數或基因的能力呢？他們的染色體粒子彼此間難以分辨，經實驗檢驗幾乎都是同質的，這種粒子怎麼可能透過其物質本性來授予、傳遞生命全部奧祕呢？這種假定完全超出了令人信服的唯物主義的範圍。

這只是其一，與這一方面有關的其二，是他要求摩根實驗小組拿出實驗證據來，以證明染色體上有基因的證據。他認為，摩根提出的染色體的解釋，沒有令人信服的、自己的、獨立的證據。他在1921年這樣說：令我震驚的是，「意外事件記錄」的數量、致命因數、「基因」、修飾連鎖……以及諸如此類的權宜新詞，可能有效，但是需要的是證據。每一個假說都必須是能夠站得住腳的。

當摩根決心推進遺傳學，提出染色體理論時，貝特森站在反對派立場上指手畫腳、橫挑鼻子豎挑眼，想方設法指責摩根這不對、那不充分，這需要證實那需要檢驗。現在來看，當然覺得他十分可笑，十分「頑固」，但是，我們切不可做事後諸葛亮。嚴格說來，科學發展史上沒有爭論的話，科學就無法前進；一個新的理論提出來以後，由於它自身的不完善，非常需要反對派對它進行嚴格的、挑剔式的挑錯。貝特森的反對，不能說他處處都錯，正如愛因斯坦在反對量子力學的統計詮釋時一樣，波耳往往非常需要聽聽愛因斯坦反對的聲音，以免自己過分熱衷於尚不成熟的假說，而誤入迷津。

那麼，貝特森的失誤主要在什麼地方值得我們後人探索呢？奧斯特瓦爾德在20世紀初還在堅定地反對原子理論，他有一句很有名的話：你要我相信原子假說，你就給我看一看原子。

這要求未免太高了，儘管當時物理學家可以用原子理論正

確地解釋許許多多物理現象，還可以預言許多現象（而且被實驗證實）。但那麼小的原子讓物理學家一下子拿出來讓人「看一看」，實在有點過分了。貝特森對待摩根的染色體的態度，如出一轍，他要求摩根拿出證據，證明染色體「有自己獨立的證據」。這種過高、過急的要求，作為同是一位終身從事遺傳學研究的人，總該知道自己未免有些過分了吧？如果不是有什麼其他值得探究的原因，貝特森當然會明白一個假說是如何一步一步走向成功的，而不會在它向成功方向發展時出手阻撓。他應該有耐心的。

貝特森之所以沒有耐心，而急於向摩根的染色體假說發難，是因為他的哲學觀點。他的哲學觀使他早就斷言：生命現象不可能而且也不應該從物質本身得到說明。在他看來，任何想用物質結構的設想來解釋生命的奧祕，都是不正確的，都是一種錯誤的生命觀。貝特森一再強調，不論是染色體也好，還是任何其他的「多麼複雜」的物質單位也好，都絕不可能成為承擔遺傳的物質載體。這種哲學觀，實際上是把生命神祕化的唯心哲學觀。這種哲學觀淵源久矣，它們認為生命是與物質絕對相互獨立的一種東西，不可能由物質的活動來解釋生命現象，而遺傳又是生命現象中最令人感到神祕的一個領域。有了這種哲學觀，貝特森理所當然地會堅持反對染色體假說，而且對它「根本不屑一顧」。

艾倫曾正確地分析過貝特森的這種錯誤：在所有貝特森的論點背後，隱藏著他自己可能沒覺察到的一種傾向，那就是哲學唯心主義和不相信科學中的唯物主義理論……貝特森的錯誤顯然在於他不能看到把抽象的、觀念化的孟德爾理論與物質染色體理論結合起來的必要性。

正是在這一點上，貝特森的反對，對當時遺傳學的前進是十分有害的。現在我們對於生命現象有物質載體，已經非常習慣，誰要是提出異議倒會讓人大吃一驚了。但在20世紀20年代，提出生命現象有物質載體為基礎，是一件十分新穎大膽的事情，是向所有舊傳統根本決裂之偉大舉動。在這種轉變的關鍵時機，由於自己的科學觀、哲學觀，貝特森不幸成了逆潮流而動的保守派。

如果擴而大之，我們可以看到，貝特森反對染色體是整個歐洲實證主義哲學思潮中的一個局部反映。奧斯特瓦爾德反對原子論，也是這一思潮的反映。艾倫在他的《摩根傳》（*Thomas Hunt Morgan: The Man and His Science*）（1978年）中說得更為透徹，他寫道：貝特森傾向於認為，遺傳的物質學說接近於古代的預成論。更有甚者，貝特森本人對任何形式的唯物論都表示反感，因為他從唯心論物理學家那兒受到了深刻的影響。而那些物理學家在1900年至1920年這段時間，在劍橋形成了一個頗有影響的學派。甚至在摩根小組表明染色體可以作圖之後，貝特森的唯心論思想最後還是阻礙了他接受染色體學說。

科學家由於哲學觀的原因而引起科學上的失誤，在科學史上並不少見。這兒特別應該指出的是，當科學處於革命性轉變的時候，哲學就會表現得相當活躍，這是因為科學家在茫茫荒原中想尋找思想、方法上的依託，有求於哲學。在這種關鍵時刻，正確的哲學觀往往舉足輕重；否則，一不小心就會遺恨千古。

貝特森正是在遺傳學蛻變的關鍵時刻，由於錯誤的哲學觀，而失去了繼續推進遺傳學的大好時機，反而成了阻擋它前進的障礙！回過頭來再看一下本文引言中玻恩講的那段話，我們一定會有新的感受吧？

歐拉留下的遺憾

他只有停止了生命，才能停止計算。

——孔多塞（Condorcet，1743-1794）

　　數學上有多少方程式、定理、公式……用歐拉命名的？恐怕誰也說不出一個准數。我們隨手拈來就有：歐拉變換、歐拉常數、歐拉定理、歐拉定律、歐拉動力學定律、歐拉法、歐拉方程式、歐拉曲率公式、歐拉圖、歐拉線、歐拉座標、歐拉相關、歐拉角、歐拉力、歐拉函數、歐拉積分、歐拉運動方程式……

　　哎呀，這位歐拉可真了不得！可不是嘛，有一件趣事，更足以證明歐拉的偉大。人們為了紀念這位叱吒數學界幾十年的風雲人物，曾把他同阿基米德、牛頓、高斯三人一起合稱為「數學界四傑」。但有一位著名數學家說：「不！歐拉應該被稱為數學英雄！」

　　這位數學家認為歐拉在四個人當中是最頂尖的。下面我們就簡單介紹一下這位「數學英雄」歐拉。

（一）

　　1707年4月15日，歐拉（Leonhard Euler，1707-1783）出生

於瑞士第二大城市巴塞爾。他的父親是一位窮牧師。家庭雖然貧窮，但因為是牧師家庭，這使他能進入到令一般人神往的學校。父親見小歐拉聰明過人，對他寄託了莫大的希望，希望他長大後能飛黃騰達、榮耀門庭。但小歐拉卻常常提出一些奇怪的問題，讓做父親的十分擔心。像每一個小孩一樣，當小歐拉抬頭仰望夜空時，那閃耀的群星總會引起他無限的遐思，思緒不由自主在宇宙翱翔。他問父親：「天上有多少星星呀？」

父親聳了聳肩，漫不經心地回答：「有多少顆星星這並不重要，我們應該知道的是，那些星星是上帝一顆一顆地鑲上去的。」

「那麼，上帝既然一顆一顆地鑲上去，他就該知道有多少顆星星了。」

這些問題是不能多問的，父親不免擔心地瞧著小歐拉。父親的擔心，果然被印證了。校長因為小歐拉經常提出一些犯禁忌的問題，而把他從學校除名，以免這些不祥的問題蠱惑人心。父親十分沮喪，只好讓小歐拉在家中幫他做點雜事。未來一片暗淡，有什麼辦法呢？

但出乎意料的事發生了：有一天，巴塞爾大學數學教授約翰・伯努利（John Bernoulli，1667-1748）來找歐拉的父親，他早就聽說小歐拉有非凡的數學天才，因此想親自看一看。伯努利家族在歐洲科學界威名赫赫，先後出了九位著名的數學家，而且他們特別注重選拔和培養人才。當約翰聽說小歐拉竟然能夠解決難度不小的「圍籬問題」，不覺心動了；如果真是天才，可不能浪費了！

事情是這樣的：有一天歐拉的父親想圍一個羊圈，羊圈長40

英尺（1英尺＝0.3048公尺），寬15英尺，面積當然就是600平方英尺；顯然，這需要110英尺籬笆才能圍住。但他卻只有100英尺籬笆，這可讓他犯愁了。小歐拉當他的幫手，見父親犯愁，就問他愁什麼。父親不耐煩地說：「大人的事，你小孩子多問些什麼呀！」

小歐拉不甘休，最後總算知道父親愁什麼。他仰頭想了一會，又在地上用樹枝畫了一些什麼，然後對父親說：「爸爸，您可以把長寬都定為25英尺，那羊圈面積成了625平方英尺，比您設計的還大了25平方英尺，但籬笆卻只要100英尺，您就不用愁了！」父親聽兒子這麼一說，不禁喜從心來：我兒子還真不一般呢！

從此逢人便說兒子的「奇蹟」。

約翰後來也聽說了，於是決心見一見小歐拉。約翰見到小歐拉，親切地問他在想些什麼。小歐拉興奮地說：我在想，6這個數可以分解成1、2、3、6這4個數，把前面的3個數1、2、3加起來正好等於最後的一個數6；還有一個數是28，它可以分解為1、2、4、7、14、28這6個數，把前面的5個數1、2、4、7、14加起來，又正好是最後面的一個數28。約翰先生，請問這種奇妙的數除了這兩個以外，還有嗎？

約翰聽完小歐拉的問題，不由大吃一驚：6和28這兩個數在數學上稱為「完全數」；到底有多少個完全數，這可是迄今沒有解決的一個數學難題！現在，這個難題竟然被一個小孩子提出來了，真是不可思議！約翰先生看著小歐拉閃耀著智慧之光的眼睛，心中暗自決定：一定要幫助、培養這個有極大天分的孩子，不能讓這顆明珠被埋在土地裡了！

小歐拉的命運發生了奇蹟般的改變，此後不久，人類就將出現一顆明亮的數學新星。

1720年，在約翰教授的極力推薦和支持下，13歲的歐拉以破天荒的幼齡進入了巴塞爾大學。當校長反對約翰教授的推薦時，約翰教授爭辯說：校長先生，對於天才，年齡不能成為入大學的一種限制。如果由於我們的疏忽，埋沒了一位天才，讓數學天空的一顆明亮的星成為稍縱即逝的彗星，那不是我們的奇恥大辱嗎？不，那簡直是犯罪。先生，是的，是犯罪。

進了大學以後，歐拉如魚得水，過著「桃之夭夭，灼灼其華」的青春年少的書生生活。歐拉和伯努利一家來往十分密切，實際上伯努利家的成員，已經把歐拉看成是他們家的一員了。其中尼古拉‧伯努利（Nicolaus Bernoulli，1695-1726）和丹尼爾‧伯努利（Daniel Bernoulli，1700-1782）與歐拉年齡差不多，他們之間的關係也最好，可以說親如手足。

1725年，尼古拉和丹尼爾同時到沙皇俄國聖彼德堡科學院工作。當時俄國女皇葉卡捷琳娜一世繼承彼得大帝的遺願，決心振興俄國的科學事業，建立聖彼德堡科學院，正重金聘請歐洲各國知名科學家到設備極為優良的科學院工作。尼古拉和丹尼爾那時已是歐洲數學界赫赫有名的人物，因而被聘為聖彼德堡科學院院士。

誰知禍從天降，風華正茂的尼古拉到俄國後僅僅一年時間，竟然一病不起。當尼古拉病逝後，葉卡捷琳娜女王召見丹尼爾，請他再推薦一位數學家來接替已故尼古拉空出來的位子。丹尼爾提出可由歐拉前來接任：「歐拉今年19歲，巴塞爾大學碩士，不久前因為一篇論文得過巴黎科學院獎金。」

女王似乎不大相信丹尼爾的推薦。要聘用一個19歲的年輕人到俄國最好的科學院來，豈不讓人譏笑？丹尼爾是何等聰明的人，他立即明白女王的想法，說：「女王陛下，如果您能聘用他，使他有優越的研究條件，他日後一定會超過我們整個伯努利家族！陛下千萬不要失去良機！」

女王十分感佩於丹尼爾舉賢若渴的無私精神，於是同意聘請歐拉。歐拉遂於1727年來到聖彼德堡，此後一直工作到1741年；1766年他又回到聖彼德堡科學院，直到1783年離開人世為止。前後他在俄國工作了三十多年。

當1766年回到俄國後，他雙眼幾乎失明。但他沒有停止工作，仍然繼續發表了400多篇論文，出版了一些專著。這真是奇蹟！

1783年9月18日，他正在運算前兩年被赫歇爾（F. W. Herschel，1738-1822）發現的天王星的運行軌道，突然他手中的煙斗落到地上，他喃喃地低語道：「我死了……」

一代巨星就此隕落，76歲的歐拉停止了呼吸。

歐拉一生給人類留下了數量驚人的科學著作，據統計一共有886部書籍和論文，除了數學中各個領域的著作，還有物理學、天文學、彈道學、航海學和建築學等領域。聖彼德堡科學院後來為了整理他的著作，竟然用了整整47年時間！這麼數量巨大的著作，該需要他花費多大的精力！難怪法國哲學家、數學家康多塞（N. de Condorcet，1743-1794）懷著崇敬的心情歎息說：「他只有停止了生命，才能停止計算。」

歐拉不僅多產，而且在每一個領域裡都有深刻的、卓越的創見，連後來德國的「數學王子」高斯（C. F. Gauss，1777-1855）

都由衷敬佩地說：「學習歐拉的著作，乃是認識數學的最好途徑，沒有什麼別的可以代替它。」

法國物理學家拉普拉斯（P-S M. de Laplace，1749-1827），更是諄諄教導他的學生說：「讀讀歐拉的著作，讀讀歐拉的著作，他是我們大家的老師。」

後輩對歐拉非凡的天才，也發表過無限感慨的驚歎。著名的法國物理學家阿拉果（D. F. J. Arago，1786-1853）讚歎地說：「歐拉對於計算好像一點也不費力，正如人呼吸空氣，老鷹乘風飛翔一樣。」

歐拉的一位學生在回憶一段往事時感慨萬分地說：我和另一位同學把一個十分複雜的收斂級數逐項寫出來，然後相加，發現兩人所得的結果不一樣。可是這個數字相當巨大，在第50位上才出現差錯……歐拉教授聽到我們的爭執，閉著他那雙幾乎完全失明的雙眼，一言不發……最後，他告訴我們差錯在哪兒，是如何引起的。我們都非常瞭解他，知道他有罕見的心算能力，因此對他能說出我們爭論中的錯誤，我們一點也不感到意外。他不僅可以心算簡單的問題，許多高等數學範疇中的內容他同樣可以用心算去完成。

但是，這位數學英雄也不只是有赫赫功績，他和所有科學精英一樣，也有面臨失敗的時刻。

（二）

歐拉是一位天才的數學家，這是不爭的事實。但如果他不曾付出驚人的努力，也不可能獲得如此驚人的成就。也正因為他比

一般人更勤奮，他一定會犯比常人更多的錯誤。我們在歐拉所犯的眾多錯誤中，選兩個容易讓讀者看得懂的，讓讀者從中瞭解一下歐拉的思想和局限。

「無窮級數」在數學中經常會出現，每個中學生都會接觸到一些稀奇古怪的這種級數，如：

$$1+\frac{1}{2}+\frac{1}{3}+\frac{1}{4}+\frac{1}{5}+\cdots$$

$$1+\frac{1}{x}+\frac{1}{x^2}+\frac{1}{x^3}+\cdots\ (\ |x|>1\ )$$

$$1+1-1+1-1+1-1+\cdots$$

這些級數由於涉及「無限」多的項，所以常常會和我們開些「丈二金剛摸不到頭腦」的玩笑。一個有趣的例子是「阿基里斯追不上烏龜」。

西元400多年前，古希臘哲學家芝諾（Zeno of Elea，西元前490-前425）提出了一個奇怪的悖論：「阿基里斯追不上烏龜」。阿基里斯是一個像水滸故事中神行太保戴宗似的人物，日行千里、夜走八百。但芝諾卻振振有詞地證明：阿基里斯永遠追不上在他前面10公尺遠的烏龜。你也許會啞然失笑說：這位芝諾先生一定是稀里糊塗了。你可真不能早早下結論，不信我把芝諾的證明講出來以後，看你如何反駁芝諾。芝諾證明如下：

假定阿基里斯和烏龜都用不變的速度向前跑，開始時烏龜在阿基里斯前面10公尺。阿基里斯雖然跑得比烏龜快多了（假定他的速度為烏龜的10倍），他卻永遠追不上烏龜。為什麼呢？試想：當阿基里斯跑到第10公尺的時候，到了烏龜起跑的地方，這時烏龜已經跑到第11公尺的地方，烏龜領先1公尺；當阿基里斯

跑到第11公尺的地方時，烏龜跑到第11.1公尺的地方，烏龜與阿基里斯的距離縮短了，但仍領先0.1公尺；當阿基里斯跑到第11.1公尺處時，烏龜跑到11.11公尺處，領先0.01公尺……如此不停地跑下去，阿基里斯要追上烏龜就得依次跑完10公尺、11公尺、11.1公尺、11.11公尺……而烏龜則依次領先1公尺、0.1公尺、0.11公尺、0.111公尺……由於這樣的距離有無限多個，阿基里斯跑完10公尺有11公尺，跑完11公尺有11.1公尺……所以烏龜總是領先一段小小的距離，阿基里斯也就永遠追不上烏龜了！

芝諾提出的這個悖論，你也可能會被難住了吧？雖然你不相信阿基里斯真的追不上烏龜，但你能把芝諾的詭辯駁倒嗎？如果你無法駁倒，就是因為「無限」在這兒給你開了一個很大的玩笑。為什麼說是「很大」的玩笑呢？因為科學家、哲學家們為了駁倒芝諾的詭辯，竟然用了近兩千年的時間！而讀者您如果不找點數學書看一看，恐怕也一時駁不倒芝諾的詭辯呢。

歐拉也是在解決一個無窮級數時，一時不慎，面臨失敗。他遇見的是一個很普通的級數：

$$1-1+1-1+1-\cdots \qquad (1)$$

對這個無窮級數求和時，法國著名數學家傅立葉（J. B. J. Fourier，1768-1830）曾用下面辦法求這個級數的和：

如果把（1）式的和假設為S，我們可以把（1）式改寫為：

$$1-(1-1+1-1+\cdots) \qquad (2)$$

因為（1）是無限多項，因此改成也是無限多項的（2）式是可以的。這樣

$$S=1-S$$

於是

$$S = \frac{1}{2}$$

讀者一定可以看出，傅立葉在得出 $S=\frac{1}{2}$ 時，在無窮級數（1）的求和中運用了加法結合律。這似乎順理成章，不成問題。但是問題偏偏出來了。我們同樣可以用加法結合律把（1）式改寫為：

$$(1-1) + (1-1) + (1-1) + \cdots \qquad (3)$$

結果，$S=0$。如果把（1）式改寫為：

$$1 - (1-1) + (1-1) + (1-1) + \cdots \qquad (4)$$

那麼，$S=1-0=1$

結果，同一個無窮級數竟然得出 1/2、0、1 這三種不同的和，這顯然是不可能的。那麼，問題到底出在哪兒了呢？歐拉也曾對這個問題感興趣，他用的是另一種辦法，得出 $S=\frac{1}{2}$。他根據的公式稍微複雜一些。由於：

$$\frac{1}{(1-x)} = 1 + x + x^2 + x^3 + \cdots \qquad (5)$$

則在假定（5）式中 $x=-1$ 時，可得出：

$$\frac{1}{1-(-1)} = 1 + (-1) + (-1)^2 + (-1)^3 + \cdots$$

所以有：

$$\frac{1}{2} = 1 - 1 + 1 - 1 + 1 - \cdots$$

於是（1）式的和應該是 $\frac{1}{2}$。這是歐拉的證明。

現在我們知道，傅立葉、歐拉……這些數學大師都錯了。原因是無窮級數由「無窮多項」組成，它和「有限項」組成的多項式在本質上有許多不同；對多項式適用的方法，對無窮項組成

的級數就未必適用。對於新的數學研究題目，需要有新的概念和方法，而這些在歐拉所處的時代尚未得到解決，因此他和另一些數學家不犯錯誤是不可能的。正是錯誤刺激了數學家的自尊和靈感，這才一代又一代將數學推向更加輝煌、更加燦爛的今天和明天！

1784年，柏林科學院懸賞徵文的題目就是：「對數學中稱之為無窮的概念建立嚴格的明確的理論」。

可見，在歐拉那個時代，數學界多麼急切地尋求新概念、新方法啊！

（三）

1741年，歐拉應普魯士國王腓特烈二世的邀請，決定到柏林科學院去工作，他的妻子柯黛玲是俄國人，也隨同丈夫去德國生活。歐拉之所以做出這一決定，是因為俄國的政權發生了巨變，彼得大帝的女兒伊莉莎白推翻了小皇帝伊凡六世，自己占據了皇位。由於她的專橫，俄國人民的尊嚴受到嚴重的踐踏，科學家也由此失去了自由和舒適的工作環境。

歐拉和夫人、孩子們到達柏林後，腓特烈二世立即召見了他。王后見歐拉很少說話，奇怪地問：「歐拉教授，您為什麼沉默寡言？身體不適嗎？」

「陛下，」歐拉回答說，「在俄國如果話說多了是會上絞刑架的。」這時歐拉的眼睛越來越糟糕，但他完全不顧及自己的身體狀況，仍然拼命地工作，連吃飯都覺得占去了寶貴的工作時間。

1760年，當俄國軍隊入侵普魯士時，伊莉莎白女皇沒有忘記歐拉曾給俄國作出的巨大貢獻，她寫了一封慰問信給他，同時給他一大筆錢，賠償歐拉在戰爭中受到的損失。這使歐拉頗受感動。1762年，葉卡捷琳娜二世即位，她是一位有野心的女皇，對科學事業極為關注。她多次誠懇地邀請歐拉返回聖彼德堡工作，並許以特殊優待。歐拉也懷念自己事業的輝煌之地，加之柯黛玲也日夜思念故土，於是，他們終於在1766年，當歐拉59歲時，返回了聖彼德堡。

　　葉卡捷琳娜二世按照皇室的待遇迎接歐拉，配給他一套豪華的寓所，有18名侍從為歐拉一家服務……歐拉對這一切，十分滿意。

　　腓特烈二世由於熱衷於讓臣民為他歌功頌德，結果使得朝廷裡小人得勢、正直人遭殃。歐拉之所以離開柏林，這也是原因之一。不過，腓特烈二世對歐拉始終另眼相看，盛情有加。即使歐拉離開了柏林，腓特烈二世仍然不時寫信問候或向他請教。

　　大約在1780年前後吧，腓特烈二世又向歐拉提出一個有關「方陣」的問題。什麼是「方陣」問題呢？

　　方陣與軍隊排列隊形有關。軍隊在檢閱時，常常排成方隊，比如400人一隊的方隊，每行和每一列都是20人，這叫「400人方隊」。方隊不僅僅整齊、威武、雄壯，軍事學家還發現方隊在訓練士兵和作戰陣形上有許多特點，比如說這種隊形便於觀察四方、便於阻擊敵人……於是軍事上將可以向四方發槍的隊形稱為「方陣」（square matrix）。

　　方陣後來又被數學家盯上了，因為方陣可以變幻無窮，引出許許多多讓數學家絞盡腦汁都無法解決的問題。例如：

某些數能不能組成方陣？一個方陣怎樣變成兩個方陣？幾個相同的方陣加上多大的數可以組成另外一個大的方陣？這種種問題，在數學上來說，其實是討論「全平方數」的問題。[11]

　　例如：53 個士兵可以排成兩個方陣（如下圖）：

$$
\begin{matrix}
 & & & & \cdot & \cdot & \cdot & \cdot & \cdot & \cdot & \cdot \\
\cdot & \cdot & & & \cdot & \cdot & \cdot & \cdot & \cdot & \cdot & \cdot \\
\cdot & \cdot & & & \cdot & \cdot & \cdot & \cdot & \cdot & \cdot & \cdot \\
 & & & & \cdot & \cdot & \cdot & \cdot & \cdot & \cdot & \cdot \\
 & & & & \cdot & \cdot & \cdot & \cdot & \cdot & \cdot & \cdot \\
 & & & & \cdot & \cdot & \cdot & \cdot & \cdot & \cdot & \cdot \\
 & & & & \cdot & \cdot & \cdot & \cdot & \cdot & \cdot & \cdot \\
\end{matrix}
$$

　　這在數學上就是 $53 = 2^2 + 7^2$。如果我們問：21200個戰士可以排成兩個方陣嗎？從數學上分析，$21200 = 53 \times 20^2$，於是：

$$
53 \times 20^2 = (2^2 + 7^2) \times 20^2 = (2^2 \times 20^2) + (7^2 \times 20^2)
$$
$$
= 40^2 + 140^2
$$

即21200位戰士可以組成兩個方陣：40×40 和 140×140。

　　再進一步問：還可以組成另外兩個方陣嗎？我們仍然可以從數學上分析，

$$
21200 = 53 \times 400 = 53 \times 25 \times 16 = (2^2 + 7^2) \times (3^2 + 4^2) \times 4^2
$$

又：$(3^2 + 4^2) \times (2^2 + 7^2) = 34^2 + 13^2 = 29^2 + 22^2$

所以：$21200 = 4^2 \times (34^2 + 13^2) = 4^2 \times (29^2 + 22^2)$

$$
= 136^2 + 52^2 = 116^2 + 88^2
$$

　　由這一計算可知，21200個士兵還可以擺成另兩種方式的兩

11　一個數（例如9）如果是另一個整數（3）的完全平方（3^2），那麼我們就稱這個數（9）為完全平方數，也叫作平方數。例如：0，1，4，9，16，25，36，49，64，81，100，121，144，169，196…

個方陣。

好，我們在大致上知道了方陣的基本概念和方法後，再回到腓特烈二世的問題上來。他的問題是：

從6支部隊中選出6種不同軍銜的軍官，如上校、中校、少校、上尉、中尉和少尉，排成6×6的方陣，要使每行、每列都有各支部隊、各種軍銜的軍官。[12]

這個問題在柏林無人能解，於是腓特烈二世只好求助於歐拉。歐拉以前早就對方陣有過卓有成效的研究，有一個方陣還被命名為「歐拉方」（Euler squares）呢。腓特烈二世問他算是問對了人。可是萬萬沒有想到的是，歐拉對這個方陣問題也束手無策！歐拉先解決容易一點的：5支軍隊中選出5種不同軍銜的軍官，組成5×5的方陣，這可以滿足腓特烈二世的要求：每行每列有各支軍隊、各種軍銜的軍官；可是到了6×6的方陣，硬是解決不了！

一年又一年，歐拉在黑暗中想了又想，算了又算，仍然毫無進展。於是他突發奇想：「也許腓特烈二世的題目本來就沒有解決的可能？」

說問題無解，也是一種結果；但仍然要證明真的無解。可是怪啦，連無解他也證明不了。最後他在75歲時，即去世前一年提出一個猜想，即：

（4K＋2）×（4K＋2）（當K＝0，1，2，…）時，這方陣無解。

腓特烈二世的問題是：

---

12 這種方陣被稱為「拉丁方陣」（Latin square）

$K=1$，即（$4 \times 1 + 2$）（$4 \times 1 + 2$）＝6×6的方陣。當方陣不是（$4K+2$）的方陣，如3，4，5，7，8，9階的方陣有解。

　　那麼，這個猜想到底對不對呢？有沒有可能得到準確的結論呢？到了一百七十多年之後的1959年，真相才終於大白於天下。印度數學家、物理學家玻色（R. C. Bose，1901-1987）和史里克漢德（S. S. Shrikhande，1917-2000）推翻了歐拉的猜想，接著派克（E. T. Parker，1926-1991）又證明了10階正交拉丁方的存在，歐拉的猜想被徹底推翻了。除了歐拉研究過的$K=0$，1以外，當$K=2$，3，4，…都有辦法組成腓特烈二世要求的方陣。

　　一位作家對歐拉的這次失敗說了一句話：這並不是歐拉的悲劇。歐拉艱苦卓絕的工作，正是後人得以繼續前進的階梯啊！

　　這句話說得太好了！任何偉大的科學家絕不可能窮盡所有的科學問題，總會在某一個當時最困難的問題上止步，提出一些後來被證明是錯誤的理論或者看法。而它們又將成為後繼者前進的階梯和方向。

　　這是歷史局限性的必然。

第七講

是誰揮起了「亞歷山大之劍」

> 很多事物都有那麼一個時期，屆時它們就在很多地方同時被人們發現了，正如春季看到紫羅蘭到處開放一樣。
>
> ——鮑耶（W. F. Bolyai，1775-1856）

> 竭力為善，愛自由甚於一切，即使為了王座，也永勿欺妄真理。　　——貝多芬（L. van Beethoven，1770-1827）

　　神話傳說有一個國王叫戈爾迪（Gordius），他原是一個普通農民，有一次耕地時一隻鷹落在了牛軛上，一位預言家說這件事將預兆他取得王位。後來這位農民果然得到了王位。於是戈爾迪把這輛有功的牛車存到神廟中作為神物朝拜，他還用非常複雜的繩結將牛軛捆在車上。據說誰要是能解開這個結，就可以成為國王。後來，因為沒有人解開這個結，馬其頓國王亞歷山大一怒之下，舉劍砍斷了繩子，接了王位。此後在人類語言上便多了一個「斬斷戈爾迪之結」這樣一個諺語，意思是說用斷然手段解決某種困難。

　　在數學史上就有這樣一個「戈爾迪之結」（Gordian Knot），難倒了無數數學家，留下了極其悲壯的故事，讓後人唏噓不已。那麼，後來又是誰舉起了「亞歷山大之劍」斬斷這個

「戈爾迪之結」呢？下面幾個感人肺腑的故事，可以看到這些天才們一個個是在什麼地方失足，又如何獲得成功的。

（一）

首先要簡單介紹一下這個數學上的「戈爾迪之結」。看這本書的每一位讀者恐怕都學過初中幾何，這種幾何稱為「平面幾何」，其實它的學名叫「歐幾里得幾何」。歐幾里得幾何學是西元前300年左右，由一位叫歐幾里得（Euclid，西元前約330－前275）的希臘人創建的，他把他的成果寫成一本後來舉世聞名的書《幾何原本》。在兩千多年的風雨歷程中，它一直像最神奇的瑰寶，熠熠閃光，照亮人類前進的路程。物理學家也是根據這一幾何理論，建立了牛頓力學的空間，叫「歐幾里得空間」（Euclidean space，簡稱歐氏空間）。利用這種空間，可以準確地計算天上星體和地面上物體的種種運動，甚至找到了迷人的海王星。

歐幾里得幾何學嚴謹美妙的推理，讓人不得不衷心地折服，再加之牛頓力學又取得如此輝煌的成就，因此在人們心中就逐漸形成了一個根深蒂固的傳統觀念，即：歐幾里得幾何是神聖不可侵犯、絕對正確的理論。例如中世紀義大利數學家卡爾丹（Jerome Cardan，1501－1576）這樣說過：歐幾里得幾何學的原理的無可置疑的牢固性和它的盡善盡美是如此的絕對，其他任何論文在正確性方面是不能和它相提並論的。在「基礎」之中反映出真理的光，大概只有掌握了歐幾里得幾何學的人才能在複雜的幾何學中辨別出真偽。

哲學家也趁機在它頭上抹上幾道靈光，更讓人見了只敢跪拜磕頭。例如霍布斯（Thomas Hobbes，1588-1679）、洛克（John Locke，1632-1704）和萊布尼茨（G. W. Leibniz，1646-1716）這些著名的學者，都一致聲稱歐幾里得幾何學是宇宙學中所固有的。只有蘇格蘭哲學家休謨（David Hume，1711-1776）例外，說科學是純經驗性的，歐幾里得幾何的定律未必是物理學的真理。但德國古典唯心主義哲學創始人康德（Immanuel Kant，1724-1804）認為：歐幾里得幾何學是先天的真理，把休謨的一點懷疑掃了個乾乾淨淨。康德在他的《純粹理性批判》一書中斷言：歐幾里得幾何學是唯一的，是必然的；物質世界必然是歐幾里得式的，用不著訴之於經驗。而另一位唯心主義哲學泰斗黑格爾（G. W. F. Hegel，1770-1831）聲稱：幾何學可看作已經結束，不會再有什麼發展。就連一些唯物主義哲學家，在論及幾何學時也不敢否認歐幾里得幾何學的真理性和權威性。

但是，仍然不斷有「不信邪」的數學家不承認歐幾里得幾何學是什麼「頂峰」，更不願承認它是什麼永遠不可逾越的真理。數學家那警惕、挑剔的眼光盯上了《幾何原本》上的第五公設。歐幾里得的基礎是五個公設。「公設」是被無條件認可的規則，也就是最開始的假設；整個歐幾里得幾何學就是建立在它們的基礎上。前四個公設簡明、直觀，但第五個公設卻和前四個大不相同，既複雜又沒有直觀性，而且涉及直線無限延長的問題。第五公設原話說得遮遮掩掩，也挺彆扭的，我們這兒用不著引用它的原文，但歐幾里得想說的意思實際很簡單：兩條平行的直線無限延長都不相交。這就是所謂「平行公理」，它顯然缺乏充分的說服力。歐幾里得把這一公設說得遮遮掩掩，而且把不需要用

第五公設就可證明的命題儘量排在前面，得出了前面的28個定理之後，才開始引入第五公設，這似乎也說明歐幾里得本人對這一公設也缺乏信心。正如美國著名數學史家克萊因（Morris Klein，1908-1992）在《古今數學思想》一書中所寫的：按照歐幾里得那樣方式陳述的平行公理，卻被人認為有些過於複雜。雖說沒有人懷疑它的真理性，卻缺乏像其他公理的那種說服力，即使歐幾里得自己也顯然不喜歡他對平行公理的那種說法，因為他只是在證完了無須用平行公理的所有定理之後才使用它。

正由於上述種種原因，兩千多年來數學家一直想從其他顯而易見、不證自明的公設把第五公設推出來，如果成功，第五公設就不再是公設，而可以下降成一個定理。這種努力，從古希臘時期就開始了，但一直都沒有成功。直到18世紀末，這一努力終於有了一線轉機。那麼，到底是誰解開這個「戈爾迪之結」，舉起亞歷山大之劍呢？

（二）

我們下面要講的故事，都和高斯有關，其中恩恩怨怨、是是非非糾結在一起，人們想從其中得出清楚的結論，很是困難。好在讀者都是有判斷力的，看了這些故事之後，自己就能得出結論。

最先講的是德國數學家弗蘭茨·托里努斯（F. A. Taurinus，1794-1874）。托里努斯有一個叔叔，名為費迪南·薛維卡特（F. K. Schweikart，1780-1857），本來是位法學家，後來卻對數學感興趣，在27歲時發表了一篇論文，提出應該對歐幾里得幾何

學的論述方法從形式上進行改造，並且得出結論說：平行公理不可能邏輯性地得到證明；可以從三角形三內角之和小於180°出發，構造一種幾何學。他將這種幾何學稱為「星空幾何學」。

三角形三內角之和小於180°？這是什麼意思？我們不是說「三角形三內角之和等於180°」嗎？是的，但這只是歐幾里得幾何學中的定理；如果否定了歐幾里得幾何學的第五公設，也就等於否認了「三角形三內角之和等於180°」這一定理，這樣，三角形三內角之和就可以小於或者大於180°。這種幾何就不再是歐幾里得幾何學了，現在統稱為「非歐幾何」。當時薛維卡特稱之為「星空幾何學」，後來還有人取各種不同的名字。

托里努斯本來也是法學家，但肯定受了叔叔的影響，竟然也不知天高地厚地闖進了這個糾纏了數學家兩千年的難題中。他沿薛維卡特的路前進，從三角形三內角和小於180°的條件出發，得到了許多非歐幾何的定理。他認為，歐幾里得幾何學中的第五公設是獨立於其他公設的，完全可以用相反的公設取而代之，從而建立無邏輯矛盾的（非歐）幾何學。

1824年，托里努斯把自己研究的成果寫進《平行線理論》一書中，並將稿子寄給哥廷根的「數學王子」高斯（Gauss，1777-1855）。高斯看了以後，回信給托里努斯。信中寫道：假定三角形三內角之和小於180°，可以得到一個獨特的、完全不同於歐幾里得的幾何學。這一幾何學完全符合邏輯。我能完全令人滿意地把它加以推進。我能解決這一幾何學裡的任何問題。

在信中高斯還說，在一定條件下，非歐幾何將與歐幾里得幾何學一致；還深刻地指出，關於空間「我們知道得很少，或者可以說連空間的本質是什麼也不知道」。看來高斯對於非歐幾何有

過深入的思考，下面的一句話尤其令人關注：如果非歐幾何是真理，那麼我們在天空、在地面的測量就是可行的，就可以透過實驗來決定。因此，我有時開玩笑說，希望歐幾里得幾何學不是真理，因為那時我們事先就有了絕對長度。

的確，高斯可以說對非歐幾何有十分深刻的認識，但是，他沒有支持托里努斯，他擔心公眾會猛烈攻擊這種「稀奇古怪」的非歐幾何。因為歐幾里得幾何學是如此之堅如磐石，想動它一根毫毛都會引起普遍的震怒，尤其是那些哲學家，會憤怒得像馬蜂一樣叮死叛逆者。高斯擔心這可怕的惡果，因此在信的末尾叮囑托里努斯說：「在任何場合，您應該把我寫的這封信當作私人通信，絕不應該公開它。」

托里努斯因為高斯支持了他的研究成果，非常高興，急忙出了兩本小冊子（即上面提到的一本，和另一本《幾何學原理初階》，於1826年出版），但他沒有認真記住高斯那信尾的叮囑，在前言中十分謹慎地說，他的研究成果得到歐洲最偉大的數學家的支援。

高斯看到這小冊子後，非常生氣，立即中斷了與托里努斯的信件來往。托里努斯的任何解釋都無濟於事。這件事對托里努斯打擊很大，接著他害了一場重病，精神失常。在一次精神失常嚴重發作時，他把他寫的書全燒了。一次有希望的努力，在高斯的支持下，本可在數學史上提前完成，卻被高斯親手扼殺了。

這是為什麼呢？難道偉大的數學王子高斯竟然如此謹小慎微？這哪有王者風範啊？

（三）

　　悲劇不只發生在托里努斯一人身上。匈牙利數學家亞諾什·鮑耶（János Bolyai，1802-1860）的故事，更讓人唏噓不已。亞諾什的父親法爾卡什·鮑耶也是數學家，年輕時曾與高斯交往甚密，也得到過高斯的許多幫助。法爾卡什也曾研究過非歐幾何，付出了不少心血。他還與高斯談過關於非歐幾何的一些設想，但高斯敏銳地發現他在證明中犯了一個十分簡單的錯誤。這對法爾卡什是一個嚴重的打擊，這麼多年的心血竟然一文不值！於是，他的心涼了，熱愛數學的火花熄滅了，留下了永久未能癒合的創傷，以後就「染指詩歌的研究」，在數學上一事無成。

　　幾十年過去了，他的兒子亞諾什又出人意料地走上了研究非歐幾何的道路。法爾卡什知道他的打算後，立即寫信給兒子，以自己血的教訓勸兒子千萬別走上這條永無出頭之日的黑暗道路。他寫道：乾涸的源泉能流出什麼水來？你萬不可在這上面用去一個小時的功夫。你不會得到任何報償，只能浪費自己的生命。多少世紀以來，幾百位偉大的數學家在這上面絞盡了腦汁。我想，一切可以想像得到的思想都用盡了。即便是偉大的高斯思考這個問題，也會把自己的時間毫無結果地葬送掉。幸虧他沒做這件蠢事，否則他的多面體學說和一些其他著作就不會問世了。我還知道，他也差一點陷入了平行線理論這個泥潭。他口頭和書面都曾表示過，他曾多年毫無效果地思考過這一問題。

　　父親還用自己的經歷來打動兒子：我經過了這個毫無希望的夜的黑暗，我在這裡面埋沒了人生的一切亮光、歡樂和希望。你若再癡戀這一無休無止的勞作，必然會剝奪你生活的一切時間、

健康、休息和幸福！

但年僅21歲的亞諾什・鮑耶卻聽不進父親的勸告，決心幹這件「蠢事」，勇闖這個「泥潭」。他還對人談起父親的警告，說：這是一個有力的、作用很大的警告，它要我失去勇敢精神，可是它並沒有嚇住我。相反，它倒是激發了我對它的興趣，增加了我的毅力。我要不惜任何代價鑽研平行公理，並且下決心解決它！

亞諾什也從三角形三內角之和小於180°這一假設出發，建立起一套完整協調、天衣無縫的新幾何體系，他把這種新幾何學稱為「絕對幾何學」。1823年11月3日，亞諾什預見自己的努力已經有了眉目，高興地寫信給父親說：主要之點我還沒有找到，但是我走的路一定會允許我達到目的，這是完全可能的。在還沒有達到目的之前，我已經發現了這麼多的好東西，連我自己都感到驚訝。如果我失去這些發現，那將是永遠的遺憾。我憑空創造了一個新世界，您將會承認這一點的。

父親法爾卡什卻無動於衷，沒有給亞諾什一點鼓勵。但亞諾什成竹在胸，於1825年完成了論文《空間的絕對幾何學》，並寄給父親，請父親設法發表。但父親不相信兒子的理論，拒絕幫助發表。可憐的亞諾什等了4年，父親仍然堅持己見。1829年，亞諾什只好自己把論文寄給一位叫艾克維爾的數學家，可惜又失落了。直到1832年法爾卡什出版自己20年前寫的《試論數學定理》的時候，經亞諾什一再懇求，才答應把他的那篇文章作為附錄附在第一卷的尾部。全文僅24頁，卻有一個奇特的標題：「附錄：絕對空間的科學，和歐幾里得幾何學第11公理的真偽無關……」

法爾卡什將書的清樣於1832年1月寄一份給老友高斯。高斯

看了「附錄」之後，大吃一驚，於3月給鮑耶父子回了一封信，信中先寫了許多別的事情，到結尾處他才令人不可理解地、而且幾乎是輕描淡寫地轉到「附錄」上去。高斯寫道：現在談一下關於您兒子的文章。如果我一開始便說我不誇獎這些成果，您會馬上感到驚訝。但是，我不能不向您說明：誇獎這篇著作就等於誇獎我自己，因為您兒子的這些工作，他走過的路，他獲得的成果，和我在30年到35年前思考的結果幾乎完全相同。我自己對此也的確感到驚訝。我自己在這方面的著作，只寫好一部分，我本來不想發表，因為絕大多數人完全不懂，寫出來肯定會引起一片反對的叫喊聲。現在，有了老朋友的兒子能夠把它寫出來，免得它與我一同湮沒，這使我非常高興。

亞諾什看了高斯的信，憤怒之情實難於言表。

父親安慰說：「高斯畢竟承認你的著作是卓越的，你為我們祖國帶來了光榮……」

亞諾什震怒了，他控制不了自己的憤怒，大聲說：「光榮？他把光榮據為己有！」

父親找出高斯以前寫給他的信，解釋說：「他以前的確思考過平行公理中的困難……」

「也許你把我的工作全都告訴過他，是嗎？這個貪婪的巨人要把它據為己有，是吧？他在撒謊！……」

亞諾什被這意外的結果震昏了頭，根本無法接受這一「現實」。一齣悲劇就這麼釀成了！此後，可能會在數學上做出卓越貢獻的亞諾什，一怒之下扔開了數學研究，再沒有發表任何數學論文。

高斯已經戴上了桂冠，被譽為數學王子，對於「老友」兒

子的卓越成就首先想到的不是極力提攜、褒獎，卻急急忙忙搶著要優先權，這種狹窄而陰暗的心態著實讓人搖頭歎息。結果一封信扼殺了一位天才！即使高斯真正思考過這個問題（事實上真思考過），但他很可能沒有像亞諾什那麼完整地思考過，也沒有亞諾什那麼完整的構架；退一萬步，即使結果完全相同，高斯害怕「捅了馬蜂窩」而沒有膽量發表，束之高閣，諱言非歐幾何，現在有了年輕的勇士敢於闖陣，而且印在了書上，這該多麼可喜可賀啊！起碼比他勇敢多了吧！所謂「初生牛犢不怕虎」，這正是自己缺少的。如果憑他的資歷、威信，助亞諾什一臂之力，共建偉業，那非歐幾何學至少可以提前30多年正式面世！但高斯面對如此偉大的數學史上的戰役，首先想到的卻是自己的優先權！實在可悲，實在可歎！

我們下面要講的另一位數學家羅巴切夫斯基也遇到了與亞諾什‧鮑耶類似的問題。

（四）

羅巴切夫斯基（H. И. Лобацевский，1792－1856）是俄國喀山大學的數學教授。他從1815年就開始研究非歐幾何學。到1823年，31歲的羅巴切夫斯基就大膽而堅定地指出：直到今天為止，幾何學中的平行公理是不完全的。從歐幾里得時代以來，兩千年徒勞無益的努力，使我懷疑在概念本身之中，並未包含那樣的真實情況。

羅巴切夫斯基的出發點也同亞諾什‧鮑耶一樣，首先否定第五公設，他公開宣稱：「過直線外一點，至少可作兩條直線和同

一平面上的已知直線不相交。」

以此為出發點研究了3年之後，他開始公開挑戰了！1826年2月11日，34歲的數學教授在喀山大學學術委員會上宣讀了自己研究的成果《幾何原理概述及平行線定理的嚴格證明》，羅巴切夫斯基開門見山地說：雖說我們在數學上取得了輝煌的成就，可是歐幾里得幾何學到現在仍然保留著它的原始的缺陷。實際上，任何數學都不應該從重複歐幾里得的那些莫名其妙的東西開始，在任何地方都不能容許有這樣不嚴密的缺點，不自然地把這些放在平行線理論裡。……幾何學中那些由於最初和一般的概念的不清晰，導致了虛假的結論。這一事實警告我們，要慎重對待我們想像中的客體概念。

說到這兒，羅巴切夫斯基提高了聲音，鏗鏘有力地宣稱：在這裡我要表明，我打算怎樣填補幾何學中的這些空白！

喀山大學的教授們聽了羅巴切夫斯基的話，似乎都被嚇傻了，他們真不能想像這位當教授沒多久的年輕人會幹出什麼蠢事。他們不安地聳了聳肩，低聲咕噥：「莫名其妙！」「荒謬絕倫！」「膽大妄為！」

羅巴切夫斯基不理會下面的嘰嘰喳喳，繼續說：只可能有兩種情形：一是假設任何一個三角形三內角之和等於180°，這構成了通常的幾何學；另一個是假設任何三角形中三內角之和小於180°，這構成了一種特殊幾何學的基礎，我稱它為「抽象幾何學」。

羅巴切夫斯基思想上是有準備的，他早料到他提出的新幾何學將會經歷一段艱難的歷程，他將要與幾千年來培養出的頑固成見作英勇的鬥爭，否則是不可能讓他面前這些教授們接受新思

想、新觀念的。

　　果然，學術委員會出於「善意」，沒有公開宣布2月21日羅巴切夫斯基的「純屬胡說八道」的報告。他們一致認為，如果讓國外知道了這份報告，那喀山大學，不，俄國科學界豈不斯文掃地、臉面丟盡？萬萬不可道與外人知！甚至連他演講的原稿也莫名其妙地被學術委員會「弄丟」了。

　　但他完全置反對者於不顧，繼續獨自研究、完善自己的「抽象幾何學」，並且在1829年公布了他的研究成果《幾何學原理》。公布之後，羅巴切夫斯基立即遭到學者們的攻擊，說他的幾何學是「荒唐透頂的偽科學」，他本人和他的幾何學也成了人們茶餘飯後的笑料，人們甚至以能諷刺上幾句為光榮；連偉大的德國詩人歌德（J. W. von Goethe，1749-1832）都來湊熱鬧，由此可知羅巴切夫斯基的抽象幾何學遭遇何等悲慘！歌德在他的《浮士德》中寫道：有幾何兮，名為非歐，自己嘲笑，莫名其妙。

　　大約是1846年吧，高斯偶然發現了羅巴切夫斯基的《平行線理論的幾何研究》德文版。這位哥廷根的數學王子又遇上了一位勇於反對任何權威的勇者，而且高斯深知這位俄國學者非同一般，他可不是像鮑耶父子、托里努斯一樣向他請教的人，他直接向保守勢力宣戰，他用不著與誰商量，他有絕對的信心，相信自己最終一定會獲勝。高斯深深感到他不能再視而不見，或隨便嚇唬一下就能了事，他的優先權受到了巨大的威脅。為了看到羅巴切夫斯基所有的論文，高斯撿起了以前學過的俄文。看了羅巴切夫斯基的許多論文以後，高斯由心底佩服這位俄國數學家。他在一封信中讚歎道：

不久前，我有幸讀了羅巴切夫斯基的《平行線理論的幾何研究》。書中包含有他的幾何學的許多原理。這本書是值得出版的，它有嚴密的邏輯性，而歐幾里得幾何學在某些方面是不夠的。薛維卡特把這種幾何學稱為「星空幾何學」，羅巴切夫斯基則稱它為「抽象幾何學」。您一定知道，從1792年至今的54年裡，我早就有相同的信念，後來還作了一些深入研究，不過這兒不打算談這個問題。我要指出的是，對我來說，在羅巴切夫斯基的論文裡並沒有什麼新東西；但他遵循的是另一條思路，這與我的思路是不同的。而且，羅巴切夫斯基在發展他的理論時，有真正的幾何特性。我認為，您必須注意這本書，它肯定會使您得到非常美好的愉快體驗。

高斯還寫過幾封類似上面的私人間的信，並且讚揚羅巴切夫斯基的睿智和成就，但他沒有給羅巴切夫斯基寫過一封信。這當然也不奇怪，羅巴切夫斯基也沒有寫信給高斯，沒有請求他的認可和支持。

高斯是公認的數學王子，對羅巴切夫斯基的書不能視若不見。不，高斯不會這樣，而且他還高姿態地建議推選羅巴切夫斯基為哥廷根科學院的通訊院士，高斯是院長。但奇怪的是，無論是在會議的公開發言中，還是在給羅巴切夫斯基的證書中，高斯卻閉口不提羅巴切夫斯基的抽象幾何學。

羅巴切夫斯基這時是喀山大學校長，他傾全力將這所大學辦得在歐洲小有名氣。他收到高斯寄來的信和證書後，當然會對高斯的「遺漏」心領神會，也知道他的非歐幾何學得到了高斯的肯定。在回信表示感謝時，羅巴切夫斯基似乎心照不宣地也閉口不提非歐幾何學。

當然，以上所說也許只是一種猜測。但事實是明擺著的，高斯在已經很有利的情形下，仍然沒有走出決定性的一步，沒有公開承認非歐幾何學誕生的權利；仍然害怕在數學界引起騷亂、革命、動盪。這就導致羅巴切夫斯基仍然身陷粗野、無聊、令人噁心的攻擊之中。高斯不願舉起他那強有力的手，幫羅巴切夫斯基一把，把他拉出攻擊的陷阱。直到1868年，在羅巴切夫斯基逝世12年，高斯逝世13年，亞諾什‧鮑耶逝世8年之後，由於義大利數學家貝爾特拉米（Eugenio Beiertelami，1835-1900）的努力，事情才有了徹底的轉機。貝爾特拉米當時是比薩大學教授，他在1863年出版了《非歐幾里得幾何學的解釋經驗》一書。這本書解決了羅巴切夫斯基幾何學邏輯無矛盾性問題，從此，羅巴切夫斯基幾何學才得到普遍承認和迅速發展。

　　「戈爾迪之結」終於解開。

（五）

　　到底是誰揮起了亞歷山大之劍呢？這是一個仁者見仁、智者見智的問題，有著各種不同的答案。讀者有興趣的話，不妨自己去鑽研資料，得出自己的結論。我們這兒關心的是，數學王子高斯在非歐幾何艱難的創建過程中，扮演了什麼樣的角色？給我們什麼樣的啟示？

　　高斯的貢獻，那是盡人皆知的，他不僅預見了19世紀的數學，而且為19世紀的數學奠定了基礎。他幾乎對數學所有的領域都作出了貢獻，而且是許多數學學科的開創人和奠基人。在物理學和天文學方面，他也有出色的研究。由於他的博學和睿智，人

們詼諧地說高斯像一千零一夜故事中那個有魔法的容器，以至於使全世界科學家在幾十年時間裡，可以從他那兒取出無窮無盡的寶藏！我們也可以肯定地說，高斯年輕時是十分有勇氣的，否則我們很難想像他會作出那麼偉大的貢獻和得到數學王子的桂冠。

但是，到了他功成名就、地位顯赫的時候，他變得膽怯了，變得斤斤計較得與失了。以前那個偉大的高斯淡隱下去，出現在人們面前的是一位沒有膽量衝破牢籠、飛向自由天空的人。高斯，偉大的高斯身經百戰，會不懂思想自由的絕對必要性嗎？他當然懂得！但是，當科學成為一種職業，一種地位，一種榮譽的時候，它就會慢慢腐蝕科學家的心靈，讓他們那曾經高貴的心靈變得怯懦、自私、蒼白、無聊……這種事情無數次發生在偉大的科學家身上，能夠逃出這種腐蝕、侵害的科學家，屈指可數。尤其是高斯所處的那個時代，更不得不使高斯前瞻後顧。那時德國仍處於一種四分五裂的狀態，分成無數獨立小國，它們各有各的制度，國王在各自的小國裡主宰一切，民眾對這些統治者只能俯首稱臣，否則丟飯碗、掉腦袋可不是稀罕事。那時科學家、藝術家、作家都是國王的僕人，國王只不過把這幫人當作宮廷的裝飾品，供他們炫耀和開心。此時的高斯已經地位顯赫，生活舒適；他不願、也不敢因意外影響而失去這好不容易到手的一切。

他深知，非歐幾何一經正式由他提出或支持，一場激烈的混戰將不可避免地蔓延開來。在這場混戰中，自己會落到什麼結果，他實在無法預料，也不敢多想。因此，儘管他早就認識到非歐幾何遲早會出現，但他本人決不當這個助產婆。我們從他給俄國科學院院士伏斯（Н. И.Фусс，1755–1825）的一封信中，可以看出他的部分心態：可是我並不完全自由。我有責任，很大的

責任——對於我的祖國，對於我的國君。他的樂善好施給我創造了令人滿意的環境。在這樣的環境裡，我才能獻身於我的愛好……如果我拒不接受我的國君這樣慷慨而又自願給我的恩惠，那麼，我就不能大大改善自己的處境。從這封信裡，我們不能不感到高斯所受到的屈辱和他的妥協。

高斯後來膽小怕事，這且不說，而且胸襟狹小、斤斤計較於個人名利，也實在只有讓人扼腕歎息的份了！他自己不敢捅馬蜂窩，也罷，但別人捅了他不但不讓人捅，還說自己早知其中奧祕。類似的事情還不只這一件，在挪威數學家阿貝爾（N. H. Abel，1802-1829）身上發生的事，也頗讓一些數學家憤慨難平。當高斯得知阿貝爾的一項數學發明時，他連忙給一位法國朋友寫信說：阿貝爾先生完成了我的三分之一的成果，我只不過因為太忙，沒時間將它們整理出來。他做的事，我從1789年就開始了……他在他的工作中表現了這樣大的天才和美，可以使我不必再加工我自己以前的著作了。

這簡直讓人感到驚訝，堂堂數學王子，何以這麼小家子氣？什麼都想往自己身上拉。難道他的榮譽還不夠嗎？要多大的桂冠才讓他心滿意足呢？

一位法國數學家憤慨地說：沒有發明就不該把發明記在自己的帳上；還說什麼那些東西自己在幾年前就發現了。但是，又不說明在哪兒發表過這些東西。這其實是無稽之談，並且對真正的發明人是一種凌辱……在數學界經常發生這樣的現象，一個人所發現的問題早已為他人所發現，也早已為大家所知。類似的情況我也碰到過幾次。但是，我從來不提起這些，我從來不把別人先我發表的東西命名為「我的定理」。

由以上所述可見，成名後的高斯由於他品格上某種程度的退化，他不僅扼殺了幾位數學天才，而且推遲了數學發展的進程。一個人越是偉大，那麼由於他的過失而對歷史產生的負面影響就越大。

　　偉大的德國詩人海涅（H. Heine，1797-1856）曾對成名後的歌德作過一次評論，他說：菲吉在奧林斯山上給丘比特塑了一座坐著的雕像。人們說，如果他突然站立起來，就會把神殿的拱頂穿個窟窿。歌德在威瑪的地位就是這樣，如果他不想寧靜地坐在那兒，突然伸直軀體，就會頂穿國家的屋頂，當然他也可能因此而碰破自己的頭皮。德國的丘比特繼續寧靜地坐在那兒，並且心安理得讓人崇拜自己，給自己燒香。

　　一位叫托特的數學家借用海涅的話評論高斯說：「數學中的丘比特也正是如此，寧願安靜地坐在椅子上，也不想冒碰破頭皮的危險來破壞科學中的舊屋頂。」

　　一位科學家一旦心甘情願地成了偶像，他的創造生涯就走到了盡頭。

　　當然，也會有不同的評價。例如有一本評論數學思想的書就多少以讚賞的口氣評論高斯對待非歐幾何學的態度：他恪守的原則是：「問題在思想上沒有弄清之前絕不動筆」，只有證明的嚴密性和文字敘述的簡明性都達到無懈可擊時才肯發表。高斯遲遲不肯發表自己關於非歐幾何的重要成就，這是重要原因之一。

　　但同一本書在兩頁之後又補充說：由於非歐幾何畢竟是超前發現，違反人們傳統的認識，所以當羅巴切夫斯基的新見解發表以後，不可避免地引起當時人們的強烈反應：公開發表文章諷刺、嘲笑者有之，用匿名信謾罵、侮辱者有之，就是持最善良的

寬容態度的人也認為他是一個有「錯誤的怪人」，並為之「惋惜」。高斯的謹慎與伽利略當年的「悔過」一樣，是科學家在受壓抑的時代實行自我保護、堅持科學事業的一種方式，不能苛求於他們。

我想，讀者也是有思想、愛思考的人（否則不會看這本書），應該如何評價高斯的失誤，仁者見仁，智者見智。但是，這總是高斯的一次嚴重失誤，恐怕讀者不會不同意吧？

當大數學家遇到大物理學家

我們已經改造了數學，下一步是改造物理學，再往下就是化
學。　　　　　　　　——希爾伯特（David Hilbert，1862-1943）

在19世紀末、20世紀初，德國文化名城哥廷根有一位世界聞
名的大數學家，他叫希爾伯特。希爾伯特到底有多偉大呢？有一
本希爾伯特的傳記上是這麼說的：

如果要問：「誰是現代最偉大的物理學家？」有一定文化知
識的人將脫口而出：「愛因斯坦！」如果再問：「誰是能同愛因
斯坦地位相當的最偉大的數學家？」正確的回答應該是：「希爾
伯特！」

由上面這一段話，我們就可以知道希爾伯特在20世紀數學界
中執牛耳的地位了。

如同德國其他數學大師一樣，希爾伯特繼承了德國數學界的
優良傳統，在發展、推進數學理論的同時，還非常關心物理學的
進展。傳記作者瑞德（Constance Reid）認為，希爾伯特在1912年
（也就是他50歲的時候），「成了一位物理學家」，那時他頗自
負地說：「物理學對於物理學家來說是太困難了。」

那言下之意是物理學得由他們數學家來做，否則物理學別想
前進了！因此他信心十足地說：「我們已經改造了數學，下一步

是改造物理學，再往下就是化學。」據說化學更不在他眼中，認為它只不過是「女子中學裡的烹調課程」！

但事過10年，到了1922年，「希爾伯特不再是一個物理學家了」。為什麼呢？因為他發覺物理學並不如他十年前想的那樣簡單，他只得歎氣說：「唉，物理學還得由物理學家來做。」

看來，越俎代庖總是會吃虧的。下面我們來看看這個越俎代庖的故事吧。

（一）

正當希爾伯特在數學上天馬行空、大展宏圖的時候，物理學也正在發生翻天覆地的巨大變化。1895年德國慕尼克大學教授倫琴（W. C. Röntgen，1845-1923，1901年獲得諾貝爾物理學獎）發現了X射線（希爾伯特認為現代物理學的新紀元就是從這兒開始的）；1896年法國物理學家貝克勒（A. H. Becquerel，1852-1908，1903年獲得諾貝爾物理學獎）發現放射性；1897年英國的湯姆森（J.J. Thomson，1856-1940，1906年獲得諾貝爾物理學獎）發現電子……這一系列的發現，嚴重地衝擊著經典物理學中傳統的物理思想。物理學面臨嚴重的危機，理論上也充滿著混亂。1900年德國的普朗克（Max Planck，1858-1947，1918年獲得諾貝爾物理學獎）提出了量子理論，1905年愛因斯坦提出了狹義相對論。短短的10年裡，偉大的物理學發現如雨後春筍一般，其數量之多讓人目不暇接。希爾伯特曾欣喜若狂地說：「這期間任何一項發現都是了不起的，和過去那些成就相比毫不遜色！」

希爾伯特不僅僅是欣喜若狂，他還直接參與到物理學的革命

進程之中。最讓人驚歎的是他和愛因斯坦幾乎同時到達了廣義相對論的目的地。愛因斯坦於1915年11月11日和25日，向柏林科學院提交了兩篇廣義相對論的論文；而希爾伯特幾乎同時在11月20日，在哥廷根的一次學術會議上提交了他的《物理學基礎》的第一份報告，也涉及廣義相對論的許多內容。他們兩人用的方法不同，愛因斯坦的數學知識欠缺，因而用的是一種迂迴的、更能體現物理學家思路的方法；而希爾伯特則用完全不同的、更直接也更能體現數學家思維特點的方法。當愛因斯坦對四維時空的數學感到彆扭且力不從心的時候，希爾伯特曾洋洋得意地說：哥廷根馬路上的每一個孩子，都比愛因斯坦更懂得四維幾何……當然，儘管如此，發明相對論的仍然是愛因斯坦。

還有，在一次演講中他詼諧地說：愛因斯坦能夠提出當代關於空間與時間的最富有創造性和最深刻的觀點，你們知道為什麼嗎？因為他沒有學過任何關於空間與時間的哲學和數學！

這雖說是一個玩笑，但也反映了希爾伯特思想深處的一些想法。他感到在各種發現風起雲湧之時，物理學家似乎有些茫然不知所措；物理學裡明顯缺少一種秩序，不像數學那樣讓人賞心悅目。有這種看法的不只希爾伯特一人，例如還有一位數學家說：在理論物理講演中，我們常常會遇到這樣或那樣未經證明的原則，以及由這些原則推出的各種命題和結論。每當這時，我們數學家總是感到很不舒服。它常常迫使我們思考：這些互不相同的原則究竟是否相容？它們之間究竟有什麼關係？

正是基於這種原因，希爾伯特想要像數學那樣，用公理化方法來改造物理學。也就是說，先應該選出某些基本的物理現象作為「公理」（axiom），然後由這幾個公理出發，通過嚴格的數

學演繹，推導出全部觀測事實；就像歐幾里得幾何學一樣，從五個公理出發，推演出全部幾何定理。希爾伯特認為，實現這一宏偉目標的只能是數學家，而且就是他本人。物理學家不可能擔此重任。

他不只這麼想，而且立刻開始著手。經過研究和思考，他確定從氣體運動論開始，因為他認為氣體運動論與數學（機率論）結合得十分好，從這兒開始，一定會大有斬獲。不過，在進行「改造」工程中，希爾伯特認為「不可能單靠數學的力量來解決物理學問題」，他需要有物理助手。他向慕尼克大學的索末菲（Arnold Sommerfeld，1868-1951）教授要助手。索末菲以前當過希爾伯特的學生，當時已是聞名世界的物理學家了。索末菲應希爾伯特的要求，先後把自己最滿意的學生愛瓦爾德（Paul Ewald，1888-1985）、蘭德（Alfred Landé，1888-1975）、德拜（Peter Debye，1884-1966，1936年獲得諾貝爾化學獎）等人送到哥廷根。他們的任務是全面閱讀最新物理學文獻，然後再向希爾伯特和一些數學研究生報告。在這些助手的幫助下，希爾伯特先後研究了分子運動論、熱輻射和物質結構等物理學前沿問題。

（二）

希爾伯特是位小事糊塗、大事不糊塗的人。他從小就讓雙親擔心，因為他記憶東西非常困難。他的一位親戚曾經回憶說：全家都認為他的腦子有點怪，他需要母親幫他寫作文，可是他卻能給他老師講解數學問題。家裡沒有一個人真正瞭解他。

希爾伯特當了教授後也是這樣。有一次他認為他的助手赫

克的工資太低，決定去柏林找文化部長交涉這件事。可是當他談完其他事務後，卻一時記不起來還有件什麼事必須對部長說。於是把他那光光的腦袋伸到窗外，向在樓下等他的夫人喀娣喊叫：「喀娣，喀娣！我必須要說的那件事是什麼呀？」「赫克，大衛・赫克！」喀娣抬頭回應道。

部長見狀，大吃一驚。也許這一驚，倒使部長爽快地同意給赫克的工資漲一倍。

還有一件事，也很能說明他的性格。1914年8月，德國悍然發動戰爭，占領了比利時。全世界知名學者莫不表示憤慨。德國政府為了證明自己的行動是正義的，讓德國一批最著名的科學家、藝術家們發表了一份臭名昭著的《告文明世界書》，它開頭的第一句話就是：「說德國發動了這場戰爭，這不是事實。」

還說：「德國侵犯了比利時的中立，這不是真實的。」

簡直是欲蓋彌彰，謊言連篇，真乃不知天下有羞恥之事！但奇怪的是，許多德國著名科學家、藝術家在上面簽了字，其中包括普朗克、能斯特（W. H. Nernst，1864-1941，1920年獲得諾貝爾化學獎）、倫琴、威恩（W. Wien，1864-1928），1911年獲得諾貝爾物理學獎）、克萊因（Felix Klein，1849-1925）等人。但愛因斯坦和希爾伯特沒有簽名。愛因斯坦因為同時是一位瑞士公民，問題還不嚴重，但希爾伯特卻是地道的德國人！於是大家都鄙視他，稱他為「賣國賊」，連許多學生都不聽他的課，表示抗議。但是不久之後，普朗克、克萊因……都後悔不迭，覺得他們由於冒失，做了不可饒恕的錯誤事情……

來講講希爾伯特「改造」物理學的壯舉吧。在愛瓦爾德的幫助下，希爾伯特逐漸瞭解了物理學研究的熱點。他決定研究輻

射理論。我們知道，輻射理論是當時困擾物理學家的一個課題，普朗克、威恩和愛因斯坦等物理大師都對它進行過深入研究，雖說普朗克提出了量子論，想用以擺脫困境，而且取得了可觀的效果，但是又引起了更大的混亂和疑惑。希爾伯特自然會關注這方面的研究，並認為這個問題有可能建立在人們能夠接受的數學基礎之上。1912年，他從若干物理概念出發，建立了幾個積分方程式，而且推導出了輻射理論的幾個基本定理，並為這些定理奠定了公理化的基礎。這些成績無疑使希爾伯特感到高興，認為已經為物理學公理化統一提供了一個模式。

愛瓦爾德離開哥廷根以後，索末菲又推薦他的研究生蘭德做希爾伯特的助手，這時希爾伯特開始關注物質結構，如電子理論。希爾伯特這時想出了一個更好使用物理助手的絕招，他把一大疊最近發表的物理學論文讓蘭德去讀，然後挑出有意義的東西向他本人報告。蘭德開始真覺得苦不堪言，他曾在回憶中寫道：各種各樣的課題，固體物理、光譜學、流體力學、熱學和電學，凡是他能拿到手的論文，我都要讀，然後挑出我認為有意義的文章向他報告。

這樣苦了一段時期以後，蘭德覺得自己頗有長進，他高興地感謝希爾伯特的「苦苦相逼」，說：這確實是我的科學生涯的開端。要不是希爾伯特，我也許一輩子都不會閱讀這麼多論文，更不用說去消化吸收它們了。當你必須給別人講解一個課題時，自己首先就應該真正理解這個課題，並能用自己的語言來表述。

希爾伯特聽了蘭德的講解以後，只老老實實往耳朵裡裝嗎？那你才猜錯了呢！希爾伯特這樣聰明絕頂的數學家對「老師」來說，可絕對不是省油的燈，「老師」也絕不好受。果然如此。蘭

德回憶說：他可不是一個好教的學生，在他理解一個問題以前，我必須重複好幾遍。他喜歡複述我告訴他的東西，卻是用一種更系統、更清楚、更簡單的方式。有時我們碰頭以後，他會馬上安排一次講演，內容就是我們剛討論的課題。我記得我們常常肩並肩地從他的住地韋伯街，步行去講演廳。在這步行的最後幾分鐘裡，我還在向他解釋有關的問題。然後，他就試著到課堂上去講我對他講的東西，當然用的是他的方式。這是一種數學家的方式，與物理學家的表達方式迥然不同。

希爾伯特雄心勃勃地向物理學進軍，他要讓物理學家開開眼界。尤其是當他成功地用數學家的方法得出幾乎與愛因斯坦相同的廣義相對論以後，他的雄心和洋洋得意，恐怕已經不是深藏在內心，而是溢於言表了。至少愛因斯坦已經感受到哥廷根數學家那份沾沾自喜的氣息了。有一次，愛因斯坦略帶諷刺地開玩笑說：哥廷根的人，有時給我的印象很深，就好像他們不是想要幫助別人把某些事情解釋清楚，而只是想證明他們比我們這些物理學家聰明得多。

當1915年頒發第三次鮑耶獎（Bolyai Prize）時，希爾伯特推薦愛因斯坦。為什麼希爾伯特要推薦愛因斯坦得這個數學獎？原來希爾伯特看中的不是愛因斯坦相對論中深刻的物理思想，而因為「他的一切成就中所體現的高度的數學精神」。

但希爾伯特改造物理學的雄心壯志和他那份沾沾自喜並沒有延續太久。到1922年，他歎了一口氣，說物理學還得由物理學家來幹，數學家幹不了！

不過，若單論希爾伯特對物理學的貢獻，那也足以使他成為一個世界級物理大師了。雖然數學家越俎代庖並不可取，但數學

家深邃的數學思想，卻往往對處在迷津中的物理學家有重要的指導和啟發作用。狄拉克曾指出過：數學是特別適合於處理任何種類的抽象概念的工具，在這個領域內，它的力量是沒有限制的。正因如此，關於新物理學的書如果不是純粹描述實驗工作的，就必須基本上是用數學形式和方法來描述的。

狄拉克說得太對了！希爾伯特越俎代庖雖未成功，但有一次卻著實讓他開心地大笑起來。這正好印證了狄拉克的這句話。

好，請讀者看下面希爾伯特為什麼開心大笑，以及玻恩、海森堡（Werner Heisenberg，1901-1976，1932年獲得諾貝爾物理學獎）後悔不迭的故事。不過這已經不是希爾伯特失誤的事，而是玻恩和海森堡失誤的故事了。這樣放在一起講比較順暢合適。

（三）

1925年到1926年，在物理學中出現了一件「怪事」，讓幾乎所有的物理學家都感到困惑。一件什麼樣的怪事呢？原來，當時世界上最頂尖的物理學家都在集中精力思考電子到底如何運動。他們都發現，想利用經典物理學的辦法去克服探索中的困難，無異於像唐・吉訶德用他那支破矛去攻擊堅實的磨坊一樣，是註定會落個頭破血流、遍體鱗傷的。一批年輕的物理學家如玻恩、海森堡、包立（Wolfgang Pauli，1900-1958，1945年獲得諾貝爾物理學獎）等人，都越來越傾向於相信物理學的基礎必須從根本上改變，應該建立起一種新的力學，即「量子力學」。這個新的名詞是玻恩在1924年發表於德國《物理雜誌》上一篇文章中首次提出的。但量子力學到底是什麼樣的呢？當時誰也不清楚。

為了新力學的誕生，物理學家們真可謂廢寢忘食、嘔心瀝血。1925年春天，兩位對量子力學將作出重大貢獻的物理學家都病倒了。一位是海森堡，另一位是薛丁格。海森堡被花粉折磨得無法工作，他的導師玻恩破例給他放了假，還建議他到地處北海的黑爾戈蘭島上去休息，那兒怪石嶙峋，大約不會有什麼花粉折磨他。恰好這時薛丁格也因肺病在阿爾卑斯山上寧靜的阿羅紮木村休養。一個在島上，一個在山上，都想遠離喧囂的城市，讓自己的頭腦清醒一下，以便再次投入緊張的思考。美國作家梭羅（H. D. Thoreau，1817-1862）說得好：太陽，風雨，夏天，冬天……大自然的不可描寫的純潔和恩惠，它們永遠提供這麼多的健康，這麼多的歡樂！

　　寧靜而清新的北海！寧靜而清新的阿爾卑斯山！它們不僅為兩位物理學家帶來了健康、歡樂，而且還奇異地誘發了他們的靈感，使他們的思想得到了昇華！於是，「奇蹟」降臨了。說是奇蹟，實在不誇張，因為他們兩人幾乎從完全對立的概念出發，得到了各自偉大的發現。兩人的發現在表現上完全對立，但又都能自洽地解釋微觀粒子的運動！

　　海森堡認為，量子的不連續性是最本質的現實，以這一思想為基點，他認為描述微觀粒子運動的力學，應該像愛因斯坦建立相對論那樣，以「可觀測量」作為基點，不可觀測的量如軌跡等，不予考慮。但是，牛頓力學一直是以考慮連續量為己任，用的是微積分；現在考慮的物件是不連續的量，那麼該使用什麼樣的數學工具才行呢？海森堡當時只有24歲，真可謂「明知山有虎，偏向虎山行」，「落在鬼手裡，不怕見閻王」！他決定自己去闖出一條路，尋找適當的數學形式和方法來描述微觀粒子運

動。他的數學老師玻恩曾驚歎地說：這個外行雖然不知道適合他的用途的數學分支，可是一旦需要，他就能給自己創建適用的數學方法。這個外行該是多大的天才啊！

有一天晚上，他用自己發明的方法計算到凌晨3點鐘。奇蹟出現了！他發現自己很可能取得了突破性的進展。他後來回憶這天凌晨的激動情形時說：一天晚上，我就要確定能量表中的各項，也就是我們今天所說的能量矩陣，用的是現在人們會認為是很笨拙的計算方法。計算出來的第一項與能量守恆原理相當吻合。我十分興奮，而後我犯了一些計算錯誤。但後來在凌晨3點鐘的時候，計算的結果都能滿足能量守恆原理，於是，我不再懷疑我所計算的那種量子力學具有數學上的連貫性與一致性了。我感到極度驚訝，我已經透過原子現象的外表，看到了異常美麗的內部結構。當我想到大自然如此慷慨地將珍貴的數學結構展現在我眼前時，我幾乎陶醉了。我太興奮了，以致不能入睡。天剛濛濛亮，我就走到了這個島的南端，以前我一直嚮往著在這裡爬上一塊突出於大海之中的岩石。我現在沒有任何困難就攀登上去了，並在等待著太陽的升起。

但是海森堡心中還有一個沒有解開的疑團，讓他「非常不安」。這是因為在他的數學方案中，將兩個可觀測量（如頻率、強度……）A和B相乘時，A、B不能交換，即$AB \neq BA$。這顯然與我們熟知的乘法交換律不符（如$2 \times 3 = 3 \times 2$），這點「異常」幾乎使海森堡喪失了信心。他沒有料到，正是$AB \neq BA$中，潛藏著微觀世界中極為重要的一個規律。

幸虧後來玻恩知道了，並告訴海森堡，他用的數學方法在數學中叫「矩陣代數」。於是在玻恩的幫助下，海森堡終於建立起

微觀世界的力學——矩陣力學。

正在這時，又出了一件怪事。在阿爾卑斯山上日漸康復的薛丁格，在強調微觀粒子波動性（波動性強調的連續性！）的基礎上，提出了鼎鼎大名的「薛丁格方程式」。這是一個描述波動的微分方程式，借助於它薛丁格也成功地描述了微觀粒子的運動。由於波動方程式是物理學家十分熟悉的數學工具，而且薛丁格方程式強調的是連續性思想，這使得絕大部分物理學家感到欣慰、振奮，甚至認為物理學終於得救，從此不再需要那些不連續性的勞什子了！

1926年春天，海森堡得知薛丁格的波動力學以後，極度震驚且困惑。為什麼兩人對同一事物的看法會如此不同呢？打個比方說，面對同一景色，在海森堡看來是險峰峭壁（量子躍遷）；而薛丁格看到的卻是起伏平緩的丘陵地（物質波）。其實這並不奇怪，正如中國著名詩人蘇軾在一首詩中所說：橫看成嶺側成峰，遠近高低各不同。不識廬山真面目，只緣身在此山中。

可惜海森堡、玻恩以及薛丁格都未能參悟這種天機，卻各執一端，相互攻擊對方的理論。海森堡寫信給薛丁格說：「我越是思考你那理論的物理意義，我越感到對你的理論不滿，甚至感到厭惡。」

薛丁格也毫不留情地回敬說：「我要是對你的理論不感到厭惡，至少會感到沮喪。」

當物理學界都感到莫衷一是、極度迷惘時，當薛丁格和海森堡兩人相互指責、爭論不休時，在哥廷根的希爾伯特卻頗有幾分得意地哈哈大笑起來，並且調侃地說：你們這些物理學家呀，誰讓你們不聽我的話？早聽了我的話，豈不省卻了如今這場麻煩

嗎？」

玻恩和海森堡聽了這句話，不由倒吸幾口涼氣，而且後悔不迭；但其他人聽了卻莫名其妙，還以為希爾伯特又在裝神弄鬼，故作驚人之語。因為希爾伯特素有這種小愛好，說些沒來由的話讓人摸不著頭緒。

為什麼玻恩和海森堡兩人後悔不迭呢？原來當矩陣力學剛剛由海森堡提出來的時候，他們兩人曾專門向希爾伯特請教過有關矩陣代數運算方面的問題。希爾伯特是大數學家，曾對矩陣代數有過專門研究。他說：根據我的經驗，每當我在計算中遇到矩陣時，它們多半是作為波動微分方程式的特徵值出現的。因此，你們那個矩陣也應該對應一個波動方程式，你們如果找到了那個波動方程式，矩陣也許就很容易對付了。

遺憾的是，這兩位物理學家都犯了一個致命的錯誤，那就是他們沒有認真聽取希爾伯特的勸告，去找出「那個波動方程式」，還以為希爾伯特根本不懂量子力學，在那兒胡說八道。結果，薛丁格找到了這個波動方程式，還得了諾貝爾物理學獎。如果他們兩人虛心一點，認真向希爾伯特深入討教一下，詳細瞭解一下希爾伯特的數學思想，那麼，在物理學中薛丁格方程式就可能不會出現，出現的將是「玻恩－海森堡方程式」了！而且還會早半年出現！這就難怪希爾伯特看見物理學家們那副吃驚而窘迫的模樣時，不由得哈哈大笑起來！

玻恩和海森堡由於自己缺心眼而失去這一寶貴發現的機會，真是後悔不迭了！

相對論：彭加勒和
愛因斯坦之間發生了什麼

英菲爾德：「在我看來，即使沒有您建立狹義相對論，它的出現也不會很久。因為彭加勒已經很接近構成狹義相對論的那些東西了。」

愛因斯坦：「是的，你說得對。」

……

彭加勒在1909年的哥廷根的演講中為什麼不提及愛因斯坦？為什麼彭加勒從來不把愛因斯坦與相對論聯繫起來？……是壞脾氣或職業的妒忌嗎？我不這樣認為，因為……

——派斯（A. Pais，1918-2000）

稍懂相對論歷史的人都知道，在狹義相對論建立之前，法國數學家彭加勒（J. H. Poincaré，1854-1912）對於物理學的理解已經非常接近狹義相對論了。我們甚至可以說他的前腳已經跨進了相對論的門檻，後腳正待提起以完成這一跨越動作。可惜他的後腳被門外的泥漿黏住了，直到他去世，也沒有把那只後腳拔起來踏進門內。

1898年，即愛因斯坦建立狹義相對論7年前，彭加勒在一篇文章中對「同時性的客觀意義」提出了疑問。這篇文章的題目是

《時間的測量》（*La Mesure Du Temps*）。在文中彭加勒寫道：我們沒有兩個時間間隔相等的直覺。相信自己具有這種直覺的人是受到了幻覺的欺騙……把同時性的定性問題和時間測量的定量問題分離開來是很困難的；無論是利用計時器，或是考慮光速那樣的傳播速度，情況都如此，因為不測量時間，就無法測量出這種速度。……兩個事件同時，或者它們相繼的次序、兩個相等的時間間隔，是這樣來定義的，以使自然定律的敘述盡可能簡單。換句話說，所有這些規則、定義，都只不過是無意識的機會主義的產物。

在1902年出版的《科學與假設》一書中，彭加勒進一步指出：物體在任何時刻的狀態和它們的相互距離，僅取決於這些同樣的物體的狀態和它們在初始時刻的相互距離，但是完全不依賴該系統的絕對初始位置和絕對初始取向。簡而言之，這就是我所命名的相對性定律。

對於牛頓採用的絕對空間，他明確指出它「並沒有客觀存在性」，因而他本人「完全不能採納這一觀點」。

到1904年，彭加勒在美國聖路易斯召開的國際藝術與科學大會的發言中，他根據大量實驗事實，正式提出了「相對性原理」這個名稱。他指出：根據這個原理，無論對於固定觀察者還是對於做勻速運動的觀察者，物理定律應該是相同的。因此，沒有任何實驗方法用來識別我們自身是否處於勻速運動之中。

更令人驚詫的是，他已經預見到新力學的大致圖像：也許我們將要建造一種全新的力學，我們已經成功地瞥見到它了。在這個全新的力學裡，慣性隨速度而增加，光速變為不可逾越的界限。原來的比較簡單的力學依然保持為一級近似，因為它對不太

大的速度還是正確的，以致在新力學中還能夠發現舊力學。

1905年，彭加勒在《電子的動力學》一文中，除了將1904年演講中提出的思想具體化、精確化以外，還首次提出了洛倫茲變換和洛倫茲變換群，他從數學上對洛倫茲變換形成一個群做了論證，甚至含蓄地使用了（閔可夫斯基在1907年才使用的）四維時空運算式。

但非常令人困惑的是，一個如此接近最終發現相對論的卓越科學家，卻始終對愛因斯坦的狹義相對論保持緘默。這是每一個研究相對論歷史的人都難以理解的。正如英國科學史家戈德堡（S. Goldberg）所說：彭加勒從未對愛因斯坦的狹義相對論作出任何公開反應，這是有案可查的。因此，他對愛因斯坦工作的態度和對整個事態的緘默，就變成某種神祕的東西。但有一點是可以肯定的，那就是彭加勒知道愛因斯坦的相對論的著作。

戈德堡還指出：在彭加勒公開發表的文獻中，唯一涉及愛因斯坦工作的，是對愛因斯坦的一篇論光電效應理論文章的評論，而且這個評論相當沒有理由。

那麼，彭加勒到底是出於什麼原因，對愛因斯坦的相對論是好是壞連一句話都不說呢？這其中一定有深刻的原因。

（一）

彭加勒在數學上所取得的成就，可以與德國的「數學王子」高斯相媲美。英國數學家希爾維斯特（J. J. Sylvester，1814－1897）曾這樣談到彭加勒：我最近訪問過彭加勒。在他那非凡的、噴湧而出的智力面前，我的舌頭一開始竟不聽使喚了。直到

過了約兩三分鐘以後，當我能夠看清他那飛揚著青春活力的面容時，我才找到了說話的機會。

像許多偉大的數學家一樣，彭加勒不僅在數學上有卓越的貢獻，而且在天文學、物理學和科學哲學等方面都有了不起的成就。從前面所講的內容可知，在相對論的創建中，除了愛因斯坦，恐怕彭加勒是最接近這一偉大理論的科學家了。正因為彭加勒如此多才多藝，而且作出了如此廣泛的貢獻，所以G.達爾文（C. G. Darwin，1887-1962，進化論創立者達爾文的孫子）說：彭加勒是一位統帥作用的天才人物；或者可以說他是科學的守護神。

彭加勒於1854年4月29日出生在法國的南錫（Nancy）。他的父親是南錫醫學院的教授，是一位一流的生理學家兼醫生。彭加勒有一個堂弟叫雷蒙·彭加勒（Raymond Poincaré），曾出任過法國總理，1913年當選為法蘭西共和國總統。

有一件軼聞與這對堂兄弟有關。在第一次世界大戰期間，一群英國軍官問他們國家的大數學家、哲學家羅素（B. A. W. Russell，1872-1970，1950年諾貝爾文學獎獲得者）：

「誰是當代法國最偉大的人？」羅素不假思索地說：「彭加勒！」

這些軍官以為是雷蒙·彭加勒，於是高呼：「啊，是法國總統！」

「不，我指的不是雷蒙·彭加勒，而是他堂兄亨利·彭加勒！」

亨利·彭加勒雖然家庭很富裕，而且不乏書香之氣，但他的童年卻因為疾病不斷折磨，使他處於十分不幸的境地。他的運動神經共濟失調，因此手指不大聽使喚；喉頭由於白喉後遺症留下

喉頭麻痺症。也許正是由於身體上的缺陷，使他後來只能從事理論研究。

彭加勒從小就熱愛學習，常常因為學習而忘記吃飯，人們常用「心不在焉」來形容他的生活作風，但他過人的記憶力和才智，著實讓許多人吃驚。有一次學校舉行數學競賽，同學們知道彭加勒是有名的「心不在焉」的人，於是把他騙到高年級教室去參加競賽，想開個大玩笑。但出乎意料的是，他很快做完試卷上的題目，然後揚長而去。同學們直納悶：「他究竟是怎麼解出這麼難的題目呢？」

有意思的是，在彭加勒一生中，經常讓人為這類事納悶，因為他總是能把別人解不開的難題迅速解出來，而且幾乎總是不費吹灰之力。

1871年底，彭加勒進入高等工業學校，1875年畢業。後來他又進入高等礦業學校學習，本想將來當一名工程師，但到1879年，他卻獲得了數學博士學位。從此，彭加勒一生的時間、精力都貢獻給了數學和物理學。由於他驚人的研究成果，1887年他才33歲就當選為巴黎科學院院士。這麼年輕就成為院士，可謂奇蹟。

不久，由於他在天體力學方面的工作及對「三體問題」的研究成果，於1889年榮獲瑞典國王奧斯卡二世獎金；他在潮汐及轉動的流體球等方面的理論研究，支持了天文學家G.H. 達爾文（G. H. Darwin，1845-1912，進化論創立者達爾文的次子）的潮汐假說。

除了研究數學、物理學以外，他對科學哲學也很有興趣，寫出了《科學的價值》、《科學與方法》、《科學與假設》以及

《最後的沉思》一系列科學哲學著作。對科學哲學的發展有著重大作用。

愛因斯坦曾說：「彭加勒是敏銳深刻的思想家。」更令人驚訝的是，由於他的文學才華，他還獲得過「法國散文大師」的稱號，這可是每個法國作家夢寐以求的榮譽啊！

到了50歲以後，彭加勒多病的身體開始出現麻煩。1912年6月26日，是他臨終前3週，他還抱病在法國道德教育聯盟成立大會上作演講。在會上他說：人生就是持續的鬥爭。如果我們偶爾享受到相對的寧靜，那正是我們先輩頑強地進行了鬥爭。如果我們放鬆警惕，我們將會失去先輩們為我們贏得的鬥爭成果。……強求一律就是死亡，因為它對一切進步都是一扇緊閉的大門；而且所有的強制都是毫無成果的和令人憎惡的。

彭加勒的一生，就是獨立思考、堅持奮鬥的一生。正如他的一位傳記作者達布（G. Darboux）所說：他一旦達到絕頂，便不走回頭路。他樂於迎擊困難，而把更容易到達終點的工作留給他人。

（二）

彭加勒本來已經具備了幾乎建立相對論的所有知識，但由於「畫蛇添足」，失去了飲勝利之酒的機會，眼巴巴地看著愛因斯坦在幾乎相同的知識背景下，發動了一場轟動全世界的科學革命。

前面我們已經說過，在1904年9月聖路易斯召開的國際藝術與科學大會上，彭加勒正式提出了普遍的相對性原理，他說：根據這個原理，無論是對於固定的觀察者還是對於做勻速運動的觀

察者，物理定律應該是相同的。因此沒有任何實驗方法用來識別我們自身是否處在勻速運動之中。

他還預見了新的力學，在新力學裡，光速是不可逾越的極限，等等，這一切跡象都說明，彭加勒正向狹義相對論走去。但是，他突然猶豫不前了，因為他接著指出：遺憾的是（這個推論）還不夠充分，還需要輔助假設；人們應該假設：運動的物體在它們的運動方向上受到勻勻的收縮。

我們知道，在愛因斯坦的狹義相對論裡，運動著的物體在運動方向上的收縮，是愛因斯坦兩個基本假設的自然結果，是一種運動學中的「測量效應」，而不是一種有實質性的動力學效應。由此可知，彭加勒到1904年並沒有真的懂得相對論。到1909年4月，此時愛因斯坦的狹義相對論已提出有5個年頭了，可彭加勒在哥廷根的演講中仍然堅持說，在「新力學」中需要3個假設作為其理論基礎。前兩個與愛因斯坦的「相對性原理」和「真空中光速恆定」是一樣的，但他仍然強調指出：我們仍然需要建立第三個假設，它更令人吃驚，更難於接受，這個假設對於我們目前已習慣的東西來說是很大的阻礙。作平移運動的物體在其位移方向上變形……不論它對我們來說多麼奇怪，但我們必須承認，已完全證明了這第三個假設。

這充分說明，彭加勒直到他去世前3年還不懂得狹義相對論的基本精神，即，他不明白物體長度在位移方向上的收縮，是前兩個基本假設的結果。這其中的原因，大約是由於彭加勒只注重或只強調動力學，而不大相信諸如棒的收縮這類效應只不過是一種「運動學的效應」。這從彭加勒1906年和1908年的兩篇文章中可以看出這一點。在這兩篇文章裡，彭加勒對洛倫茲變換作了有

意義的討論，但他並沒有看出這些變換本身就意味著棒的收縮。他與洛倫茲有共同之點，都認為這種收縮是動力學上的原因，他們都強調動力學。正由於彭加勒從根本上沒有理解狹義相對論，所以他才犯了一個「畫蛇添足」的、令人不免唏噓的錯誤。

不過話說回來，在那個時代彭加勒不相信收縮是一種運動學中的相對論效應，也不是什麼不可理解的怪事。有一件發生在愛因斯坦自身的趣事可以說明這點。1925年10月，當荷蘭物理學家烏倫貝克（G. E. Uhlenbeck，1900-1974）和高斯密特（S. A. Goudsmit，1902-1978）在提出電子自旋理論時，因為其理論結果與實驗結果相比較少了一個因數2，這是使當時包括包立、海森堡、波耳和愛因斯坦等人在內的物理學家都大感棘手的一個困難，包立還因此在相當長的時期內不承認電子有什麼自旋。當後來英國年輕的物理學家湯瑪斯（L. H. Thomas，1903-1992）指出，這個因數2是由於忽略了一個「相對論效應」而引起的時候，連發現相對論的愛因斯坦都吃了一驚！烏倫貝克曾回憶說：我記得當我第一次知道湯瑪斯的想法時，我幾乎不相信一個相對論效應會產生一個因數2，而不是 $\frac{v}{c}$ 這樣一個數量級。這一點在這兒不作解釋，我只需要指出，即使對相對論效應十分熟悉的人（包括愛因斯坦！），都對此感到十分驚訝。

（三）

當然，如果從動力學觀點觀之，彭加勒的想像力不能說不驚人。但是，歷史是無情的，彭加勒充其量只能說他「非常接近」相對論，或者說相對論與他失之交臂、擦肩而過。

要分析其原因,那也是仁者智者,各有各的見解。我們只著重從時空觀進行一些分析,但這絕不意味不能從哲學、方法論的角度進行分析。

彭加勒重視的動力學是洛倫茲(H. A. Lorentz,1853-1928,荷蘭物理學家,1902年獲諾貝爾物理學獎)的動力學,即乙太是他們設想中的「電子論」的物質組成部分,而電子與乙太的相互作用是導致洛倫茲收縮的(動力學)原因。事實上,彭加勒正是試圖把整個物理學大廈建立在包括乙太在內的電子論基礎之上。1904年以後,彭加勒已經開始對這一理論滿意了。1908年,他在《科學與方法》一書中放心地指出,由於邁克生否定的結果,使得物理學家需要尋求一個「完善理論」。彭加勒宣稱:「該理論由洛倫茲-斐茲傑拉德假設完成了。」由這種肯定的答覆我們可以看出,在彭加勒的觀念中,乙太仍然是不可缺少的。事實上他在同一本書中就曾明確指出:無論如何,人們不可能逃脫下述印象:相對性原理是普遍的自然定律,人們用任何想像的方法永遠只能證明相對速度,所謂相對速度,我不僅意指物體對於乙太的速度,而且也意指物體彼此相關的速度。

無論怎樣精心改造乙太,但只要保留乙太實際上就意味著保留了牛頓留下來的「絕對空間」的概念。戈德堡(Leo Goldberg,1913-1987)的評論是有道理的,他說:彭加勒在他的著作中還保留著絕對空間的概念,不管這種空間是否可以觀察得到。雖然他承認,不同參照系的觀察者會測出相同的光速,但對他來說,這種一致、這種不變性是測量的結果。在彭加勒的思想中有一個優越的參照系,在這個參照系中光速才實際上是一個常數。

對於同時性的客觀意義，彭加勒雖然提出過有價值的疑問，但他沒有考慮到同時性的相對性問題，因而對「時間的絕對性」問題沒有提出質疑。

正是由於在時空觀上彭加勒還沒有完成革命性的突破，所以他不可能像愛因斯坦那樣，把兩個原理提到普遍公設的高度來對待，更不可能想到要把兩個原理結合起來創立新的時空觀。事實上，彭加勒把相對性原理看作是一個「事實」，認為它還需要實驗的證實。1905年前後，當德國著名實驗物理學家考夫曼（Walter Kaufmann，1871-1947）公布他的高速電子品質——速度關係實驗報告時，由於該實驗結果不利於洛倫茲和愛因斯坦理論，結果它竟然「壓垮了」洛倫茲，也使彭加勒以多少有些謹慎的態度來表達他對相對論原理的支持。

洛倫茲1906年3月8日給在彭加勒的信中悲觀地寫道：「非常不幸的是，我的電子可以變扁平的假說與考夫曼的結果相矛盾，我必須放棄它。」

洛倫茲的這種悲觀情緒，頗有點令人驚訝、不解，那麼多年精心探索的成果，就因為一份實驗報告就心甘情願地放棄了！

彭加勒比較鎮定，但考夫曼的實驗也影響了他。1906年，他在一篇义章中寫道：「實驗給阿伯拉罕[13]的理論提供了證據，相對性原理可能根本就不具有人們所認為的那樣重大的價值。」

同年，彭加勒在他的論文《論電子的動力學》中再次表示，由於考夫曼的實驗結果，「全部（相對論）理論，將受到威

13　馬克斯・阿伯拉罕（Max Abraham，1857-1922），德國物理學家，他提出一個電子品質公式，這個公式不同於彭加勒的，也不同於愛因斯坦的。

脅。」但他同時又認為，在作出肯定結論之前，需要慎重，因為這是一個十分重要的問題，他希望有更多的實驗物理學家來做這類實驗。

對他們兩人的不同反應，美國華盛頓大學物理學教授米勒（G. A. Miller）作了一個簡單而又頗為中肯的分析，他在《愛因斯坦的狹義相對論》一書中寫道：「對洛倫茲來講，考夫曼的實驗威脅的是一個理論；而對彭加勒來說，危及的是一種哲學觀，這種哲學觀強調相對運動原理。」

而愛因斯坦直到1907年才第一次明確地對考夫曼實驗表態。愛因斯坦在題為「關於相對性原理和由此得出的結論」的文章中寫道：這種系統的偏差，究竟是由於沒有考察的誤差，還是由於相對論的基礎與事實不符合，這個問題只有在有了多方面的觀測資料後，才能足夠可靠地解決。

接著，愛因斯坦從認識論的高度，拒絕讓這些「事實」來決定他的理論的命運。

後來，愛因斯坦的預言果然成為現實，這就難怪後來的物理學家、哲學家們對愛因斯坦的科學哲學觀極感興趣並由衷讚賞了。

透過以上所述的種種事實，我們可以確信，彭加勒雖然朦朧地預見了新力學的誕生和它的大致輪廓，但是由於他沒有理解其中時空觀的根本變革，因而沒能創立相對論力學。

（四）

十分令人奇怪的是，彭加勒為什麼一直對愛因斯坦和狹義相

對論保持緘默？

我們都知道，1909年4月，彭加勒在哥廷根連續作了6次演講，最後一次演講的題目是「新力學」，專門討論與相對論有關的問題。但是，彭加勒在他的演講中閉口不提愛因斯坦和愛因斯坦的狹義相對論。這時的狹義相對論，已不同於1905年的情形，已有許多知名物理學家和數學家為相對論的誕生歡呼，如普朗克、索末菲、埃倫菲斯特（Paul Ehrenfest，1880-1944）、勞厄（Max von Laue，1879-1960，1914年獲諾貝爾物理學獎）、拉登堡（R. W. Ladenburg，1882-1952）和閔可夫斯基（Hermann Minkowski，1864-1909）等。人雖然不是太多，但陣容已經不弱了，尤其是數學家閔可夫斯基在1908年於科倫（Cologng）作了題為「空間和時間」的熱情洋溢的報告後，引起了許多聽眾「極大的激動」，他的結束語，真是令人心潮澎湃。他說：相對論原理絕對是正確的，我喜歡思索這個由洛倫茲發現、並被愛因斯坦進一步揭示的世界電磁圖景的真正核心，現在它將大放光彩。

從1908年起，愛因斯坦已經在科學界聲名遠揚。但彭加勒在1909年作報告專門談相對論時，卻三緘其口，完全不提及愛因斯坦的工作。這兒還必須提到一件事情，在愛因斯坦關於相對論的論文中，也只有一次提到過彭加勒的名字，那是1921年1月27日在普魯士科學院作題為「幾何學與經驗」的報告時。他在報告中提到：「那位敏銳的、深刻的思想家彭加勒……」

但愛因斯坦作這報告時，彭加勒已經去世9年了。

1911年10月在第一屆索爾維會議上，愛因斯坦第一次（也是最後一次）見到了彭加勒。事後愛因斯坦對他的好友贊格爾（Heinrich Zangger，1874-1957）說：「彭加勒對相對論簡直有

一種天生的厭惡，儘管他聰明而又有才智，但他對狹義相對論的確一點也不理解。」

1920年12月，《紐約時報》記者在問及相對論起源時，愛因斯坦沒有提到彭加勒的貢獻，他只提到洛倫茲。令人費解的是，直到1953年，愛因斯坦才在一封信中第一次提到了彭加勒對相對論所起的作用，他這樣寫道：我希望我們這時也應注意給洛倫茲和彭加勒的功績以適當的榮譽。

但這種評價仍然令人失望——似乎還不夠公平。

不過，愛因斯坦在他去世前兩個月，終於對彭加勒作出了公正的和最後的評價。他在給一位給自己寫傳記的作者希利格（Carl Seelig，1894-1962）的信中寫道：洛倫茲已經認識到，以他名字命名的變換，實質上是對馬克斯威爾方程式的分析，而彭加勒的洞察力使其更加深入……

謝天謝地！如果愛因斯坦也像彭加勒那樣至死緘默其事，那留給後世的謎未免太多了！現在總算有一個開了口，沒有把祕密帶到墳墓裡去。但即使如此，現在人們對於彭加勒的緘默，仍然沒有說出令人信服的原因。許多研究者（如派斯和戈德堡等人）認為，彭加勒從根本上說是不懂相對論的，他很可能認為相對論只是他自己理論大廈中的一個小的部分，根本用不著費心思提到它。他們認為，如果將忌妒作為原因，似乎與彭加勒一生誠實正直、寬以待人、謙虛謹慎、不關心優先權等大家公認的高貴品格不相容。因而普遍的意見是彭加勒只是在時空觀上陷入了誤區，道德觀上他不會陷入誤區。

但這樣能說清楚嗎？可能只是半通不通。彭加勒是科學家，是功勳卓越的科學家，如果他對不能令他滿意的狹義相對論批評

幾句，難道有人就因此懷疑他的誠實正直、寬以待人的優秀品德了嗎？他批評過不少人的理論，為什麼獨獨不能或不願批評愛因斯坦的理論呢？戈德堡從認識論、方法論上分析了他們對待理論態度的差異，這也許是很合理的，但這種分析無助於說明彭加勒的緘默和愛因斯坦遲遲不公正評價彭加勒的功勞。

科學史家派斯似乎在這個方向上邁出了一小步。派斯在愛因斯坦傳記中說，他感謝莎拉（Sara Pais）讓他讀一讀布盧姆（Harold Bloom，1930-2019）的一本名為《影響的焦慮》（*The Anxiety of Influence*）的書，以解開彭加勒與愛因斯坦之間不和諧的關係之謎。布盧姆的幾句話給派斯印象頗深，似乎是「芝麻開門」的那把鑰匙。

布盧姆說：「強有力的詩人靠誤解彼此間的思想去創造歷史，因為這樣他們才會有屬於自己的想像的空間。」

布盧姆還說：「強有力的詩人之所以成為強有力的重要人物，就在於他們堅持與強有力的前輩們拼搏，甚至拼搏到死。」

派斯讀了布盧姆的書後，思想受到啟發。他寫道：「我認為，強有力的詩人與其他在任何領域有創造力的強人沒有差別。彭加勒對黎曼的反應和愛因斯坦對希爾伯特的反應，在這點上可能都屬於這種情況。」

好！這兒可能是研究的突破口。關於科學研究的心理學是一門絕不應忽視的學科。

不承認自己「女兒」的
「現代化學之父」

　　普里斯特利是「現代化學之父」，但是他始終不承認自己的
「女兒」。

——居維葉

　　18世紀最後20年提供了一個科學史上最驚人的證明，即那些
真理就在他的鼻子底下，而且又有解決問題的一切條件的有才能
的人——那些實際地作出了戰略發現的能人，由於燃素理論而不
能使他們認識自己工作的意義。

——巴特菲爾德（H. Butterfield，1900-1979）

　　1789年7月14日，巴黎人民舉行武裝起義，攻克巴士底獄，
法國資產階級大革命由此開始。正當法國革命勇士沉浸在攻克巴
士底獄的狂歡之中時，在英國伯明罕一個鮮為人知的小小實驗室
裡，有一位50多歲的學者正以好奇的、饑渴的目光注視著他面前
試管中的化學變化，探索著自然界中最常見但又極令人費解的奧
祕。這位學者就是被尊稱為「現代化學之父」的英國化學家普里
斯特利（Joseph Priestley，1733-1804）。

（一）

　　1733年3月13日，普里斯特利出生在英格蘭約克郡里茲市附近的一個名叫菲爾德海德的農莊裡。這是一個信奉基督教喀爾文派的家庭。

　　幼年時，普里斯特利就期望自己長大後能當上牧師。22歲那年，他的期望果真實現了，他被委任為薩爾費克一個小教堂的牧師，年薪30英鎊。這點薪水實在是太微薄了。為了額外多弄到一點收入以補給家庭，他不得不在上午7點到下午4點到一所學校教法語、德語、義大利語、阿拉伯語，有時還教古巴比倫的迦勒底語；下午4點到晚上7點，他又當家庭教師。其他時間，尤其是星期天和種種節日，他便履行牧師的職責，或者專心寫一些有關英語語法的書。

　　1761年，他遷到瓦林頓市，擔任該市神學院教師。他先講授了一段時間的化學課程，後來講過生理學課程，課餘就做一些研究。

　　1767年9月，普里斯特利到里茲市當傳教士。在里茲市，他的住宅旁有一家釀酒廠，正是這家酒廠，使他後來走上了化學研究之路，並成了著名的化學家。

　　在這個小小的酒廠裡，普里斯特利注意到，在釀造啤酒的過程中，有氣泡不斷地從巨大的釀酒槽中冒出來。這使他很好奇，於是在教堂工作之餘，常常來到酒廠研究這些發出「咕嚕咕嚕」響聲的氣體。

　　化學史告訴我們，化學家們只有在對空氣（和水）的理解上找到一個令人滿意的結論時，化學才能建立起真正的基礎。近

代化學之所以姍姍來遲，其原因雖然眾說紛紜，但大多數人都同意，千百年來正是因為一層濃密的「哲學之霧」籠罩在空氣、水和火這三種物質形態（或變化）中，使科學家無法將化學向前推進，形成一個巨大的障礙。因此，普里斯特利選中了氣體作為他的研究課題，實在是幸運。

這兒要提醒一下讀者，在1750年以前，化學家們完全沒有想到空氣實際上是各種不同氣體的混合物。雖然他們也討厭空氣中的一些臭氣，但他們認為這是其他物質腐敗變質的結果。1750年以後，雖然有人猜測空氣中可能有幾種氣體，但都沒有明確提出這種思想。我們如果不瞭解這一前提，就不容易理解普里斯特利工作的艱難和價值。

普里斯特利在觀察中發現，當氣泡從發酵的啤酒槽裡咕咕往外冒時，他將點燃的木屑放到氣泡旁，仔細觀察可能發生的現象。當時正是夏季，酒廠的工人看見普里斯特利彎腰伏在釀酒槽上，都不以為然地搖頭：「對一位神父來說，這樣愛酒未免不成體統！」

其實「醉翁」之意可真不在酒上！他非常專心，完全沒有注意到人們的疑惑、不滿和嘲笑。他注意到，啤酒槽裡冒出的氣泡能使燃燒著的木屑熄滅。這使他十分驚訝。他猜想，這可能是酒槽中有一種與「固定空氣」（即現在人們熟知的二氧化碳，CO_2）相同性質的氣體。

5年前，一位葡萄酒商的兒子布萊克（Joseph Black，1728-1799），曾用加熱石灰石的方式得到一種所謂「固定空氣」（那時科學家們把一切氣體統稱為空氣，而且有很多種空氣）。後來，一位叫斯蒂芬的醫生用這種「固定空氣」治療痛風，名噪

一時。

　　普里斯特利決心弄清楚，他在酒槽中收集的氣體是不是「固定空氣」。於是，他決定在家中製備這種氣體。很快他就確信這種氣體正是布萊克所說的「固定空氣」。接著，他想瞭解這種氣體是否溶解於水，結果發現它只能部分溶解於水中。當他將這種氣體（即CO_2）注入水中2～8分鐘後，他製得了「與礦泉水簡直相差無幾的、滋味異常爽口的飲料」。其實這種「異常爽口的飲料」就是現今人們十分熟悉的蘇打水，一種低酸度的、其中溶解了部分CO_2氣體的飲料。

　　當時，這一發現不啻是一個奇蹟，因此普里斯特利向英國皇家學會報告了他的發現。引起了皇家學會極大的興趣，於是該會邀請他向皇家學會會員們講述和表演他做的實驗。普里斯特利得知這一邀請後，非常興奮，因為這說明他的研究很有價值。果然，當會員們親眼看見他的表演後，都大吃一驚，並熱情讚揚了這一發現。後來，這種特殊的飲料被推薦給英國皇家海軍，作為遠航士兵、軍官的飲料。普里斯特利也因為這一發現，獲得了皇家學會最高獎——科普萊（Copley）金質獎章。

（二）

　　首次成功使普里斯特利大為振奮，於是他決心用更多的時間進行化學研究。他接著做了許多不同種類氣體的實驗，實驗技能、實驗設備和實驗方法有了很大的改進。現在化學實驗中收集氣體的許多方法就是由他發明的。

　　1774年8月的第一個星期天，他利用一個直徑為1英尺的大凸

透鏡產生的高溫，加熱氧化汞。他把紅色氧化汞（當時稱為「汞灰」）放在水銀面上的一個玻璃皿上，整個水銀又都放在玻璃鐘罩裡；當透鏡把陽光聚集在玻璃鐘罩裡的氧化汞上時，氧化汞受熱分解後放出一種氣體，由於罩內氣壓增加，一部分水銀從玻璃鐘罩裡被排擠出去。利用這種方法，他收集到被加熱氧化汞所分解出來的氣體，這種氣體就是今天人人熟知的「氧氣」，但當時普里斯特利稱它為「脫燃素空氣」。為什麼取這麼一個古怪的名字，下面自會有交代。為了簡便，我們就直接稱為氧氣。

我們現在知道，氧的發現是普里斯特利最偉大的一項發現，但在當時並沒有引起人們的廣泛注意。這是因為在他之前，其他一些人也曾用加熱固體的方法獲得過同樣的氣體。例如：1678年英國科學家波以耳（Robert Boyle，1627-1691）用透鏡加熱硝石，獲得了與普里斯特利類似的結果；英國生理學家黑爾斯（Stephen Hales，1677-1761）也曾用加熱的方法收集到一種「受到薰染的氣體」；甚至在13世紀時，一位德國的煉金術士，也完成了與普里斯特利相同的實驗。但在普里斯特利之前的這些科學家，都沒有進一步研究這種氣體與空氣之間的關係。

普里斯特利的卓越貢獻，就在於他發現了這種氣體之後，立即做了許多讓人刮目相看的實驗。

他將點燃的蠟燭放入盛有氧氣的玻璃瓶裡，與以前許多這類實驗相反，蠟燭不但沒有熄滅，反而燃燒得比以前更劇烈，光芒耀眼。普里斯特利異常興奮，但他無法解釋這一現象。他又將一段燒紅的鐵絲插入盛有氧氣的瓶中，燒紅的鐵絲立即發出耀眼的白光，並很快被燒得捲曲起來。

普里斯特利當時只是驚訝、興奮，他完全沒有料到他的這些

實驗發現，竟促使一次化學革命的降臨！許多年以後，當他談到這個值得紀念的實驗時，他說：由於時間太久遠，我無法回憶起在做這次實驗時，我的指導思想究竟是什麼，而且，當時我也沒有期待它的實際結局是什麼。如果我不曾碰巧拿到一支在我面前點燃的蠟燭，我也許根本不可能去做這個實驗，當然也就不可能產生進一步研究這種氣體的運氣。因此我認為，在科學研究中，一次偶然的機會，比任何預先設計好的理論和計畫更為重要。

那時，普里斯特利對燃燒的本質還沒有正確的認識，因此對氧氣在燃燒中起的作用也就不能有正確的認識。他對燃燒的認識還停留在「燃素說」的水準上。「燃素說」認為，當一種物質燃燒時，它所含有的「燃素」便以火焰的形式釋放出來；所謂易燃物質就是因為這種物質含有大量的燃素，相反，如果某物含的燃素很少，則某物為不易燃物質。根據燃素說，氣體只不過是燃素、土質和硝石組成的某種奇異的化合物，因此氣體並非簡單的元素。普里斯特利雖然常常被燃素說中的矛盾、混亂弄得迷迷糊糊，猶如霧裡看花，但他堅信「燃素說」是絕對正確的燃燒理論。

1775年3月，普里斯特利把兩隻老鼠分別放進兩個玻璃鐘罩裡，一隻鐘罩充滿的是空氣，另一個鐘罩裡充滿的是氧氣。做完了這些準備工作之後，他就坐在旁邊的椅子上，靜觀兩隻老鼠的表現。究竟多少時間才能觀察到有趣的現象，他事先並不清楚。

突然，他發現那只放在普通空氣罩子裡的老鼠，開始出現不安和動作僵滯的徵兆，再過一會兒就失去了知覺。他看一下時鐘：15分鐘！他迅速把老鼠拉出罩外，但已經遲了，老鼠再也沒有活過來。他轉而注視裝有氧氣的鐘罩，裡面的老鼠仍然活蹦亂

跳、健康活潑！又過了十多分鐘，它才開始不安，普里斯特利立即把老鼠取出來，放到暖和、通風的地方。幾分鐘後，這只老鼠又變得和以前一樣富有活力。

普里斯特利感到有些難以置信：放在氧氣罩裡的老鼠在裡面待了30分鐘，而且倖存了下來；而放在普通空氣罩裡的老鼠，只待了15分鐘就死了！如何解釋這一現象呢？難道是由於氧氣比普通空氣更「純淨」嗎？或者是由於普通空氣中含有一些威脅生命的成分？當天晚上，他徹底未眠，苦苦思索著這個問題。

最終，普里斯特利斷定：氧氣有益於健康。由此他受到啟示，何以不自己親自享用這種「氣態營養食物」呢？於是，他用一根玻璃管吸入了一些自己製取的氧氣。他發現，與普通空氣相比較，吸入氧氣後呼吸似乎變得更加輕快、舒暢，簡直是一種奇妙的享受。他在實驗記錄中記下了這個有趣的實驗，他寫道：我把老鼠放在脫燃素空氣裡，發現它們過得非常舒服後，我自己受了好奇心的驅使，又親自加以試驗，我想讀者對此一定不會感到驚異的。我自己試驗時，是用玻璃管從放滿這種氣體的大瓶裡吸取的。當時我的肺部的感覺，和平時吸入普通空氣一樣；但過後不久，我身心一直覺得輕快舒暢。有誰能說這種氣體將來不會變成時髦的奢侈品呢？不過，現在只有兩隻老鼠和我，才有享受呼吸這種氣體的權利呢。

普里斯特利的預言，如今已成現實，大城市出現的「氧吧」不就證實了氧氣「變成時髦的奢侈品」嗎？除此以外，他還迅速預見到氧氣在許多方面的應用。他指出：當人的肺部呈現病態時，氧氣可以發揮獨特的治療作用，而普通空氣卻未必能如此徹底、迅速地將肺裡的廢物帶出體外。

現在人們利用氧氣治療心臟衰弱的病人、肺炎病人或被濃煙窒息的人；對於登山運動員和高空飛行的飛行員，氧氣都成了不可缺少的救生用品。

普里斯特利還想到，用氧氣代替普通空氣鼓風時，火力會成倍地加強。在他的一位名叫馬格蘭的朋友的幫助下，他先將氧氣裝進一個氣囊，然後通過一根玻璃管，將氧氣吹到正在燃燒的木塊上，微弱的火苗立即燃燒得非常旺。這便是當今廣泛應用的吹氧焊接裝置的雛形。

（三）

普里斯特利完成許多實驗，顯示出他卓越的才智，因而受到了科學界高度的評價和重視。1772年，他當選為法蘭西科學院名譽院士。同年12月，英國著名的政治家舍爾伯恩勳爵（Lord Shelburne，1737-1805）認識了普里斯特利。這位博學的政治家立即決定向普里斯特利提供250英鎊的年薪，作為對其實驗的資助；並請普里斯特利以私人圖書管理員和學術鑒賞人的身分與他住在一起。此後的8年裡，普里斯特利一直住在舍爾伯恩勳爵的家裡。在這優越舒適的條件下，普里斯特利完成了許多有價值的實驗。

1774年，普里斯特利隨著勳爵到歐洲大陸旅行時，他在巴黎認識了法國著名化學家拉瓦錫（Antoine Lavoisier，1743-1794）。在拉瓦錫的實驗室裡，普里斯特利向當地一些科學家，講解和演示了他的那些實驗。這些實驗使法國科學家大為驚訝。法國同行們不斷向他提出種種問題，他則有問必答，將自己的工

作成果毫無保留地和盤托出。他萬萬沒有料到的是，正是他的這些演講實驗演示，驚動了拉瓦錫，並促使拉瓦錫拉開了「化學革命」的大幕。正如普里斯特利所說：「那時，我並沒有意識到我的這種做法會導致什麼結果。」

驚動拉瓦錫的是普里斯特利那些與燃燒有關的實驗，即在有氧氣時燃燒更加激烈的一些實驗。這些實驗使拉瓦錫對所謂「燃素說」作出了徹底的、毀滅性的批判，並提出了燃燒的「氧化學說」。

燃燒現象雖然是人們見得最多、利用最廣的一種化學反應，但它卻使化學家糊塗了幾千年，直到拉瓦錫揭示出燃燒本質時為止。「燃素說」的歷史淵源應該說極為久遠，但到17世紀它才成為一個名重一時的「偉大理論」。這與德國化學家斯塔爾（G. E. Stahl，1660-1734）的努力有關。斯塔爾總結前人的理論與實驗，指出燃素並非亞里斯多德的火元素，而是一種「沒有重量、難以覺察、細微的氣態物質」，斯塔爾為它正名，取名「燃素」。

斯塔爾認為，燃素存在於可燃物（動植物與金屬等物質）中，燃燒時燃素從這些物體中逸出，同空氣結合就形成火。可燃物燃燒時釋放出的燃素，被周圍空氣吸收，這些被空氣吸收了的燃素從此再也無法與空氣分離。但植物可以從空氣中吸取燃素，動物機體中的燃素又是從植物中吸收的。燃燒過程不能離開空氣，是因為空氣可吸收燃素；否則，燃素不能離開可燃物體，而可燃物體如不能釋放燃素，燃燒過程就無法發生、進行。如果空氣吸收的燃素太多以致飽和，燃燒就會衰減以致熄滅。

燃素說本來是一個漏洞百出的假說，與實驗結果經常發生

矛盾，而且人們尋找燃素的努力一再失敗。但在拉瓦錫之前，它卻是許多科學家篤信的一個學說。普里斯特利這位卓越的實驗大師，卻不知為什麼堅持認為燃素說是真理，至死捍衛它。在發現了氧氣有幫助燃燒的特殊本領後，他立即用燃素說理論來解釋氧氣的這一特性，他稱氧氣為「脫燃素空氣」就是基於燃素理論。他認為，正因為他發現的氣體（即氧氣）中不含有燃素，所以物質在其中燃燒就會非常迅猛。

拉瓦錫從1772年就開始研究空氣組成和燃燒過程，看了普里斯特利的實驗以後，立即意識到，普里斯特利雖然有了重大的實驗發現，卻因為固執地承認燃素說，而失去了建立一種新燃燒理論的機會。拉瓦錫立即透過精密測量證實，普里斯特利所謂「脫燃素空氣」實際上是一種新的氣體元素，它除了能助燃、改善呼吸以外，還能與許多非金屬物質結合生成各種酸，也正因為這一原因，拉瓦錫把這種新的氣態元素稱之為「酸素」（Oxygen）。中文名稱翻譯成「氧」。他還用實驗證明，空氣本身不是元素，而是一種主要由氧和氮組成的混合物。

1778年，拉瓦錫徹底地否定了燃素說，證實了任何燃燒過程都是可燃物與氧化合的過程，可燃物在燃燒過程中吸收了氧；而所謂「燃素」是根本不存在的。從此，燃燒的氧化學說迅速代替了燃素說，它不僅統一地解釋了許多重要的化學反應，而且更重要的是它拉開了化學革命的大幕，為現代化學的發展奠定了基礎。由於拉瓦錫理論的輝煌成就，科學家們紛紛拋棄了燃素說，接受了拉瓦錫的氧化學說。但是，發現了氧氣的普里斯特利卻至死也不承認氧化學說，堅持燃素說。甚至當他後來衰弱得無法再做實驗時，他仍然堅持著寫了最後一篇論文，以維護燃素說。他

還給朋友貝托萊（C. L. Berthollet，1748-1822）寫信說：作為一個虛弱的朋友，我已經付出了極大的努力，以便給予燃素說一點支援……燃素說並不是沒有困難，其困難在於我們至今還不能確定燃素的重量。

　　唉！普里斯特利對燃素說的盲目信仰，使他忽視了自己發現氧氣的偉大價值，所以人們說他是不承認自己「女兒」的「現代化學之父」。研究科學史的專家們，每當研究到普里斯特利這段歷史的時候，都不免感到遺憾、驚詫，為普里斯特利的失誤惋惜。日本化學家山岡望（1892-1978）在《化學史傳》中寫道：普里斯特利和席勒[14]兩人手中，都掌握著解釋燃燒的奧祕的寶貴鑰匙，然而卻眼睜睜地失去獲得榮譽的機會。其原因十分明顯，那就是因為他們對燃素說的篤信過深，未能擺脫它的迷惑和束縛。……對於普里斯特利來說，使人感到奇怪的是，他本是一個具有強烈自由思想的人，不論是對於基督教的教義，還是政治上的主張，他總有著與眾不同的新思想。但是為什麼在化學理論上卻甘當保守的信徒，確實有些難以理解。他作為一個宗教上和政治上的自由主義者，甚至在晚年還釀成了悲劇。當時正值法國革命時期，當一些自由主義者在1791年7月14日……

　　我們不引用山岡望的文章了，還是在最後一小節裡簡單描述一下政治上的「悲劇」。只有這樣，我們才能深刻理解山岡望上面一段話中表示的驚訝和無奈……

---

14 席勒（C. W. Scheele，1742-1786），瑞典著名化學家，氧氣的發現人之一。

（四）

　　法國大革命爆發後，由於普里斯特利對這場革命採取讚賞、歌頌的態度，他受到英國貴族階層的仇視。統治階級的代表人物，包括教會、科學界的頭面人物，都開始惡毒地攻擊普里斯特利。他們誣衊他是一位無恥的剽竊者，聲稱他對科學沒做過任何貢獻，只不過善於玩弄權術，竊取了一些本不屬於他的榮譽……

　　普里斯特利沒有屈服，他不斷地發表各種文章和演說，號召人們起來反對販賣黑奴的罪惡行徑。因為，它使成千上萬的黑人遭受凌辱和忍饑挨餓。為了向科學界某些頭面人物的無恥攻擊表示嚴重的抗議，普里斯特利宣布退出皇家學會。

　　1791年新年伊始，普里斯特利在他的傳教辭裡，還向教友們談到新社會的理想──自由、平等、博愛。這年，擁護法國革命的英國人逐漸增多，還成立了「憲章協會」，公開號召在英國實行改革。這一舉動引起了統治階級的強烈仇恨，於是反對「憲章協會」的力量組成了集團，與協會對抗。他們公開宣布普里斯特利是異教徒，是「魔鬼的朋友」；誣衊立憲主義者「要把英國推向毀滅和貧困的深淵」。

　　1791年7月14日，「憲章協會」的會員們決定隆重慶祝巴黎人民攻克巴士底獄兩週年。就在這天晚上，普里斯特利在伯明罕的實驗室，被王室煽動的暴徒們燒毀了。這就是科學史上有名的「7‧14事件」。在暴徒們衝進他的實驗室前半個小時，普里斯特利才在兒子的強迫下離開。半小時後，暴徒們用石塊徹底搗毀了普里斯特利的實驗室和住家。這位偉大科學家一生苦心經營的實驗室瞬間成了一堆碎片！失去理智的暴徒們，連普里斯特利的

圖書室也沒有放過，一把大火將他一生收集的珍貴圖書和手稿，燒得乾乾淨淨。這是人類文明史上又一次恥辱。

普里斯特利一直躲在朋友家裡，飽嘗有家不能歸的痛苦。直到秋天，他才前往哈尼克任神甫。

「7‧14事件」激起了全世界科學家的憤怒，各國著名的科學家都紛紛表示支援普里斯特利、抗議英國鎮壓民主和自由的可恥行動。1792年9月，法國議會推舉普里斯特利為法國榮譽公民；還有許多人匯錢給他，以幫助他在英國重建實驗室和圖書館。不久之後，在國內外許多知名人士的支持下，普里斯特利依法提出起訴，要求賠償價值4000英鎊的損失。英國國王喬治三世也不得不在給大臣鄧迪（Dundee）的一封信中寫道：雖然我為普里斯特利及其同黨受異教的毒害如此之深而深感遺憾，但是我並不贊成以如此殘暴的方式來表達對普里斯特利等人的輕蔑。

起訴後，普里斯特利勝訴，這使他可以重返科學界。但一想起人們對他曾經做過的事，他就感到不寒而慄。他決心遠走異國他鄉。他的三個兒子約瑟夫、威廉和亨利於1793年8月先離開英國，遠渡大西洋到美國求發展。次年4月7日，普里斯特利與妻子在聖凱姆港登上了遠洋輪船，從此離開了既給他帶來成功、榮譽，又給他帶來無法消除的傷害的祖國，向美利堅合眾國奔去。這正是：吊影分為千里雁，辭根散作九秋蓬。共看明月應垂淚，一夜鄉心五處同。

與英國形成鮮明對照的是，當普里斯特利到達紐約港時，美國人民像迎接戰場上歸來的英雄一樣迎接了他。紐約坦慕尼協會（隸屬美國民主黨）專門派一位委員前去碼頭，向普里斯特利致歡迎辭：尊貴的長者，從您踏上我們國家國土之日起，您便逃離

了專制的火焰，逃離了權勢的魔掌，逃離了偏執的枷鎖。您將呼吸到自由的空氣，找到寧靜的避難所。

美國人民以極大熱情迎接這位纖弱而又充滿內在活力的英國人，全美基督教堂的牧師們集體為他祈禱。賓夕法尼亞大學立即聘他為化學教授；全美各地的著名大學、學術團體紛紛請他去講演，他接受了其中幾項邀請。

後來，他決定在清靜、溫暖、開闊的諾森伯蘭鎮隱居下來。他在這兒蓋了住所和實驗室，並立即忙於寫作和做實驗。在這兒居住期間，美國偉大的政治家傑弗遜（Thomas Jefferson，1743-1826，1801-1809任美國第三任總統）常常光顧他家，向他請教有關自然科學的新發現。

當傑弗遜後來當上總統時，他曾對普里斯特利說：「您的生命是人類所珍視的不多的幾個生命之一。」

普里斯特利也偶爾短暫地離開諾森伯蘭鎮，參加在費城召開的全美哲學研討會。會前，他或者讀一些與會議有關的論文，或者與美國第一任總統喬治·華盛頓（GeorgeWashington，1732-1799，1789-1797任美國第一任總統）一起喝茶。

華盛頓對普里斯特利說：「您可以隨時來見我，不須拘於任何禮節。」

1798年即將降臨之際，普里斯特利的實驗室完工了。正是在這一時期，他在美國又一次完成了具有重要意義的化學實驗。他在燃燒的木炭中收集到一種氣體，現在稱它為一氧化碳（CO）。這種無色氣體的發現，對搖曳閃爍的爐火為什麼閃著藍光，首次作出了科學的解釋。現代家庭生活中，一些以氣體為燃料的灶具，其設計構思都可追溯到普里斯特利在1798年前後的

道爾頓犯下的荒唐錯誤

濛濛曉霧初開，皓皓旭日方升……

—— 但丁（Dante，1265–1321）

測定原子量，這恐怕是自古以來人類要實現的一個最勇敢的創舉。

—— 山岡望（1892–1978）

1822年，英國化學家約翰·道爾頓（John Dalton，1766–1844）被選為英國皇家學會的會員。不久，他就動身到當時世界科學中心——法國巴黎去訪問。巴黎科學界接待道爾頓的熱情程度和規格之高，簡直讓道爾頓感到受寵若驚，也讓整個英國感到意外。當他被引入法國科學院會議廳時，院長和院士們全體起立向他鞠躬致敬。如果我們知道，當年偉大的拿破崙也沒有享受過這種榮譽，我們就會充分瞭解，法國科學界給了道爾頓多麼大的榮譽。

在巴黎，無論他走到什麼地方，人們都把他看成是象徵英國的雄獅。法國最有名的科學家都以能和道爾頓交談為榮。73歲的拉普拉斯（P. S. Laplace，1749–1827）與他討論星雲假說；74歲的貝托萊與他手挽手地邊走邊談；比較解剖學的奠基人居維葉與道爾頓交談時，雙眼熠熠發光，而且他的獨生女克萊門汀小姐

一直陪伴著道爾頓的巴黎之行；正在巴黎大學任教的化學家蓋-呂薩克（J. L. Gay-Lussac，1778-1850）請道爾頓參觀了他的實驗室，還一起詳細討論了化學原子論。

道爾頓這位出身英國貧民階層的科學家，為什麼會受到法國科學界如此隆重的接待呢？原因很簡單，因為道爾頓是現代化學原子論的締造者；而化學原子論，則正如1954年諾貝爾化學獎得主鮑林（L. C. Pauling，1901-1994）所說，是「所有化學理論中最重要的理論」。

下面我們就來介紹道爾頓在建立原子論過程中的成功和失誤，歡樂和困頓。

<h2 align="center">（一）</h2>

1766年9月6日，道爾頓出生在英格蘭北部一個窮鄉僻壤伊格斯菲爾德。他的父親是一個窮苦的織布工人。那時的英格蘭正如詩人雪萊（P. B. Shelley，1792-1822）在他的詩中所說：人民，在廢耕的田野忍受饑饉……

道爾頓的母親生下的6個孩子，竟有3個因生活貧困而夭折。

儘管家中一貧如洗，但他父母仍然設法讓孩子們受到教育，這是擺脫貧困唯一的辦法。道爾頓6歲時開始在村裡教會辦的小學上學。他的老師弗萊徹很快發現，小小的道爾頓有一股強勁，不弄懂所學的內容就絕不甘休，他常常對人誇獎道爾頓說：在所有孩子中，誰也比不上道爾頓。

到11歲時，由於家庭實在無法支持他繼續讀書，他只得停學。

1778年，12歲的道爾頓由於聰慧過人，而且又讀過幾年書，因此被聘為一所小學的教師。這對於道爾頓來說真是十分理想，因為教書既可以賺一點薪水幫助困難的家庭，又可以滿足自己對自學的渴望。不過，這麼小的年齡當老師，常常會受到個頭和年齡比他大的學生的刁難。但是想不到的是這些刁難，倒使道爾頓對科學產生了強烈興趣。

　　三年以後，道爾頓的學識已大有長進，狹小的農村已滿足不了他不斷高漲的好奇心。後來由人推薦，他到肯德爾鎮一所寄宿中學當助理教師。在肯德爾的工作之餘，道爾頓發奮讀書，無論是自然科學的或者是哲學、文學的書，他都非常認真地研讀。他後來回憶說，在肯德爾12年中他所讀的書，比此後50年讀的書還要多。除了自己自學以外，他還虛心向鎮上一位盲人學者豪夫學習外語和數學。正是在豪夫的幫助下，道爾頓開始了對自然奧祕進行頑強而深入的思考。

　　1793年，27歲的道爾頓在豪大的推薦下，來到了曼徹斯特，在一所新開辦的學院裡擔任數學和物理講師。後來他還自學了化學，並講授化學課程。一個農村窮鄉僻壤出生的窮孩子，終於靠自己頑強的拼搏和虛心求教，成長為一位學者，走上了大學的講臺。

（二）

　　還在鄉村教小學時，道爾頓就在一位名叫魯濱遜的業餘自然科學愛好者的幫助下，開展氣象觀測。從那時開始他從沒有中斷過每日的氣象觀測。1844年7月26日，去世前一天晚上，他還

用他那連筆都幾乎握不住的手，記錄下一生最後一次氣象觀測記錄：「微雨」。

正是由於氣象觀測，使他去研究空氣的組成，打開了通向化學原子理論的思路。他在回憶中曾經提到自己的思考過程：由於長期做氣象記錄，思考大氣組成成分的性質，使我常常感到奇怪：為什麼在複合的大氣中，兩種或更多種彈性流體（氣體或蒸汽）的混合物，竟能在外觀上構成一種均勻的氣體，並在所有力學關係上都與簡單的大氣一樣。

道爾頓開始從事氣體和氣體混合物的研究，空氣的組成很自然成為他首先關注的對象。當時科學界一般認為，空氣由4種氣體（氧氣、氮氣、二氧化碳和水蒸氣）組成，但它們是怎樣結合在一起的呢？它們是一種化合物呢，還是像沙和泥土那樣的混合物呢？道爾頓傾向於相信空氣是幾種氣體的混合物。那麼，這種混合物是怎麼混在一起的？有哪些特殊性質？

為了弄清這個問題，他設計了一個實驗，想確定混合氣體各個組成部分的氣體壓力。結果，他發現了著名的「道爾頓分壓定律」。這個定律表明：「在一定的溫度下，混合氣體中每種組成部分的氣體所產生的壓力，同這種氣體單獨占有同一容器時所產生的壓力相同。」

有了這一新的定律，道爾頓又發現，如果把氣體看成是由一些微小粒子組成的物質，那就很容易解釋分壓定律。因為一種氣體的粒子均勻分布在另一種氣體粒子之間，這將使得這種氣體粒子表現出來的行為，如同另一種氣體粒子根本不存在於容器中一樣。道爾頓由此得出了一個結論：物質的微粒結構（即終極質點）的存在是不容置疑的。這些微粒可能太小，即使用改進了的

顯微鏡也未必能看見它。

這時，他很自然地想起了古希臘哲學家提出的原子假說，於是他選擇了「原子」（atom，意即「不可再分開的物質」）這個詞，來稱呼他心目中的微粒。道爾頓把原子同元素（element）的概念聯繫起來，認為元素是由原子構成的，有多少種元素就有多少種原子，同種元素的原子其大小和品質都相等。可見，道爾頓的原子論與古代原子論相比，有本質上的不同。古代原子論認為：所有的原子本質都相同，只不過大小、形狀不同罷了；而道爾頓的原子論則相反，認為不同元素的原子在本質上是完全不同的；其中，道爾頓特別強調原子的品質，即不同的原子其品質彼此不同。他還大膽假定，每種元素的原子品質是恆定不變的。更令人讚歎的是，道爾頓還果敢地著手進行各種原子量的測定。

這一勇敢無畏的行動，使日本化學史家山岡望先生大為讚歎：「測定原子量，這恐怕是自古以來人類要實現的一個最勇敢的創舉。」

利用道爾頓的原子論，不僅可以方便地解釋氣體分壓定律，而且還可以完滿地解釋化學反應中的物質守恆定律及組成定律。而且，更加妙不可言的是，道爾頓根據他的原子論，得出了另一個著名的定律——倍比定律。

倍比定律是說：當兩種元素化合組成幾種化合物時，則與同一重量（道爾頓時代用的是「重量」概念）A元素化合的B元素的重量互成「簡單的整數比」。例如，同一重量的碳（A元素）與氧（B元素）化合，可以生成一氧化碳（CO）和二氧化碳（CO_2）。當碳含量一定時，氧在這兩種化合物中的含量比為1：2。再例如乙烯（$CH_2＝CH_2$，油氣主要成分）和甲烷

（CH₄，沼氣主要成分）都由碳和氫兩種元素組成，當碳的含量一定的時候，乙烯和甲烷的氫含量之比也是1：2。

倍比定律的發現，可以說是道爾頓原子學說的一個偉大勝利，因為道爾頓首先從理論（或預言）出發匯出這一定律，而後才由實驗證實。這確實很了不起，因為當時化學界的潮流是忽視理論思維，片面強調「由實驗決定一切」。這種唯經驗論當時嚴重地束縛著化學家的思想。道爾頓能打破這種傳統，大膽利用和發揮理論思維的威力，可以說是一件壯舉！而且，有了倍比定律，道爾頓就可以比較順利地進行他對原子量的測定工作。當然，這兒說的原子（質）量，是指原子的「相對品質」，下面我們就不再一一指出。

1803年9月6日，道爾頓制定出了第一張原子量表。1803年10月21日，在曼徹斯特的文學和哲學學會的一次集會上，道爾頓在報告中第一次詳細地闡述了他的科學原子論，並宣讀了他的第一張原子量表。

由於道爾頓的原子理論比以前任何理論都更深入地探討了化學變化的本質，比較完滿地說明了一些化學定律的內在聯繫，因此它成為說明化學現象的統一理論，並且使化學從此真正走上了定量發展的道路，因而開闢了化學發展的新時期。不僅如此，道爾頓的原子論還為整個自然科學的發展提供了一個重要的基礎；此後，人們對物質結構的認識才有可能取得迅猛進展。英國皇家學會會長大衛當時就說過：原子論是當代最偉大的科學成就，道爾頓在這方面的功績可與克卜勒在天文學方面的功績相媲美……可以預料，我們的後代一定會肯定這一點，人們將把他作為榜樣去追求有用的知識和真正的榮譽。大衛的話，可謂真知灼見矣！

（三）

　　道爾頓的原子理論一經提出以後，並沒有立即得到科學界的一致支持。事實上，反對其理論的人還多一些，曾一度占了上風。例如上面提到的大衛就不同意道爾頓關於原子多樣性的假定，而認為不同的元素應該有一個統一、單一的基石，這才符合自然統一性觀念。大衛在逝世前不久寫的一篇文章中還說：依我看來，道爾頓先生的確更像是一位原子哲學家，為了使原子本身按照他提出的假設進行排列，他常常使自己沉迷於徒然的推測之中⋯⋯他的理論，本質上與任何關於物質或元素的根本性的觀點無關。

　　還有些化學家則說得更直接。例如法國化學家杜馬（J. B. Dumas，1800-1884）說：「如果由我做主的話，我會把原子一詞從科學中刪除。」

　　法國化學家貝托萊提出一個著名的反詰，以表達他的不信任原子論的態度，他反詰道：「誰曾見到一個氣體的原子？」

　　年輕的德國化學家凱庫勒（F. A. Kekule，1829-1896）說：「原子是否存在的問題，從化學觀點來說是沒有什麼意義的，它的討論倒像是形而上學⋯⋯」

　　這種反對道爾頓原子論的聲音，直到1860年以後才逐漸消失。道爾頓原子論在19世紀引起爭議的原因很多，本書只從科學家自身失誤進行分析。從道爾頓個人來看，我們不能不承認他的原子論本身就有許多缺陷。一個新的理論有缺陷這並不奇怪，甚至是必然的，但令人遺憾的是道爾頓本人的保守態度和故步自封，滿足於自己的實驗而不認真聽取別人的批評和建議，這不僅

嚴重阻礙了原子論的進展，也使原子論自身的缺陷在運用中造成的混亂，長期得不到解決。我們從這種失誤中，可以汲取很多的教訓。

1802年，正當道爾頓銳意建構他的原子論時，巴黎的蓋-呂薩克提出了一個假說，這個假說受到道爾頓極力反對，因為他認為蓋-呂薩克的假說違背了他的原子理論。

道爾頓萬萬沒有料到，由於他的反對，在化學界竟然引起了巨大的混亂，人們甚至因此而懷疑他的原子論到底有沒有存在的價值。由於道爾頓固執的反對，這場爭論竟延續了50年！

蓋-呂薩克是法國科學家，他的著名的「蓋-呂薩克（氣體）定理」是每個中學生都十分熟悉的。該定理指出：「在相同條件下，各種氣體在溫度升高時，都以相同的數量膨脹。」

1804年以後，蓋-呂薩克開始研究各種氣體在化學反應過程中，其體積變化的規律。早在1784年，英國科學家卡文迪什（Henry Cavendish，1731-1810）在研究氫和氧化合生成水時，就已發現氧和氫的體積比是209：423，化簡後約為100：202。這一結果有點像1：2這樣一個簡單的整數比，因此引起了蓋-呂薩克的注意。1805年，他和德國科學家亞歷山大·洪堡（F. W. H. Alexander von Humboldt，1769-1859）又重複了卡文迪什的實驗，還做了許多其他氣體反應的實驗。結果他驚異地發現，氣體在化學反應時，其體積都呈現出一種簡單的整數比關係。例如：

氧與氫化合，體積比為1：2。

氨與氯化合，體積比為1：1。

亞硫酸氣與氧化合，體積比為2：1。

氮與氫化合，體積比為1：3。

1808年，蓋-呂薩克綜合了大量實驗結果後，提出了「氣體化合體積定理」，即「所有氣體在參加化學反應時，反應前後氣體體積成簡單的比例關係。」

　　這是一個十分重要的化學定理，它不僅對道爾頓的原子理論是一個強有力的證據，而且利用這個定理可以更方便和更準確地測定原子量。蓋-呂薩克本人也由於這一卓有成效的貢獻，於1806年被推選為法蘭西科學院院士。這種氣體體積簡單的整數比關係，使蓋-呂薩克聯想起道爾頓的原子論，尤其是倍比定律。於是他認為自己的發現是對道爾頓原子論的又一支援，而且他還根據這兩個定律順理成章地提出了一個新的假說：在同溫同壓下，相同體積的不同氣體含有相同數目的原子。

　　有了這一假說，就很容易用原子論來解釋道爾頓的倍比定律和他自己發現的氣體體積定律。他自以為這一假說一定會受到道爾頓的支持，事實上也的確受到許多化學家的讚賞，例如那位曾經堅定支持道爾頓原子論的英國化學家湯瑪斯‧湯姆森（Thomas Thomson，1773-1852）就曾寫信給道爾頓說：蓋-呂薩克（氣體體積）定律與原子假說完全吻合。

　　但大大出乎蓋-呂薩克意料之外的是，第一個反對他的假說的竟然是道爾頓！道爾頓在知道了蓋-呂薩克的假說後，立即在他的《化學哲學新體系》上卷第二次付印時，加上了一個附錄表明了自己的反對意見，他在附錄中寫道：蓋-呂薩克不會沒有看到類似的假說我曾提出過，但又被我拋棄，因為它是不可靠的。但是既然他又將這個假說復活起來，我就不能不提幾點意見。……我認為，真理將表明：氣體在任何情況下都不以等體積相化合。如果它表現得似乎是這樣，那一定是由於測量不精確所

導致。

　　道爾頓不僅一口否定了蓋-呂薩克的假說，而且嚴重懷疑其氣體體積定律。但是，蓋-呂薩克的氣體體積定律是由實驗事實總結出來的，已經得到化學家的普遍承認；現在道爾頓卻連實驗事實都想推翻，這當然是蓋-呂薩克不能接受的。於是從1810年起，兩人就此展開了一場爭論。這場爭論對道爾頓的原子論的發展十分不利，不僅阻礙了原子論的進一步深化，而且加深了化學家對原子論的不信任感。原來有幾位深信原子論的科學家（包括蓋-呂薩克本人），也放棄了對原子論的支持。連最先支持道爾頓的湯瑪斯‧湯姆森都對原子論表示懷疑了。究其原因，主要是由於道爾頓用原子論來反對實驗已經承認了的氣體體積定律。

（四）

　　為什麼道爾頓要反對蓋-呂薩克的假說，甚至懷疑他的氣體體積定律呢？道爾頓並不是沒有根據的。我們下面就簡短地分析一下道爾頓反對的理由。

　　如果蓋-呂薩克的假說是對的，即「在同溫同壓下，相同體積的不同氣體含有相同數目的原子」，那麼，在

　　氧（1體積）＋氫（2體積）＝水（2體積水氣）

　　這一反應中，我們可以假定1體積只有1個原子，那麼按蓋-呂薩克的假說，則2體積有2個原子。於是，1個氧原子和2個氫原子可生成2個水氣這種「複雜原子」。這樣，1個水的「複雜原子」就必然由1個氫原子和半個氧原子所構成。半個氧原子？1個原子能夠分裂成兩半？這顯然與道爾頓的原子不能分割的定論相

違背！

事實上，造成上述「違背」原子論的化學反應，顯然不只氫加氧生成水這一個反應，只要1個體積的氣體元素能夠生成2個（或更多）體積氣體產物時，這種矛盾就肯定會一再出現。再如在下述反應中

氮（1體積）＋氫（3體積）＝氨（2體積）

1個複雜原子氨中將有半個氮原子和1.5個氫原子。

道爾頓在建立原子論的過程中，也曾提出過與蓋-呂薩克假說相同的假說，但在發現上述矛盾後，他立即放棄了這個假說。我們可以想見，當時在道爾頓面前有兩個選擇：一是否定氣體體積定律，因為氣體體積定律如果是對的，那原子論就要出大問題；二是承認氣體體積定律，並認可這一假說，這樣原子論就得進行大幅度修正。

道爾頓當時就是處於這種兩難的境地之中。按道理說，氣體體積定律是可以用實驗嚴格檢驗、證實的，而原子論只是一個理論上的假說，即使它在大方向上不容置疑，但在細節上應該是可以修正的。但道爾頓這時犯了一個重大錯誤，他毫不猶豫地做出了第一種選擇，不考慮對原子論進行某種修正，而對實驗已經證實的定律採取懷疑和否定的態度。正由於這一失誤，使原子論處於更不利的地位，加重了人們對它的懷疑，並阻礙了分子-原子論的進步長達半世紀之久！

這一失誤，原本可以避免的，但很遺憾的是沒有。

1811年，即道爾頓和蓋-呂薩克開始爭論後的一年，義大利化學家阿伏伽德羅（Ameldeo Avogadro，1776-1856）注意到他們兩人的爭論，經過一番思考，於當年提出了分子-原子假說。

按照阿伏伽德羅的假說，只要把蓋-呂薩克的假說改一個字就行了：把「原子」改成「分子」，就順順當當地解決了所有的矛盾。阿伏伽德羅明白了這一奧妙，因此他提出的假說是：在同溫同壓下，相同體積的不同氣體含有相同數目的分子。[15]

這樣就可以避免原子被分割成一半的矛盾；而「分子」是原子的複合體，當然可以分解成原子。例如：

1體積的氧氣有1個分子的氧，2體積的氫氣有2個分子的氫，反應後生成2體積的水氣，即2個分子的水。這樣，1個分子的水就含有1個分子的氫，半個分子的氧。半個分子的氧就不必擔心了，我們可以把1個分子的氧看成是2個原子構成的複合原子就行了。這樣，1個水分子中含有的是1個氧原子。

有了阿伏伽德羅假說，道爾頓的原子論幾乎可以不變，而蓋-呂薩克氣體體積定律也用不著被懷疑和否定，一切矛盾都迎刃而解！多巧妙啊！更妙的是，有了這一假說，道爾頓測定的原子量就會更加準確。例如氧的原子量，由實驗知道，1克氫和8克氧化合生成水。道爾頓根據他的原子論認為這些品質就分別是它們「1個原子」的品質。如果氫的原子量定為1，那麼氧的原子量就是8（實際上道爾頓測的是7，這是因為實驗誤差所致，我們這兒略去不講）。現在按照阿伏伽德羅的假說知道，1克和8克分別相當於2個氫原子和1個氧原子構成的品質；所以，如果仍以氫的原子量為1，則氧的原子量將為16。

大家可以看到，有了阿伏伽德羅的假說，道爾頓原子論裡

---

15 要說明的是，當時阿伏伽德羅還把分子稱為「複合原子」（integral atom），但它與今日的分子有完全相同的意義，而與道爾頓的「複雜原子」（compound atom）完全不同。

原有的謬誤，就會一個接一個地被瓦解。阿伏伽德羅假說與道爾頓原子理論前後相繼問世，真可以說是：春風忽怒起，意乃媚行者。飛花撲人來，攬之欲盈把。

然而不幸的是，由於種種原因，阿伏伽德羅的假說竟沒有被當時的科學界接受。這就使物質結構的理論，也可以認為是化學的基礎理論，停滯於不完整的時期達半個世紀！真個是：當年不肯嫁春風，無端卻被秋風誤。

造成這種不幸局面的原因很多，但道爾頓抱殘守缺，對自己的假說過於偏愛，也應該是原因之一。道爾頓總想用實驗確證自己偏愛的假說，而不能持開放的態度改進自己的假說；為了維護自己的假說，連不利於他的實驗也寧可否認，而不願審視自己的假說中的不足之處。難怪瑞典化學家貝采里烏斯（J. J. Berzelius，1779-1848）說：道爾頓犯下了任何有能力的化學家本可以避免的荒唐錯誤。

第十二講
一個偉大預言家的作繭自縛

　　永遠受到讚美並以崇敬之情來充實、豐富精神的東西，到現在為止還只有兩個：一是布滿繁星的天，二是載有道義的地。這是哲學家康德所說的。現在看來還應當再加上一條，那就是貫穿於包羅萬象物質世界中的這種統一。

　　　　　　　　——門捷列夫（Д. И. Менделев，1834-1907）

　　1869年從俄國傳來了令歐洲科學界極為驚訝的消息：俄國化學家門捷列夫宣稱，他用他制定的週期表可以預言尚未被發現的化學元素及其性質。他說：有一種元素還沒有發現，我給它取名為「類鋁」，這是因為它的性質與金屬鋁很相似。人們可以去證實它、尋找它，它一定會被找到的。

　　這個預言讓人譁然。還有更令人驚詫的呢！這位俄國預言家還預言了另兩個元素，一個他稱為「類硼」，其性質類似於硼，門捷列夫還大膽地預言了它的原子量；另一個元素的物理、化學性質他都給出了詳細的描述。人們奇怪，這個名不見經傳的門捷列夫，怎麼能夠預言這些從來沒有人看見過、也沒有人制出過的元素呢？

　　化學史上也確有人預言過新的元素，如洛克耶（Sir J. N. Lockyer，1836-1920）和弗朗克蘭（Edward Frankland，1825-

1899），曾預言「氦」（Helium，即太陽之意）元素的存在。但他們是透過實驗的結果做出預言的，而門捷列夫則像巫師對著神燈默默念著咒語那樣，完全靠自己的大腦做出這些預言的！

門捷列夫可真是一位不可思議的人物啊！

（一）

門捷列夫出身於一個勇敢的拓荒者家庭。在他出生前一百多年，俄國偉大的君主彼得大帝（1672–1725）就決心使俄國強盛起來。他在西部的一塊沼澤地上，建立了一個現代化大城市，即今日的聖彼德堡，作為通往西方國家的窗口。除了向西歐學習以外，彼得大帝還努力將俄國文化向它的東部傳播。到了1787年，門捷列夫的祖父在西伯利亞的圖波爾斯克創辦了第一家報社。

1834年2月7日，門捷列夫誕生了，他是家中14個小孩中最小的。他的父親畢業於聖彼德堡大學師範學院，因具有自由思想和同情十二月革命黨人，因此被貶回西伯利亞，在圖波爾斯克一所中學當校長。門捷列夫出生後不久，父親不幸因眼疾而雙目失明，不得不辭去校長的職務。一個原本十分幸福的家庭遭到了第一次嚴重的打擊。

父親微薄的退休金無法養活這個大家庭，於是母親瑪麗婭·柯尼洛夫只好帶著全家遷到她的娘家所住的小鎮，接手經營一座她的祖輩遺留下來的破落的玻璃廠。這是西伯利亞第一家玻璃廠。靠著母親的堅韌和勤勞，玻璃廠經營得還十分順利。

當時，西伯利亞的一些城鎮，多是政治犯的流放地。門捷列夫的姐姐與一個十二月革命黨青年相戀，門捷列夫正是從這位未

來的姐夫那兒，學到了最初的基礎科學知識，培養出對自然科學的興趣。

1849年，門捷列夫高中畢業，更大的不幸向他們家庭襲來：一是他父親因傳染病去世，二是他母親的玻璃廠被一場大火燒毀了。生活的艱難考驗著他們一家，尤其是年歲已老的母親！

由於門捷列夫從小聰明過人，所以母親決心要讓他受到完整、良好的教育。她常常對孩子們說：只為了擔心自己的身體而白活一輩子，那真是毫無意義；一天裡哪怕有一點點自由支配的時間用在學習上，那就是十分幸福的。現在玻璃廠毀了，丈夫也去世了，門捷列夫的母親決心拋棄不值幾文錢的房子，領著門捷列夫和一個比他稍大的姐姐，毅然到遙遠的莫斯科，期望最小的兒子能在那裡上大學。

在冰天雪地裡經過極艱難的長途跋涉，他們終於來到莫斯科。但由於成績不夠理想，門捷列夫沒有考上大學。望著極度失望的母親，門捷列夫追悔莫及，這是對他在中學不努力學習的懲罰。他此後從沒有忘記母親失望的眼神，每當他稍有懈怠，這眼神就向他逼來，使他奮起。

堅強的母親沒有放棄希望，她又帶領孩子再次長途跋涉來到聖彼德堡。她決心已定：聖彼德堡不行，就去柏林，再不行，去巴黎。不管天涯海角，一定要讓小兒子上大學！

幸運的是，在聖彼德堡大學師範學院遇見了門捷列夫父親的好友，他現在是院長。在他的幫助之下，門捷列夫以官費生的待遇進了該院理學部。堅強、溫柔的母親寬慰地笑了：她完成了夙願。遺憾的是，1850年9月，門捷列夫成了大學生，他敬愛的母親卻撒手西歸！他幾乎失去活下去的勇氣。但一想到母親在莫

斯科那失望的眼神，他又重新振奮起來，決心以最優秀的成績回報母親！1887年他在一篇紀念母親的短文中寫道：我的這項研究是為了懷念母親和獻給母親而作的。我的母親作為一位婦女來經營工廠，用她的汗水撫育幼子，以身示範薰陶我，以真誠之愛鼓勵我。為了能讓兒子獻身於科學事業，從遙遠的西伯利亞長途跋涉來到這裡，耗盡了她的全部物力和精力。臨終之前還告誡我：「不要依靠幻想，不能依靠空談，應該依靠實際行動，應該追求自然之神的智慧、真理的智慧，並要經久不倦地追求它。」……母親的這些遺訓將永志不忘，銘刻在心。

1855年，門捷列夫以全班第5名的成績大學畢業。由於在大學學習期間用力過度，加之喪母之痛不時襲上心頭，所以在畢業時身體十分糟糕，不時咳血。醫生建議他畢業後到氣候溫暖的地方工作。這樣，門捷列夫就選擇到俄國南方的克里米亞一所中學任教。

（二）

1856年，門捷列夫又回到聖彼德堡，成為聖彼德堡大學的編外講師；不久又被聘為副教授。這樣，在1857年年初，他就正式登上了聖彼德堡大學的講臺。1859年到1862年門捷列夫獲准留學法國和德國。在留學期間他有幸參加了1860年在德國西南部城市卡爾斯魯厄（Karlsruhe）召開的第一次國際化學會議。

這次會議是由德國著名化學家凱庫勒建議召開的。當時化學界正處於一片混亂之中，分子論尚未建立，化合物的原子構造式五花八門，嚴重阻礙了國際化學界的交流和推進。HO既可以

代表水，又可以代表過氧化氫；CH_2可以代表甲烷，又可以代表乙烯；連一個簡單的有機物醋酸CH_3COOH竟有19種不同的化學式！凱庫勒和化學界普遍希望能在這次國際化學會議上解決這種混亂局面。

會議上爭論十分激烈，幾乎無法統一，來自世界各地的化學家各執一說，相互不肯讓步。幸虧到快散會時，一位不太出名的義大利化學家康尼查羅（Stanislao Cannizzaro，1826-1910）向與會者指出：只要我們把分子和原子區別開來，那麼，阿伏伽德羅的分子論就和已知事實毫無矛盾。

由於康尼查羅的熱情和有力的宣傳，新時代的化學終於有了堅實的基礎，澄清了錯誤，統一了意見。這次大會除了取得了以上重大成就以外，它還促使一位名不見經傳的新手為化學的發展做出了卓越貢獻。這位新手就是當時正在德國留學的門捷列夫。門捷列夫後來說過：週期律的思想出現的決定時刻在1860年，那年我參加了卡爾斯魯厄會議。在會上我聆聽了義大利化學家康尼查羅的演講，他強調的原子量給我很大的啟示。當時，一種元素的性質隨原子量遞增而呈現週期性變化的基本思想，衝擊了我。

我們似乎可以說，正是出席了這次會議，門捷列夫才有了明確的研究方向和奮鬥目標，才正式走進了神祕的科學殿堂。

1862年，門捷列夫回到了聖彼德堡大學，在教學之餘，他也從事科學著述。在60天時間裡，他編寫出500頁的有機化學教科書，為此他獲得托米多夫獎金。1863年，他當選為理工學院的教授，完成題為「論酒精與水的化合作用」的博士論文。聖彼德堡大學這時發現，門捷列夫不僅是一位多才多藝的天才教師，而且還是一位化學哲學家和技術精湛的實驗專家，於是聖彼德堡大學

在1866年聘他為該大學化學系教授，1867年又提升為化學教研室主任。

接著，劃時代的1869年來到了。門捷列夫在此之前，盡力從各種可能的管道收集有關元素的資料，並利用這些資料，用表格形式反復排列這些元素，希望揭開其中隱藏的規律。有時，他不得不花很多時間來查找遺漏的資料，以完善他的表格。

門捷列夫把已搜集到的63種元素的全部資料，包括已經知道但還沒有分離出來的氟，進行了仔細分析後，把它們按元素的原子量從1（氫）到238（鈾）排列起來。它們的性質各不相同，有些是氣體、液體，有些是固體；有的是金屬，有的是非金屬；金屬中有的很硬，有的又很軟；有的金屬很重，例如鋨比水重22.5倍，有的又很輕，例如鋰可以浮在水面；金屬在一般情形下大都是固體，但汞卻是液體……這真是一個五光十色、變化萬千的迷宮啊！多少優秀化學家進入了這座迷宮後，都被弄得暈頭轉向，望洋興嘆。

現在門捷列夫也走到了這座迷宮前面，他也思考著幾乎是同樣的問題；在這幾十種元素中，能夠找到某種秩序、某種規律嗎？門捷列夫是一位科學家，也是一位哲學家，他不相信這些元素真會雜亂無章，毫無秩序，他堅信其中必然存在某種內在的規律。

也許，按原子量的大小把元素排列起來，會有什麼規律呈現出來？門捷列夫知道，在3年前，英國化學家紐蘭茲（ J. A. Reina Newlands，1837-1898）曾在英國皇家學會上宣讀過關於元素按原子量大小排列的論文。紐蘭茲把元素的排列與鋼琴上的八音鍵相比較，結果他發現：按排列順序往下數，每第八個元素的性質

與第一個元素的性質十分近似，這使他大為吃驚。因此，他把他製作的元素排列表稱為「八音律」。

　　英國化學家們聽了紐蘭茲的論文後，許多人都嘲笑他。著名化學家福斯特（Sir M. Foster，1836-1907）教授毫不留情面地質問紐蘭茲：「您為什麼不按元素的第一個字母的排列順序去研究元素呢？真是異想天開，竟然想到將化學元素與鋼琴的鍵相比較！」

　　人們也都覺得紐蘭茲的「八音律」純屬無稽之談。經過這次打擊，紐蘭茲放棄了化學研究，轉而從事製糖工業。他的「八音律」也逐漸被人們遺忘。

　　機敏的門捷列夫沒有陷入同樣的泥坑。他用63張卡片寫下所有已知元素的名稱和最重要的性質，把它們釘在實驗室的牆上。然後，他小心地反復核對這些卡片，找出性質類似的元素，再把它們歸到一排釘到牆上……久而久之，一種隱藏的規律逐漸清晰地呈現在眼前。

　　門捷列夫把63種元素排成7組。他用鋰（原子量為7）開頭，接著是鈹（9）、硼（11）、碳（12）、氮（14）、氧（16）和氟（19）；下一組開頭是鈉（23），這個元素的物理和化學性質都非常接近於鋰，所以他把鈉排在鋰下面。接著他又依序排下了5個元素，在這一組最後排下的是氯，在氟的下面，而氯的性質又正好與氟很相似。按照類似的方法，他把其他元素一一排列下去時，他注意到有一種奇妙的秩序出現了：每個元素在這張表上似乎都有它們自己「恰當」的位置。例如：非常活潑金屬鋰、鈉、鉀、銣、銫都歸到了一個組裡；而極其活潑的非金屬氟、氯、溴、碘又都出現在第七組裡。看來，元素的性質「是它們原

子量的週期性函數」，即：按原子量大小順序排列已知道的元素，元素的化學性質呈週期性變化，每7個元素重複一次。

啊，這是一個多麼美妙而又簡單的規律啊！

（三）

1869年3月6日，在聖彼德堡大學召開的俄國化學會議上，門捷列夫宣讀了題為「元素屬性和原子量之間的關係」的論文，闡述了他劃時代的元素週期律。俄國和全世界科學界瞬間沸騰了起來。

一個好的（或能夠被人承認的）理論，除了它能概括、統一許多在此之前看來雜亂無章的現象之外，它還應該預言許多新的現象。一旦這些預言得以證實，這個新的理論就會被人們承認是一個成功的理論。紐蘭茲的「八音律」之所以迅速被人拋棄，並不是因為它完全不合理，而是它沒有做出任何預言。而門捷列夫卻根據他的週期律做出了令人歎絕的預言。

當門捷列夫按元素原子量大小順序排列63種元素時，他發現一個令他憂心忡忡的問題。按原子量，元素碘（當時測出的原子量為127）應該放在元素碲（128）之前，但按照元素性質的週期變化，碘卻應該放到碲的後面。為什麼顛倒了呢？難道元素週期律純屬子虛烏有？難道他的發現又是竹籃打水一場空？

門捷列夫思考再三，確信他發現的週期律不會錯。於是，他大膽預言碲的原子量被它的發現者弄錯了，碲的原子量絕不可能是128，應該是在123～126之間。這一預言一經公布，立即遭到許多著名化學家的嘲笑和反對，但門捷列夫沒有膽怯，更沒有退

縮，他還是果斷地把碲放到碘之前，雖然他暫時只能用錯誤的碲原子量。數年以後，他的預言被證實了，碲的原子量的確小於碘的。這真可以說是化學元素發現史上最富有戲劇性的事件。

還有一個相似的例子。當時公認金的原子量是196.2，鉑的原子量是196.7，但按元素性質的週期律，鉑應在金的前面。那些不相信元素週期律的人，又開始嘲笑起門捷列夫的發現了。但門捷列夫再次斷定，問題絕不出在他的週期律上，而是金或鉑的原子量測得不精確。他勸嘲笑者們不要急於做傻事，事實將會證明他是正確的。結果，還是門捷列夫對了！人們開始認為，這個俄國人的週期律，幾乎是不可思議的準確。

另外還有一類預言，不僅令人嘆服門捷列夫週期律的正確，而且讓人驚訝人的理論思維巨大的威力！當時化學家們（包括門捷列夫本人）只知道63種元素。因此在排列元素時，肯定會碰到「空位」，即在元素週期表上有些未知元素的位置暫時空缺。現在我們當然可以輕鬆地說：「啊，他碰上了空位呀！」

可是當時這些「空位」幾乎可置門捷列夫的週期律於死地！如果不假定週期表上有些暫時空缺的位置，死板地把63種元素一個接一個地排下去，那就根本顯示不出什麼「週期」的規律了，偉大的「和諧」也根本不存在，一切又將顯得毫無秩序。門捷列夫預見到了這一巨大的危險，預言週期表上一定有空位。

例如，在第三組的鈣和鈦之間，門捷列夫預言有一個空位。他說：「這裡應該有一個缺位元素，在以後發現它時，它的原子量比鈦小，排在鈦之前。」

因為空位出現在硼的下面，所以這個暫時沒有被發現的元素，其性質一定類似於硼；門捷列夫據此把預言中的元素取名為

「類硼」。與此類似，門捷列夫還預言了「類鋁」和「類矽」。他一共預言了3個尚未發現的元素，留給他同時代的化學家去尋找、去證實。

門捷列夫在宣讀他的週期律時，沒有忘記前人的功勞，他特別強調：我綜合了1860年到1870年期間許多同時代化學家所得到的知識，這個規律正是這種綜合的直接結果。

說得很對。事實上，法國的贊科托伊斯，德國的斯特瑞切爾，英國的紐蘭茲，還有美國的庫克，都曾注意到元素有某種規律的類似性。更令人注意的是，德國化學家邁耶（J. L. Meyer，1830-1895），他幾乎與門捷列夫同時得到週期律。這說明發現這個偉大定律的時機已經成熟了：發現了足夠多的元素，原子量的精確的測定，原子性質的深入研究……正是有了這些研究成果，才有可能使得元素性質週期規律顯示出來。如果門捷列夫早出生一代，儘管他異常聰慧，也是不可能發現週期律的；如果他遲出生十年，那麼發現這個規律的榮譽恐怕就歸邁耶了。

1875年，元素週期律發現後的第六年，法國化學家布瓦博多朗（P.L. de Boishaudran，1838-1912）在分析庇里牛斯山的閃鋅礦時，發現了「類鋁」（學名為鎵）。更有意思的是，當門捷列夫看了布瓦博多朗的文章以後，立即寫信告訴他，指出他的測定一定有誤。根據門捷列夫的推算，鎵的密度應該在5.9～6.0之間，而不會是布瓦博多朗測定的4.7。布瓦博多朗大為驚奇，因為他知道自己是唯一擁有鎵的人，但門捷列夫卻似乎比他更清楚鎵的性質。開始布瓦博多朗不相信門捷列夫的指正，但在重新提純了鎵之後，測得它的密度果然如門捷列夫所預料的那樣，是5.94。他感慨萬分地說：「我認為沒必要再來說明門捷列夫這一

理論的巨大意義了。」

但是，仍然有許多人不相信門捷列夫的預言，他們爭辯說：「這純粹是學識淺薄的人的一種異想天開式的幻想，只有笨蛋才相信人們竟然能夠如此精確地預言一種新元素！」

懷疑者還不厭其煩地引用「近代化學之父」拉瓦錫說過的話，來證明自己的懷疑和反對是有道理的，因為拉瓦錫曾說過：「對元素的性質和數目的認識，我們只能被限制在形而上學的範圍內，而它能給我們提供的只是一些不確定的問題。」

但是，到1886年又爆出了新消息：德國的溫克勒（Clemens Winkler，1838-1904）發現了一種新元素，它與門捷列夫預言的「類矽」相吻合。尋找一種新元素一直是化學家最熱衷的研究課題。但是如何尋找新元素呢？以前由於沒有正確的科學理論指導，因而在尋找時帶有極大的盲目性，許許多多科學家耗費畢生精力卻一無所獲。溫克勒這次卻十分幸運，因為他知道並相信門捷列夫的週期律。門捷列夫預言，有一個空位元素「類矽」，它的原子量大約是72，密度為5.5，它可以與酸作用……溫克勒正是沿著這條線索開始尋找「類矽」。他從銀礦中分離出一種原子量為72.2、密度為5.5的銀白色物質，它在空氣中加熱後形成的氧化物與預計的一樣；它的沸點也正好與門捷列夫預言的一致。毫無疑問，門捷列夫的第二個預言又實現了。

兩年後，瑞典化學家尼爾遜（Lars Nilson，1840-1899）分離出了門捷列夫預言的「類硼」。

美國科學家博爾頓讚歎說：元素週期律使化學有了預見功能，而以前人們一直認為只有天文學才有這種特殊的榮譽！

博爾頓道出了人們心中對門捷列夫週期律的讚美之情。

（四）

　　愛因斯坦曾經說過：「如果科學史只寫某某人取得成功，這不公平。」如果對一個人只歌功頌德，而不願觸及他的錯誤和失敗，這的確「不公平」，而且也無益於讀者。

　　正當門捷列夫經受了種種考驗後，他的科學思想的局限性，又使他犯下了種種錯誤，甚至在某種程度上還成為科學進步的障礙。這段歷史想必對讀者也會大有教益。

　　門捷列夫根據歸納法和大膽的想像，總結出優美和諧的元素週期律，這的確賦予了化學嶄新的面貌，成為化學史上繼道爾頓原子論之後又一個光輝的里程碑。但門捷列夫並不清楚，為什麼元素的性質會隨原子量的遞增而呈現週期性變化。歸納法不可能告訴他更深層的本質原因。在這種情形下，門捷列夫過分看重和強調原子量變化對元素性質的影響，而且錯誤地把原子量的變化視為元素週期律的不可動搖的、唯一的基礎。前面提到的幾次輝煌勝利，更使門捷列夫的思想凝固在這個地方了。於是，錯誤發生了。

　　我們在現代的元素週期表上可以看出，氬的原子量為39.948，而在它後面的鉀的原子量是39.098；鈷為58.9332，而它後面的鎳是58.6934；碲是127.60，它後面的碘是126.9045。為什麼這三對元素在週期表中的排列不按原子量遞增的順序？這個問題難不住現在的高中學生，因為元素的性質是由核電荷數或核外電子數來決定的。但當時門捷列夫和他同時代的化學家們還不知道原子有結構，他們信仰的是原子是不可分的。所以在遇到上述違犯週期律的三對元素以後，門捷列夫立即以不容置疑的信心

說：「氫和鉀，鈷和鎳，碲和碘這三對元素的原子量測定有錯誤。」

事實上，門捷列夫直到去世前，一直認為這三對元素的原子量測量有誤。在後來稀土元素再次出現類似情形時，他仍然不惜改變一些元素的原子量以滿足他的元素週期律。

元素週期律是偉大的，這是人們公認的事實，但如果因此就認為元素週期表是盡善盡美，老虎的屁股摸不得，那恐怕就過分了。事實上門捷列夫就因此犯下了另一個錯誤。那是1894年，英國科學家拉姆齊（Sir William Ramsay，1852-1916，1904年獲得諾貝爾化學獎）和瑞利（Lord Rayleigh，1842-1919，1904年獲得諾貝爾物理學獎）發現了惰性氣體氬。氬的發現似乎對門捷列夫的元素週期表構成了威脅，因為週期表上沒有給這種元素留下空位，如果硬塞進去，又會引起巨大的混亂。所以氬的發現引起了化學界巨大的反響，似乎覺得已經建立起的化學宮殿可能將倒塌、毀滅。但拉姆齊卻看出，這正是擴建宮殿的大好時機。1894年5月24日，拉姆齊給瑞利的信中寫道：您可曾想到，在週期表第一行最末的地方，還有空位留給氣體元素這一事實嗎？

這年8月，英國科學協會在牛津開會，拉姆齊和瑞利向科學界宣布了第一種惰性氣體的發現；會議主席馬丹（H. G. Madan）建議，把這第一個惰性氣體取名為Argon（氬），意即「懶惰」。

世界科學界知道了瑞利和拉姆齊的重大發現之後，都十分驚訝。門捷列夫這時也似乎不夠冷靜，唯恐新發現會破壞了他的週期律，因而在1895年俄國化學會議上宣稱：氬的原子量是40，這顯然不適合週期律，因為後面的鉀是39，氬只能排在鉀後；但這

樣排列又造成週期表更大的混亂。據此，門捷列夫說氬不是一種新元素，而是「密集的氮」N_3。但後來光譜實驗證實氬的的確確是一種新的元素。拉姆齊和瑞利將氬列入「零族」。此後，零族元素氦、氖、氪、氙和氡先後被發現，週期律不但沒有被破壞，反而更加完善和美妙。可惜門捷列夫由於嚴重的作繭自縛的心理，阻塞了自己的思路，喪失了繼續探索的勇氣，在惰性氣體的發現歷程中，不但沒有促進作用，反而阻礙了它的前進。

除了上述心理上的盲點以外，門捷列夫科學思想上的局限性也曾阻礙他接受新發現。他的週期律是對道爾頓原子論的一個絕佳的證實，這是明顯的事實。門捷列夫本人也的確是一位原子論的捍衛者，但他也同時接受了「原子是不可分」的這樣一個頗有局限性的科學思想，並把它奉為圭臬和不能改變的金科玉律。因此，當湯姆森聲稱他發現了比原子更小的粒子——電子的時候，門捷列夫立即表示反對。他說：承認原子可以分解成電子，只會使事情複雜化，絲毫也不能把事情變得更清楚……元素不能轉化的觀念特別重要，它是整個世界觀的基礎。

門捷列夫不僅自己不相信原子還有結構，而且還極力鼓勵他的學生反對電子理論。

當年湯姆森在公布電子的發現時，曾說：「有不少人認為，我聲稱發現了電子，純粹是在唬人。」

看來，門捷列夫正是這「不少人」中的一個，而且恐怕是其中很重要的「一個」！

第十三講

大衛為什麼與法拉第反目

切莫忌恨別人的偉大。不然你會因為妒忌而使自己劣上加劣，與別人的差距越拉越大。

——赫伯特（Herbert G. Wells，1888-1946）

情操要高尚！成為我們真正榮譽的，是我們自己的心，而不是他人的議論。

——席勒（J. C. F. Von Schiller，1759-1805）

有一位化學家曾經說過：大衛是英國值得驕傲的化學家，是科學家中最受人尊敬的一位科學家。大衛之所以能夠取得這樣崇高的威望和榮譽不是偶然的。他作為化學家貢獻卓著，在普及化學思想方面尤令人感激。

除了這些貢獻令人讚歎以外，大衛更令人尊敬的是他全心全意為社會和人類造福的精神。安全燈的發明有一段佳話，在科學史中久傳不衰。

那是1815年的事。當時英國的紐卡斯爾和卡爾迪弗煤礦接連發生了幾起可怕的礦井爆炸，造成數千名礦工慘死的悲劇。英國舉國致哀。大衛聞訊後，決定為礦井試製安全燈。經過一番緊張的努力，大衛製出至今仍在礦井中使用的「安全燈」（又稱「大

衛燈」）。這項發明大大減少了煤礦作業的危險。顯然，大衛如果就這項發明申請專利，他將獲得巨額的收入，事實上他的不少朋友都勸他趕快申請專利。大衛不為所動，並說了一段讓人們永遠不會忘卻的話：申請專利的確能為我帶來巨大的收益，那樣一來，我一定能夠成為一個乘坐四匹馬的馬車在大街上兜風的人物。但是人們會諷刺我說，大衛坐上四匹馬的馬車抖威風了！這像什麼話？我怎麼能要專利？那項發明實在並不困難，就作為我贈送給我的同胞們的一件禮物吧！

誰聽了這段話，都會感到由衷的敬佩。

但是，同一個大衛卻在名聲顯赫之後，做了幾樁讓人唏噓不已的事。

（一）

大衛的青年時期，可以說是有志青年的楷模，可以從他的奮鬥史中學習到許多。他1778年12月17日生於英國昆沃爾的彭贊斯。在他出生前僅11天，法國的上維埃納省的聖萊昂納德，也誕生了一位日後成為偉大化學家的蓋-呂薩克；而在他出生後8個月，瑞典又誕生了一位貝采里烏斯，他後來成了瑞典最偉大的化學家，現在化學裡使用的元素拉丁名稱，就是他創立的。在前後約8個月的時間裡，世界上接連誕生三位一流的化學家，真可說是人類的幸運。

大衛的父親是一位從事木器雕刻的手藝人，靠這種手藝為生是十分艱難的。後來，他父親繼承了一處農莊，於是他們家搬到了農村。在農村生活似乎要容易一點。俗話說：「一根青草一滴

露水。」生下的孩子總會想辦法養活的。如果只圖有一口吃的，日子總能過得去。但是，出現了計畫之外的問題：大衛十分聰明，不讓他讀書太可惜。

有一次大衛的老師施密特專程找到大衛的父親，說：「您的兒子很有才幹，瞧，他才11歲，就能像演員一樣朗誦任何作家的作品。不可思議！」

父親本不想讓大兒子大衛讀書，只想讓他再長大一點幫他在農田裡幹活。他也本不應該接老師的話說什麼，免得脫不了手；但老師誇兒子聰明這讓他大為高興，於是洋洋得意地說：「是嗎？我告訴您，他在5歲時就能流利地朗讀啦！這小崽子真讓人吃驚呢！」

「大衛先生，您能知道這一點太好啦。我想，您應該把您的大兒子送到彭贊斯去讀書，因為我們這兒已經滿足不了他的求知欲了。」

父親已經誇了兒子，不好拒絕老師的建議，於是大衛真的到彭贊斯去讀書了。當然，這和媽媽的堅持有很大關係。但不幸降臨到了他的家：父親在大衛16歲時突然去世了，而且留下了130磅的債務。媽媽要養活更小的4個孩子，這實在是太困難了，因此實在無法供大衛繼續讀書。媽媽當機立斷，賣掉農莊，把家搬到彭贊斯來，與人合開了一個製作女帽的小作坊。這樣雖然可以勉強養活5口人，但大衛得找工作幫助媽媽。經人介紹，他到一間藥房裡工作。這份工作很讓大衛高興，因為在藥房可以學到許多科學知識。

幸運的是，這時一位叫格里高里·瓦特的大學生因躲避戰亂，來到彭贊斯。格里高里是發明蒸汽機的著名工程師瓦特

（James Watt，1736-1819）的兒子。他認識了年輕的大衛後，常常幫助大衛學習，激發了大衛對科學的極大興趣。從此，大衛成了圖書館的常客，他讀了拉瓦錫的著作，又嘗試著做了許多化學實驗。附近的居民都知道藥房裡有一個奇怪的年輕人，常常弄出爆炸聲和一些奇異的氣味。夜晚別人都進入夢鄉時，大衛還在努力閱讀、寫作。他不同意拉瓦錫的觀點，寫了一篇批評的文章，並把論文寄給在布里斯托爾的英國物理學家貝多斯（T. Beddoes，1760-1808）。貝多斯讀了大衛的文章後十分高興，因為他在籌備成立氣體研究所，正缺少一個化學家。他覺得大衛正合適，於是親自到彭贊斯找大衛，請大衛到布里斯托爾就任氣體研究所主任。

20歲的大衛十分珍視這次機會，欣然答應了貝多斯的盛情邀請。大衛果然沒有辜負貝多斯的期望，上任不久就發現一氧化二氮（N_2O）不僅對人無害，而且可以用作麻醉劑。一氧化二氮又稱為「笑氣」，因為聞了這種氣體之後，人會感到通體舒泰而禁不住欣然發笑。

發現「笑氣」之後，大衛的名聲開始傳到倫敦。1801年，在倫福德伯爵（Count Rumford，1753-1814）的推薦下，大衛到倫敦皇家科學院擔任助理講師，任務是向大眾傳播科普知識，同時還要做一些科學研究。開始時倫福德伯爵對大衛的能力還持懷疑態度，但他很快知道大衛是一位不可多得的人才。大衛不僅有研究的才能，而且非常善於作科學演講。他演講了幾次之後，名聲大振，成了倫敦風靡一時的人物。每次只要他演講，現場就爆滿，連一些對化學一無所知的時尚女郎，也趕來一睹大衛的風采。英國著名詩人柯勒律治（S. T. Coleridge，1772-1834）也稱

讚說：大衛的語言永遠鮮明而新穎，我去聽這位科學家講課，目的不僅在於擴大自己的科學知識，而且要豐富作為一個詩人所必需的詞彙。

1802年，大衛晉升為教授。1803年，不到25歲的大衛被選為皇家學會會員。一顆科學明星正冉冉升起在英倫之島的上空……五年之後，他果斷地開展電化學研究，利用伏打電池，他成功地用電解法分離出金屬鉀、鈉、鈣、鍶、鋇、鎂。大衛成為世界一流的化學家了。他的知名度由下面兩件事就可見一斑。

一是他有一次病了，那大約是1807年年底的事。這事轟動倫敦，前往他住處探視的人多得無法走動，後來不得不在皇家科學院大門口公布「大衛教授病情公報」，就像國家君王病重時一樣。

另一件事是由於他在電學上的貢獻，使當時正在與英國作戰的法國皇帝拿破崙都十分欽佩，竟下令授予「敵國」科學家大衛獎章和獎金。

正在大衛功成名就之時，法拉第（Michael Faraday，1791-1867）走進了他的生活。法拉第的出身比他更加苦寒，而且幾乎沒有接受過什麼正規教育，但法拉第卻以令大衛十分感動的頑強精神和對科學的極度熱愛，向科學聖殿挺進。大衛一定是從法拉第身上看到了自己過去的身影，他慷慨地接納了法拉第，讓法拉第成為自己的實驗助手，幫助法拉第攀登科學高峰。

法拉第靠著自己的勤奮和意志，當然也幸虧大衛的幫助、鼓勵，逐漸取得了一個又一個成就。按道理說，大衛有「青出於藍而勝於藍」的好學生，他該感到驕傲，感到高興，但是，一場不該發生的悲劇卻發生了……

（二）

1820年丹麥物理學家奧斯特（H. C. Oersted，1777-1851）發現了電流的磁效應以後，很多物理學家立即以高度的熱情湧入了這個新領域。其中法國物理學家安培（A.-M. Ampère，1775-1836）迅即擴大和加深了這方面的研究，在短短幾個月內，使法國落後了的電學研究，又一度領先。當法國迅速在電學研究中行動時，英國幾位著名的電學專家，如大衛，卻遲遲沒有行動。直到在奧斯特發現電流磁效應大半年之後，英國才開始對電磁現象展開實質性的研究。

1821年4月，英國著名物理學家、化學家沃拉斯頓（W. H. Wollaston，1766-1828）深入思考了奧斯特的電流效應之後，產生了一個非常可貴而又大膽的想法。他認為，既然在通電導線四周，可以使磁鍼轉動，那麼反過來，一根通電導線，如果讓它處於上下金屬槽中間，那麼，當一塊大磁鐵接近這根通電導線時，導線應該會繞自身軸線轉動。通電導線可以讓磁鍼動，反過來，磁鐵當然也應該可以讓通電導線運動，這是多麼合情合理的推斷！

沃拉斯頓越想越高興，他立即去大衛的實驗室把這一想法告訴了大衛，請他幫助完成這個實驗。在大衛的幫助下，他們試驗了好幾次，但導線就是不轉！他們只好暫時作罷，把儀器收拾好，然後坐下來開始討論不轉的原因。

正在他們討論的時候，法拉第進來了。他仔細聽了這兩位科學大師的討論。法拉第本來就對電學非常感興趣，但自從到皇家科學院當了大衛的助手之後，他整天忙於化學實驗，反倒沒時間

顧及電學研究。現在一聽到大師們的討論，他那深藏於內心的興趣，突然爆發了，他決心要把沃拉斯頓失敗的原因搞清楚。

法拉第也是從沃拉斯頓提出的作用和反作用關係出發進行考慮的，但他卻另闢蹊徑。他想，既然許多磁鍼在通電導線四周形成一個圓圈，就說明磁鍼力圖繞導線「轉」；那麼，由作用和反作用，那導線也應該想法子繞磁鐵轉。這就與沃拉斯頓的設計完全不同，沃拉斯頓的設計是通電導線繞自己的軸轉，而法拉第則是通電導線繞磁鐵的極轉。這是一個重要的、具有突破性的想法。

在這種思想指導下，法拉第設計了一種實驗裝置：在盆裡放進水銀，一根磁鐵立在當中，它的一個磁極露在水銀的外面；另將一軟木塞上插一根導線浮在水銀上，導線的另一端經過電池、開關後插入水銀中。法拉第將實驗裝置安好以後，於1821年9月3日開始了實驗。當他將開關K合上時，導線通了電，這時軟木塞晃了一下，然後像一隻小帆船，繞著磁鐵慢慢轉動了起來！法拉第猶如當年阿基米德在澡盆裡發現稱量金質皇冠的方法時高呼「知道了！知道了！」一樣，也高呼起來：「它轉了！它轉了！」

人類的第一個電動機就這樣誕生了！法拉第高興的心情，想必每個人都可以體會到。當天，他在實驗日記裡寫道：結果十分令人滿意，但是還需要做出更靈敏的儀器。

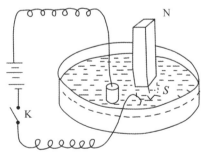

法拉第的通電線繞磁鐵轉動示意圖

法拉第急忙將自己的發現寫成報告，寄給了《科學季刊》，然後與妻子一同去度假。度假期間，法拉第與妻子一起慶賀了自己30歲生日。

結束度假已是10月，他們回到倫敦。法拉第預感到這是一個劃時代的發現。他滿以為當他回到倫敦時，人們會給予他稱讚。但出乎意料的是，倫敦卻用嘲諷和鄙視迎接了他。開始，法拉第是丈二金剛摸不著頭腦。過了幾天才弄清楚，原來是他的恩師大衛散布了謠言，說法拉第剽竊了沃拉斯頓的思想。

這一下，法拉第更是莫名其妙：大衛不是將自己從一個訂書匠提拔為在皇家科學院工作的化學家嗎？自己不是一直對大衛報以極大的尊敬嗎？大衛不是一向很重視自己、提拔自己的嗎？⋯⋯這是怎麼回事呢？

應該說，大衛是很清楚法拉第的設計無論在技巧或理論解釋上，都與沃拉斯頓迥然不同的。那麼，為什麼他不為法拉第的成就感到高興呢？原來，這是一種嫉妒和虛榮心在作怪。當大衛聽到歐洲各國都在讚譽法拉第的發現時，他妒火中燒，散布了種種不實之詞，說沃拉斯頓功虧一簣，而法拉第卻連招呼都不打一聲，就把別人的成果竊為己有，等等。

當然，法拉第也有失檢點之處，他在論文中應該提到沃拉斯頓的工作，但由於並非故意的疏忽，他沒有做到這一點，但這無論如何也談不上剽竊啊！法拉第開始還以為是誤會，並寫信向沃拉斯頓解釋。沃拉斯頓為人溫和，通情達理，收到法拉第的信後，他勸法拉第不必為此傷腦筋，並建議一起談談。他們交談之後，沃拉斯頓也認為法拉第的設計，根本談不上什麼剽竊，而且自此之後，他非常器重法拉第。這時，法拉第才逐漸明白，是恩

師大衛在暗中算計他。

後來，人們也明白了這其中的真相。

但是，正如一位文學家所說：嫉妒和虛榮心是一種可怕的、幾乎無法治癒的慢性疾病，最後會置人於死地。大衛見法拉第不但沒有受到損害，反而聲譽更高，於是妒火中燒，恣行無忌。他不僅又將法拉第發現「液化氯氣」的功勞據為己有，連沃拉斯頓等29位皇家學會會員聯合提名法拉第為皇家學會會員候選人，他也堅決反對！

這是多麼令人不愉快的事情啊！曾具有高尚道德情操的科學家大衛，他曾拒絕將其發明的礦用安全燈申請專利作為謀取財富的手段，現在竟然變得如此喪失理性！直到病危時，大衛才平息了自己的妒火。當人們問到他一生中最大的發現是什麼時，他終於說出了令人肅然起敬的一句話：「我最偉大的發現是發現了法拉第！」

而法拉第呢？當他已十分衰老時，還經常指著牆上大衛的畫像顫抖地說：「這是一位偉大的人呀！」

（三）

在科學史上，科學家們為了爭奪發現（或發明）的優先權，常常爆發令人吃驚的爭吵。其激烈的程度，以及互相攻擊使用的尖刻乃至狠毒的語言，與這些科學家平時虛懷若谷、溫文爾雅的形象，簡直判若兩人。這種事情，常常使科學史研究者感到驚訝，似乎也很難為這種反常的行為找到合理的解釋。特別應該注意的是，為優先權引起的爭論，其時代之久遠，波及人數之廣都

讓人驚訝。上面我們談到的大衛和法拉第之間這場爭論，就是物理學史中一場非常激烈的優先權之爭。它之所以特別令人矚目，主要原因是爭論的雙方都不缺乏高尚的情操。

優先權，這真是一個怪物，竟然使偉大的、謙遜的科學家失去平衡和理性。難怪德國物理學家勞厄曾經說：「優先權的問題在一切科學史中都構成了不幸的一章。」

對於法拉第來說，還碰到一次使他難堪的優先權之爭，那是在1831年年底。那時，法拉第剛剛完成他一生中最偉大的發現——電磁感應現象。當安培知道法拉第的發現後，還來不及瞭解詳情，為了優先權就迫不及待地、不謹慎地發表了一篇論文，說他與瑞士物理學家德拉里夫（A. de la Rive，1801-1873）在1822年就發現了法拉第的電磁感應現象。但他弄巧成拙，他的論文的解釋完全不同於法拉第的解釋。幸好，這場相互指責沒有持續很久，安培就平靜下來，向法拉第道歉，承認自己的「發現」是失敗的。

大約經受了兩次優先權之爭以後，法拉第謹慎了。1832年，法拉第將自己在實驗中得到的一個嶄新的但尚不成熟的看法，用一封密封的信交給皇家學會檔案館，信封上面寫著：「現在應當收藏在皇家學會檔案館裡的一些新觀點。」

這封信直到1938年才被啟封，信裡寫道：我得到了結論：磁作用的傳播需要時間，即當一個磁鐵作用於另一個遠處的磁鐵或者一塊鐵時，產生作用的原因（我以為可以稱之為磁）是逐漸地從磁體傳播開去的；這種傳播需要一定時間，而這時間顯然是非常短的。我還認為，電感應也是這樣傳播的……我打算把振動理論應用於磁現象，就像聲音是一種振動一樣，而且這也是光現象

最可能的解釋。

可見，法拉第早就預言了磁和電感應的傳播，暗示了電磁振盪以及光也是一種電磁波的可能性。

法拉第寫這封信，說明他對優先權之爭是心有餘悸的。關於這一點，請注意法拉第在信尾中的幾句話：我在把這封信遞交給皇家學會收藏時，要以一個確定的日期來為自己保留這個發現。這樣，當從實驗上得到證實時，我就有權宣布這個發現的日期。就我所知，現在除我而外，科學家中還沒有人持類似的觀點。

很顯然，法拉第寫這封一百多年之後才被啟封的信，是為了優先權而採取的一種行動。

有些社會學家過分強調優先權之爭，與科學家的個人品德有關，這種觀點是頗為可疑的。我們再舉兩個例子。

我們知道，當達爾文發現了進化論但尚未公之於世的時候，萊伊爾（Sir Charles Lyell，1797-1875）曾勸告達爾文，應儘早將自己的發現公布於世。1856年，達爾文回信給萊伊爾說：我非常厭惡為了優先權而寫作的思想，雖然如果任何人要在我之前發表了我的理論的話，我一定感到非常煩惱。

達爾文對優先權具有一種矛盾的心理，既想獲得優先權，又覺得那樣的行為不夠高尚。

到1858年6月，不幸的事情發生了。他的同胞華萊士（A. R. Wallace，1823-1913）寫信告知達爾文，他（獨立地）發現了進化論。這一打擊，簡直使達爾文懵了，他幾乎不知道該如何處理這件意外的事件。他痛苦地給萊伊爾寫了一封信：你的話報應地變成了事實——我應該被別人搶在前面……所以，所有我的獨創性，無論它會達到什麼水準，都將被粉碎。

達爾文處於極度矛盾的痛苦心情之中。正如美國社會學家默頓（R. K. Merton，1910-2003）所說：「謙遜和不謀私利促使達爾文放棄他對優先權的要求，而希望獨創性得到承認，則促使他相信還不一定會失去一切。」

達爾文想放棄優先權，但他又痛苦地說：「我不能說服我自己這樣做是高尚的。」

當他把這些話告訴萊伊爾以後，他又懊悔自己太「淺薄」。最後他實在無法忍受這種痛苦的思想鬥爭，又向萊伊爾傾訴道：我似乎難於忍受失去我經過多年才確立起來的優先權，但我完全不能確信這樣做就改變了這件事的公正性。

幸好達爾文和華萊士的優先權問題，被萊伊爾和其他科學家妥善解決了。科學界宣布，他們兩人同時各自獨立創立了進化論。總算是皆大歡喜。但這件事可以深刻反映出科學家們對優先權的矛盾心理。

還可以舉出一個使很多人迷惑不解的例子：關於水的組成成分發現的優先權問題，曾經引起兩位科學家——卡文迪什和瓦特之間的激烈爭執。事實上，卡文迪什是一位討厭名利的人，「他毫無野心，平易近人，要花很大的力氣才能說服他提出他的主要發現，而且他害怕名聲在外。」那麼，這場爭執的原因在什麼地方呢？

一位傳記者曾說：「這是一個令人困惑不解的難題，兩個非常謙遜、沒有野心的人，他們的正直受到普遍的尊敬，他們的發現和發明使他們名揚四海，但突然之間，他們互相處在敵對的位置上……」

由以上的例子，大約可以得到一個初步結論：優先權問題，

處理得好可以加速科學的發展，例如達爾文、華萊士之爭，安培、法拉第之爭；處理得不好，就會阻礙科學的發展，例如牛頓與萊布尼茨為微積分發現的優先權之爭，就大大阻礙了微積分在英國的推廣。

這是一個社會學問題，不能簡單地以個人品德來對待。個人品德會使優先權之爭複雜化，但不是引起它的根本原因。在評論科學史上優先權之爭時，只有從社會學角度來分析，才可能得出有益的結論。此外，在作這種分析時應當注意到，西方道德觀念與中國傳統的道德觀念是頗有不同的。按照中國的傳統觀念，「謙讓」被視為美德；而在西方，則崇尚尊重事實、當仁不讓。相對而言，我們應該欣賞後者為好。

奧斯特瓦爾德為什麼反對原子論

奧斯特瓦爾德教授像堂吉訶德一樣，騎著一匹瘦馬，手持一把長矛，在向物理學家不再堅持的觀點挑戰。

　　——玻爾茲曼（L. E. Boltzmann，1844-1906）

世界上的一切現象僅僅是由處於空間和時間中的能量變化構成的，因此這三個量可以看作是最普遍的基本概念，一切可能計量觀察的事物都能歸結為這些概念。

　　——奧斯特瓦爾德（F. W. Ostwald，1853-1932）

德國著名化學家奧斯特瓦爾德「因為催化作用、化學平衡條件和化學反應速率的研究成果」，獲得1909年諾貝爾化學獎。

奧斯特瓦爾德一生對化學的發展，作出了巨大貢獻，尤其是在使物理學和化學這兩門學科結合起來，形成一門交叉學科「物理化學」這方面，他是主要的奠基人。

在科學史上，物理學和化學在很長一段時期裡成了兩門互不相關的學科，走著不同的道路。在本生（R. W. Bunsen，1811-1899）之後，物理學的實驗方法才開始被應用到化學研究上去，而用物理學的原理來解釋化學現象，則是從荷蘭物理化學家范特

霍夫（J. H. Van't Hoff，1852-1911，1901年獲得諾貝爾化學獎）開始。但如果想要確定物理化學創建的年代，要以1887年最為合適。因為這一年創辦了專業刊物《物理化學雜誌》，還出版了一本物理化學方面的經典教科書；而這兩者都與奧斯特瓦爾德有密切關係。《物理化學雜誌》是他在1887年創辦的，那本「經典教科書」是他寫的《普通化學教程》（3卷本）。在《普通化學教程》裡，奧斯特瓦爾德指出了物理化學的研究方法和範圍，以及將來的發展方向。

　　但是，這麼一位聞名於世的科學大師卻在1895年的一次會議上，遭到許多著名科學家激烈的批評，以至於他自己都說：在討論中，我發現我自己與眾人處於敵對狀態，我唯一的支持者和戰友是G.赫爾姆……但是他從我這兒離去了，因為他對能量的實在性概念反感……我第一次發現自己遇到了這麼多明顯的敵手。

　　一直到1909年以後，奧斯特瓦爾德才承認自己錯了，並公開在書中坦陳自己的錯誤。讀者也許會有點迷惘了，這麼偉大的一位科學家，怎麼會弄得個「眾叛親離」，成了可憐的孤家寡人呢？他到底怎麼啦？

（一）

　　奧斯特瓦爾德於1853年9月2日出生於拉脫維亞的首府里加（Riga）。里加是波羅的海的一個濱海城市，當時屬於俄國。這兒有許多從德國來的移民，奧斯特瓦爾德的雙親也都是德國移民的後裔。他的父親原來是一個長期在俄國流浪的手藝人，成家以後就定居在里加市，專門從事木桶的製造。他的母親是一位麵

包師的女兒，她的祖先是從德國中西部黑森州（Hessen）來的移民。母親一生酷愛藝術，父親十分尊重她的這一愛好，雖說家裡的經濟並不寬裕，但只要周轉得開，他就會為她在劇院裡預訂座位。而且，她還喜歡看書，雖然要為十多個人做飯（經常有工匠或學徒若干人），但她卻總能擠出時間看書看報。這種對精神生活的重視，肯定會影響到兒童時期的奧斯特瓦爾德。而父親大約一生流浪受過不少苦楚，見過不少世面，明白了許多人生道理，因此他下定決心，寧可自己作出最大犧牲，也一定要讓孩子們受到良好的教育。

奧斯特瓦爾德是幸運的，因為他擁有如此愛護他的雙親。

大約是11歲吧，他像許多科學大師的兒童時期一樣，讀了一本讓他入迷、驚喜的科普書籍，不過不是那種偏重介紹科學理論的書，如愛因斯坦12歲讀的「通俗科學叢書」那類，而是一本製作煙花的書。煙花他見過，在夜空中那「彩色的雨」向四面八方灑下來時，曾讓他付出過多少激動之情啊！如今他也許可以按圖索驥，自己動手製作出來。這是多麼激動人心的事情！更讓他高興的是，雙親知道他的想法以後，立即大力支持，父親還在地下室騰出一塊地方讓他當工作間。煙花是爆炸物，一般說，大人會嚴格禁止小孩去接觸這些「危險」的東西的。但他的雙親卻不但不訓斥和反對他的想法，反而幫助他。沒有錢，奧斯特瓦爾德自己找地方打工，掙點錢買必備物品；弄不懂，就找各種書來看……後來，他硬是靠自己的鑽研和勤奮，把煙花送上了天。當五彩繽紛的「彩色的雨」下落時，他笑了，他的雙親也驕傲地笑了。

從這次製作煙花開始，奧斯特瓦爾德開始對化學有了非同

一般的興趣。接著，他對照相又有了興趣，在一番努力之後，他竟然利用一些雪茄的空匣子……製成了一架照相機，還洗出了照片。這件事讓他的化學老師大吃一驚，由此認定這個孩子前途不可限量，於是經常幫他學習化學知識。後來奧斯特瓦爾德曾對年輕人回憶這一段往事時說：在困難面前，我發現有一個原則很有用，那就是當你想做某件事情時，而又發現沒有成功的把握時，最好的幫助是大聲鼓勵自己：「我在某某時候一定會完成它！」這樣，就會責成自己正規地、持續地去做這件工作，因為把自己逼上了梁山，沒有退路可走了。而且，你也將十分樂於去做……我於是全力以赴地去做，終於按時洗出了照片。

具有這種個性的人，多半會取得成功。在學習上雖然他因為愛好太廣泛而影響過考試成績，但他終究會在關鍵時刻趕上同學們，順利完成學業。

1872年1月，他成了愛沙尼亞塔圖大學（University of Tartu, Estonian）化學系的學生。父親原來希望他讀化工專業，將來可以從事收入高的技術工作，但奧斯特瓦爾德自己卻更願意從事純化學研究，探索大自然的奧祕。他不在乎將來收入的多少。父親尊重了他本人的選擇。

1875年1月，奧斯特瓦爾德大學畢業。

（二）

有一位日本化學家田中實在一篇名為「奧斯特瓦爾德的原子假說」的文章中，提出過一個很有意思的問題。他寫道：這位偉大的化學家在19世紀末的時候，怎麼會成為一個強烈主張原子假

說無用論的人呢？……尤其是，奧斯特瓦爾德和阿倫尼烏斯、范特霍夫（這兩個人的功績使19世紀的化學原子論接近現代階段）密切合作，確立了物理化學這一新興領域，所以我們似乎有理由說當他正處於化學研究的高峰時期，他理應是一位自覺的原子論者。

這個問題恐怕不只是田中實感興趣，廣大讀者同樣也會感到驚訝。為了把問題說得更透徹，我們這一小節就專門講述奧斯特瓦爾德、阿倫尼烏斯（S. A. Arrhenius，1859-1927，1903年獲得諾貝爾化學獎）和范特霍夫這三個人的一段傳奇般的合作研究。

19世紀後半期，科學界有一個百思不得其解的難題，那就是：電流不能通過蒸餾水，也不能通過固體的鹽塊；但是，把鹽塊放進蒸餾水中溶成鹽水時，電流卻一下子暢通起來，而且在鹽水中的兩個電極板上會出現新的物質。這真是奇怪極了，許多著名科學家如大衛、法拉第都對這一奇怪現象束手無策、百思不得其解。1884年，一位瑞典的博士生阿倫尼烏斯向這個難題提出了一個讓科學界驚詫的解釋。他指出：只有離子才參加了溶液中的化學反應。也正是離子的運動使鹽水可以通過電流。

也許我們應該解釋一下什麼是「離子」（ion）。我們以鹽水為例。

純淨的固體食鹽放入蒸餾水中以後，鹽在水中發生了人眼看不到的變化。食鹽（NaCl）是由兩種元素氯（Cl）和鈉（Na）組成的，所以食鹽的化學名稱是「氯化鈉」。在水中溶解以後，氯化鈉就離解成氯和鈉兩種帶電的離子Na^+和Cl^-。這種帶電的微小粒子就叫作「離子」。Na^+帶正電，稱鈉離子；Cl^-帶負電，稱氯離子。「離子」這個名稱還是幾年前由法拉第取的。

法拉第認為：「離子是由於電流的作用才產生的。」

阿倫尼烏斯不同意這種觀點，他的看法恰好與法拉第相反。他認為鹽一溶於水，離子就自動產生了，並存在於溶液之中；而且正是由於有了這些離子，鹽水才能導電。

阿倫尼烏斯的「離子假說」提出來以後，立即遭到瑞典許多知名化學家的嘲笑和堅決反對。有人問：「氯是一種綠黃色有毒氣體，如果鹽水中有氯離子，為什麼鹽水是白色的，而且沒有毒？再說，鈉一遇到水就會發生強烈反應，水將沸騰起來，如果鹽水中有鈉離子，為什麼一點兒反應也沒有？」

阿倫尼烏斯當然知道這些難於解釋的問題。但他大膽地假定：「離子帶的電荷，改變了原子的性質。」氯離子帶有負電荷，因此它的性質就不同於氯原子；同樣，鈉離子帶有正電荷，因此它的性質就不同於鈉原子。

這在當時是一個非常大膽的假設，因為當時人們還不清楚原子的構造，不知道電子、質子、中子，在這種情形下做出這樣大膽的假設，真可謂「膽大包天」，需要何等豐富的想像力和膽量啊！但可惜、可歎、可悲的是，瑞典竟沒有一位學者敢於支持阿倫尼烏斯的離子假說，連斯德哥爾摩的瑞典皇家科學院都不予理睬。

在萬般無奈之下，他只好求助於國外的知名學者。他將自己的論文《關於電解的伽伐尼電導率的研究》寄給德國的克勞修斯（R. J. E. Clausius，1822-1888）、邁耶以及奧斯特瓦爾德⋯⋯當時奧斯特瓦爾德在里加工學院任化學教授。

奧斯特瓦爾德於1884年6月的某一天收到阿倫尼烏斯寄來的論文。後來他在《自傳》中還特地記下了這一天，因為這天除了

收到阿倫尼烏斯的論文以外，還有兩件事：一是他的牙疼得難以忍受，二是妻子為他生了一個寶貝女兒。

奧斯特瓦爾德讀了阿倫尼烏斯的論文以後，立即認識到一門新的化學——離子化學就要誕生了！他為這門新化學的誕生和巨大價值，激動得幾夜不能入眠（當然，牙疼恐怕也不利於入眠）。奧斯特瓦爾德真是慧眼識人，而且當機立斷，不顧牙疼和妻子產後還需要人照顧，也不在乎旅途遙遠，立即動身前往瑞典。他要儘快幫助這位年輕人，也想與他進一步討論有關離子的許多問題。

1884年8月，這兩位志同道合的學者在斯德哥爾摩市見了面。他們在一起度過了一段愉快的日子。在美麗的馬拉爾湖邊散步時，他們總是談論那群看不見、摸不著的離子，一直談到離子像天上的星星那樣真實，才肯甘休。

奧斯特瓦爾德為阿倫尼烏斯弄到一份獎學金，使他可以到里加和歐洲各國留學。在留學的5年裡，他們又認識了荷蘭的化學家范霍夫。範霍夫在1874年前後創建了一個全新的化學分支——立體化學；到1882年又發表論文，認為溶液中的溶解物質應遵守氣體運動的一些規律。范特霍夫的這一思想，對改進阿倫尼烏斯的離子假說大有益處，於是他們兩人在阿姆斯特丹一起討論溶液、離子、氣體定律……離子理論更趨完善和成熟。他們這種真誠無私的合作，在科學史上是罕見的，一直被傳為佳話。

1887年，奧斯特瓦爾德到萊比錫大學任化學教授，這時他已經是歐洲很有名氣的化學家了。到了萊比錫以後，在奧斯特瓦爾德的主持下，他們三人決定主動向保守的化學界挑戰，儘快讓科學界肯定、接受阿倫尼烏斯的離子理論。奧斯特瓦爾德隨即創辦

了《物理化學雜誌》，他們要在這份雜誌上，全面、主動報導電離理論的新進展，新發現！他們三人激動地宣稱：「勝利一定屬於我們！」

　　果然，離子理論很快被歐洲化學界接受了，人們也十分欽佩他們的膽量和合作，並戲稱他們三人為「離子理論中的三劍客」。1903年，阿倫尼烏斯「因為發現電解質溶液電離理論」而榮獲諾貝爾化學獎，比奧斯特瓦爾德還早6年。奧斯特瓦爾德這種無私助人的精神，這種勇於創建新理論的勇氣，實在值得後輩學習。

　　講述這段往事，除了使我們能進一步瞭解奧斯特瓦爾德這位偉大的化學家以外，也會使我們從奧斯特瓦爾德支持阿倫尼烏斯、范特霍夫的事蹟中看出，他應該是一位堅定支持原子論的科學家，否則，連原子都不承認的人，會去支持「帶電微粒」的離子嗎？還有，范特霍夫的立體化學，更是在原子論的基礎上建立起來的，奧斯特瓦爾德能不知道嗎？

　　但奇怪的事還真是發生了：從1892年起，奧斯特瓦爾德開始反對原子論，並成了美國著名科普作家以撒·阿西莫夫（Isaac Asimov，1920-1992）所說的：反對原子論的「死頑固」之一。這事可真有點讓人滿頭霧水呀！

（三）

　　1887年，奧斯特瓦爾德到萊比錫大學任教。11月23日他發表就職演說，演說題目是「能量及其轉化」。他在演說中強調了能量的實在性和實體性，反對把能量僅僅看作是一種數學符號。有

不少人認為，這是他發展「唯能論」（energetics）觀點的一個公開信號。

此後，他日夜思索這一問題。逐漸地，他認為分子、原子和離子只不過是一些數學虛構，並沒有提供任何物質本性的東西，只不過是為了方便地進行能量運算而已。接著他進一步認為，自然界變化萬千的現象，倒不如用「能量的變換」這個術語來解釋更方便。與所有科學家突然獲得頓悟和靈感一樣，奧斯特瓦爾德在緊張思考之餘，也突然得到靈感了！他在自傳中用頗具文學色彩的語言，生動地描述了靈感降臨的過程。

那是1890年初夏，他為寫作上的問題到柏林會見物理學家布德（R. Budde）。在與布德一夜深談之後，奧斯特瓦爾德突然興奮得不能入眠，於是在天還沒亮的時候就起床到附近的動物園去散步。不知不覺中，晨曦射進花叢中，小鳥開始在樹叢中啼鳴……他突然感到渾身上下充溢著想向外飛散的活力，他感到自己在向外擴張，與萬物宇宙融為了一體。就在這時，「靈感下凡」，他腦子裡「金光一閃」：一切豁然開朗。他終於明確地認識到：能量是描述萬物運動的最佳概念，而且他不再懷疑能量的「實在性」了。

接著，他在著作中公開宣布了自己的觀點。1892年他聲稱：品質、空間和時間的單位制應該用能量、空間和時間的單位制來代替；1893年他指出，世界上的一切現象，僅僅是由處於空間和時間中的能量變化構成的。因此，一切可以測量、觀察的事物，都應該歸結到這三個概念上。奧斯特瓦爾德否定了原子、分子的存在，認為物質這個概念是虛幻的，應該用能量這個具有「實體性」的概念代替。他原本是相信原子論的，也在原子論的基礎上

推進了化學的發展，現在，他卻公開舉起了反對原子論的旗幟，用「唯能論」的大旗取而代之。

1895年9月20日，在德國盧貝克市（Lübeck）召開第67屆德國自然科學家和醫生大會。在這次會上，奧斯特瓦爾德發表了題為「克服科學中的唯物論」，向原子論提出公開挑戰。他說：「所謂不斷運動的實物粒子（如分子、原子）都是一種幻象，所謂『物質』只不過是一個方便的術語；能量才是更普遍的概念，它與原子是否存在無關，而且不受將來任何變化的影響。」他聲稱：「新理論必須把品質還原為能量。」

奧斯特瓦爾德的發言，立即受到許多科學家如玻爾茲曼、普朗克、能斯特、菲利克斯·克萊因、索末菲……的強烈反對，他們還對「唯能論」進行了嚴厲的批判。其中尤以玻爾茲曼的批評和反駁最為激烈。當時還很年輕的索末菲在1944年回憶道：玻爾茲曼和奧斯特瓦爾德之間的鬥爭，無論從哪一方面看都頗似公牛和鬥牛士之間的搏鬥。但是，這一次不管奧斯特瓦爾德這位鬥牛士的劍術如何高超，卻被玻爾茲曼這頭公牛擊敗了。玻爾茲曼獲勝，我們都站在玻爾茲曼的一邊。

奧斯特瓦爾德本人也多少感到一些沮喪，不由歎息地說，「我發現我自己與眾人處於敵對狀態」，還說「第一次發現自己遇到了這麼多明顯的敵手」。但他並沒有立即認識到自己已經陷入了失敗，仍然毫不妥協地堅持他的「唯能論」。到他退休時，他把自己隱居的宅所稱為「能園」，說明他要為「唯能論」繼續奮鬥下去。

在他繼續孤軍奮戰時，一系列新的實驗發現（放射性、電子……），使原子、分子以及離子的實在性變得越來越明顯了，

他的本來就不多的幾個「戰友」，也都先後皈依了原子論。最後，奧斯特瓦爾德也不得不在1908年9月公開承認，他反對原子論的觀點徹底錯了，他不能不在事實面前公開承認原子論。

事情發生在1908年，是因為這年法國物理學家佩蘭（J. B. Perrin，1870-1942）通過藤黃樹脂懸濁液的布朗運動實驗，確鑿無疑地證實了分子和分子運動的存在，佩蘭甚至可以透過計算得出分子的大小。在這種無可辯駁的事實下，奧斯特瓦爾德迅速地、坦率地承認了原子論，他在《普通化學教程》的第4版序言中寫道：我現在確信，我們最近已經具有物質分立性或顆粒性的實驗證據了，這是千百年來人們極力尋求而一直沒有得到的證據。一方面，分離和計數氣體離子，J. J. 湯姆森長期而傑出的研究已獲成功；另一方面，布朗運動與運動論的要求相一致，已由許多研究者並最終由佩蘭建立起來；這一切使最審慎的科學家現在也理直氣壯地談論物質的原子本性的實驗證據了。原子假設於是已被提升到有充分根據的理論地位，在打算用來作為我們普通化學知識現狀入門的教科書中，它能夠有權要求自己的一席之地。

由這段話我們的確可以看出，奧斯特瓦爾德的確具有科學家應該遵循的起碼準則：尊重事實。他的態度十分真誠，但他同時又說：在實驗證實之前，反對原子論是完全正當的，無論對自己還是對科學都不是一種過失。

這句話未免讓人覺得他有點欲蓋彌彰。當大多數科學家都在為尋求證實原子、分子存在的實驗證據而苦苦求索之時，奧斯特瓦爾德卻在一旁拼命反對原子論，玻爾茲曼甚至都氣得要自殺（後來果然也自殺了，但恐怕不能把責任都推到奧斯特瓦爾德身

上）；而且奧斯特瓦爾德本人也十分較真，耳朵幾乎都氣聾了。怎麼到原子論被證實以後，他的反對卻是「正當」的了，而且不是一種「過失」？這能令人信服嗎？

實際上，只有承認自己的確錯了，才能分析失誤的原因，從而得出有益的教訓。而且，奧斯特瓦爾德的錯誤事出有因，很值得我們認真分析。本文不從哲學方面進行分析，只從方法論方面進行一些分析，也許我們會得到比較一致和有益的結果。

仔細分析奧斯特瓦爾德的著作，可以看出一件讓人驚詫的事情，那就是他對待假說的態度。在任萊比錫大學教授之前，他曾因為阿倫尼烏斯的「電離假說」與他的親和力理論一致，而極力支持阿倫尼烏斯的假說。由此，他是一個自覺的原子論者，而且這一假說大大提高了他的親和力理論的價值。這時他既不反對假說本身，也不反對原子假說。但到了1895年，他整個兒轉了180°的彎，他不僅公開反對原子假說，也公開反對一切自然科學中的假說。他曾經在公開場合中說：在我看來，馬赫的思考方式將大受歡迎。他無論在什麼地方都拒絕一切假說，這成為我的範例。他認為假說無論在什麼地方並不是不可缺少的，而是有害的。我同意這一見解。

如果說在這兒奧斯特瓦爾德還是「借他人之杯酒澆自己之塊壘」，那麼後來他在《自傳》中則直接道出了自己的心聲。對於原子論，他明確無誤地說：「我要大喊：你們用不著製造偶像！」

對於一般的科學假說，他指出：科學的任務在於，把作為現實的事物（即能夠看到、測量到的事物）的諸量相互聯繫起來；這樣，給出一個量，就可以匯出其他一些量。這個任務並不是把

假設的圖像作為範例而起作用的，而僅僅證明了這些可測量之間的相互關聯性。

從這些講話和其他一些資料中我們可以確鑿無疑地看出，奧斯特瓦爾德由於深受奧地利物理學家馬赫（Ernst Mach，1838-1916）的實證主義[16]的影響，至少在1895年以後，公開地提出科學中的一般假說，尤其是原子假說是毫無價值、毫無用處的；認為假說只會有害於科學事業的進程。我們也可以說，正是由於他的實證哲學思想以及由此而延伸的反對一般假說，終於導致他由擁護原子論而走向反原子論的錯誤道路。

實證主義在這兒就不多討論，這兒討論一下假說在科學發展中的作用。

一般認為，科學發展的途徑是從觀察、實驗入手，經過科學思維後提出假說；然後又經過實驗、觀察的檢驗與修正，使假說形成科學理論，如此循環往復，不斷深入，不斷前進。我們可以說，假說是科學發展必由之路；它是觀察、實驗的延伸，有的經實驗的證實、修正而上升為理論。因此，假說是觀察、實驗解釋的結果，是思維的產物，但也是進一步觀察、實驗的起點。

在中國科學史界，有一段時間把牛頓作為不作假說、反對假說的典型例子，那其實是天大的誤解。牛頓在反對笛卡兒（René Descartes，1596-1650）的「渦旋」假說時，因其影響之大、危害之深，所以再三強調：假說應該從實驗和觀察出發，不能夠脫離實驗和觀察而信馬由韁地任意提出「驚人」的假說。

---

16 實證主義（positivism）是強調感覺經驗、排斥形而上學傳統的哲學派別，又稱實證哲學。實證主義的基本特徵是以現象論觀點為出發點，拒絕透過理性把握感覺材料，認為透過對現象的歸納就可以得到科學定律。

牛頓曾語重心長地告誡人們：「我從不杜撰假說。」

意思是說，不能像笛卡兒那樣，放著現成的由實驗和觀察得出的克卜勒（Johanns Kepler，1571-1630）行星三定律不管，卻脫離實驗觀察另提一種「渦旋假說」，結果嚴重影響、阻礙了力學的發展。其實，牛頓一生也曾提出過不少假說！正如日本物理學家廣重徹在《物理學史》一書中所說：不言而喻，在科學研究中提出假說是很必要的。沒有假說，連一個實驗也做不成。牛頓也正是因為不斷地提出假說，才不斷取得進步的。

奧斯特瓦爾德到19世紀末突然反對自然科學中的一切假說，說得再輕這至少是一種「病態情緒」。對待假說的「病態情緒」大致上有兩種。

一種是對自己的假說過於熱衷，像美國物理學家密立根（R. A. Millikan，1868-1953）因為過分熱衷於自己的有關宇宙射線的「光子假說」，結果失去了客觀判斷的能力；當實驗、觀察的事實與「光子假說」強烈矛盾時，仍然堅決維護自己的假說，而置事實於不顧，甚至文過飾非、欲蓋彌彰，結果讓自己在科學事實面前丟盡了臉。

另一種則相反，像奧斯特瓦爾德一樣，反對「一切假說」。有趣的是，當奧斯特瓦爾德在反對「一切」假說時，他自己正好又提出了「另一個」假說：唯能論假說。這豈不是自己跟自己過不去？且慢，奧斯特瓦爾德自有辦法為自己開脫。他說他的唯能論只不過是「可測量諸量相互依存的一種關係」，不需要如原子假說中所不可缺少的「假設的圖像」。這樣一變，假說就沒有了，有的只是數量上的關係和公式。

妙哉！可惜物理學不是數學，物理學史上有不少著名大師想

把物理學變成數學，希爾伯特也試了一下，但結果都失敗了。奧斯特瓦爾德也同樣不可能成功。到了20世紀20年代中期，物理學家有了一個非常了不起的薛丁格方程式，它可以把描述微觀世界行為的諸量算得呱呱叫，讓物理學家驚得發呆，但這並不是說物理學家到此就滿意了，他們還是要在數學關係式中去做出各種物理學假說，例如，波耳就提出了後來聞名於世的「光−粒子二象性」假說。

奧斯特瓦爾德這段歷史，很值得做一些深入研究，我們這兒只是開了一個小小的頭。

第十五講

一個遭人鄙視的
諾貝爾化學獎獲得者

　　我們可以想像到，如果鐳落到了壞人手中，它就會成為非常危險的東西。由此可能會產生這樣一個問題：知道了大自然的奧祕對人類是否有益？人類從新發現中得到的是益處，還是害處？諾貝爾的發明就是一個典型的事例。烈性炸藥可以使人類創造奇蹟，然而在那些把人民推向戰爭的罪魁禍首的人手裡，烈性炸藥就成了可怕的破壞武器。我是信仰諾貝爾信念的一員，我相信，人類從新發現中獲得的更美好的東西將多於它帶來的危害。

——約里奧－居禮（J. F. Joliot-Curie，1900-1958）

　　1915年春夏之交，德國著名化學家哈伯（Fritz Haber，1868-1934）從戰場上回到家中。戰爭中發生的許多事情，讓他感到煩惱、不安。他原本想回家休息一下，但他萬萬沒有料到，一樁慘痛的悲劇，在等待著他。

　　哈伯一到家，就感到要出什麼事情。他的妻子克拉拉·伊美娃（Clara Immewhar）臉色陰沉，眼光在憂鬱中含有一種絕望的神色。

　　伊美娃見丈夫歸來，還沒等他洗完臉，她就迫不及待地說：「我有一件事要跟你談。」

「啊？又是想出門工作的事吧。」

伊美娃是德國最早的化學女博士之一，她有強烈的事業心，想在科學事業上做出一番成績，但婚後接連生下一兒一女，不得不停止科學研究事業，成了一個被人忽視的家庭主婦，因此心情一直十分抑鬱。幾次想甩掉家務事情，但都被哈伯勸阻。所以，哈伯以為妻子又要和他談出門工作的事情。

「不是這件事，」伊美娃臉色更加冷峻，「聽說，你在從事研製放射毒氣的工作？」

哈伯歎了一口氣，沒有出聲。「那麼，你的確在從事毒氣的研製了，」伊美娃激動起來，「研究和製造毒氣，這是對科學的背叛，是野蠻人的行為，你知道嗎？你的良心，人的良心，科學家的良心，到哪兒去了？」

哈伯摸了一下他那圓滾滾的光頭，說：「你要知道，法國人早就在施放毒氣，他們把毒氣放進步槍子彈。你知道嗎？」

「那又怎麼樣？那是他們的行為。你可以抗議這種行為，揭露這種無恥的行為。你沒有權利去研製更殘酷的毒氣。你讓士兵們在痛苦和折磨中死去，你……」

伊美娃痛哭失聲：「我的丈夫，孩子們的父親，成了可惡的劊子手！」

哈伯心中很氣。他耐著性子說：「現在戰爭陷入了僵持階段，這樣下去要死多少士兵？只有靠新的武器，才能儘快結束這場可怕的戰爭，也只有靠更強有力的武器，才能挽救無數的生命。」

伊美娃冷笑了一陣，她似乎更加絕望了，不由大聲嚷起來：「啊，你成了可愛的天使！但是，我要告訴你，可愛的天使，你

總有一天會受到全世界人民的審判！人們不會讓一個殺人犯逍遙自在！你最好聽我的話，別做了。」

哈伯受不了親人的冷嘲，他大發脾氣，然後抓起外衣，匆匆衝出了家門。

當天夜晚，伊美娃博士自殺了。

（一）

哈伯於1868年12月出生在德國一個猶太人家庭。他父親是一位富有的商人，經營天然染料。天然染料是一種合成的化學工業產品，與化學有密切關係。正是由於這一原因，哈伯從小就對化學工業有濃厚的興趣。

高中畢業後，他先後到柏林、海德堡、蘇黎世上大學。大學期間，他還在幾個工廠中實習，得到了許多實踐的經驗。他父親希望兒子有了一定文化知識後，繼承家業，做一個富商。但哈伯發覺，他的興趣完全不在經商方面，他喜愛德國農業化學之父李比希的偉大事業——化學工業。

哈伯是一位自學能力很強的學生，在柏林大學期間，他常常把高年級的課程自修完畢。到19歲時，他就申請撰寫畢業論文。他選擇的指導老師是著名的霍夫曼（A. W. Hofmann，1818-1892）教授。霍夫曼深知這個學生是一位不可多得的化學人才，欣然答應了哈伯的申請。

哈伯在霍夫曼教授的指導下，寫了一篇關於有機化學的學位論文。如果順利通過，哈伯就可以得到一個學士學位。但哈伯是一個化學奇才，他的畢業論文，由於獨特而深刻的見解，深深地

打動了評審小組的幾位教授，他們覺得哈伯的畢業論文，完全達到了博士論文的水準。

這種事情太罕見了。大學學士論文竟然夠得上博士論文水準，這種情形恐怕在柏林大學是史無前例的。因此有人說：「那就破格給哈伯一個博士學位吧！」

校方為了慎重起見，把哈伯的論文送交柏林皇家工業學院，請專家評審。評審的結果，同意把神聖的博士學位授給年僅19歲的哈伯。從此，人們稱他為「哈伯博士」。

（二）

隨著農業和軍事工業的發展，人們需要越來越多的氮肥和氮的化合物。所以，20世紀初，化學家們都把眼光盯著四周的空氣，因為空氣中有4/5是氮氣，如果能把空氣中大量的氮氣分離出來，再和氫氣合成氨，形成大規模的製氨化學工業，那對人類的貢獻就非同小可！因為，無論是氮肥還是炸藥，都不能缺少氮。但是，想從空氣中奪取這份寶藏，可不是那麼容易，許多化學大師都做過這樣的夢，但都紛紛破滅了，沒有成功。

1904年，哈伯開始研究合成氨的工業化生產，兩位企業家答應給予大力支持。

經過幾年艱苦的研究，到1909年，哈伯終於取得了小規模的成功，他在幾位大企業家面前，像玩魔術一樣，從空氣中製造出100立方公分的合成氨。大企業家完全被哈伯神奇的方法所降伏，決定採用哈伯的方法，建立一座實驗工廠。

1911年，這家公司正式建立世界上第一座合成氨的製造工

廠。1913年正式生產，當年就生產出6500噸合成氨。

合成氨能大規模生產，這有十分重大的意義，它使人類從此擺脫了依靠天然氮肥的被動局面，加速了世界農業的發展。哈伯也從此成了世界聞名的大科學家。

哈伯的合成氨工業，對德國尤為重要。德國的氮肥原來一直依靠從智利進口，如果由於戰爭的原因切斷了運輸線，氮肥運不進德國，德國的農業將遭到嚴重的打擊。因此，德國皇帝威廉二世非常看重哈伯的合成氨實驗。

1911年的一天，威廉二世突然駕臨小城卡爾斯魯，哈伯的實驗室就在這座城市裡。

皇家隊伍，前呼後擁，徑直向電化學研究所奔去。轉眼間，研究所的小小建築物被人們層層包圍起來。又過了一會兒，幾名騎兵從人群中衝出，沿途高喊：「哈伯博士！皇帝在研究所裡等著召見您，請速回實驗室！」

人們彼此相視，十分驚詫：「難道為了一個哈伯，皇帝竟然親自到這座小城來？」

其實，威廉二世親臨這座小城，是有重要目的的，他親自任命哈伯為柏林新成立的凱薩・威廉物理化學及電化學研究所所長。當天，哈伯就跟隨皇帝去了柏林。這可真是八面威風，好不榮耀。皇帝重用哈伯，除了表彰他在合成氨研究方面的功勞外，還有一層深意。這時，德皇野心勃勃，正積極準備發動一次罪惡的戰爭，重新瓜分全世界的殖民地。為了這場戰爭，德皇希望哈伯發明一些能夠克敵制勝的新奇武器。

（三）

1914年第一次世界大戰爆發，英國海軍切斷了德國大西洋的海上航線，智利的氮肥再也無法運到德國。英國海軍一位官員曾得意地說：「不久的將來，德國的田野將一片荒涼，大饑荒和大崩潰，將不可避免地出現在德國！」

但是，他們不知道德國有一個哈伯，他使德國合成氨的生產能力迅猛增長。到1919年，已可年產20萬噸了！這麼多的氨，不僅保證了德國農業氮肥的需要，而且還為軍火工業提供了大量炸藥所需的原材料。

在第一次世界大戰中，哈伯對德國的功勞可謂大矣！不過這些貢獻人們還是不會怪罪於哈伯，畢竟合成氨的價值是對人類的一個偉大貢獻。但遺憾的是他還做了一件使人們至今不能原諒他的壞事。

哈伯在盲目的愛國心和報答皇帝知遇之恩的心情驅使下，滿腔熱情地投入了各種軍事項目研究：研究供寒冷地帶使用的汽油、生產製造炸藥的原材料；最讓人無法容忍的是他竟然研製氯氣、芥子氣等毒氣；他還擔任了新成立的化學兵工廠廠長，專門負責研製、生產、防禦和監督使用這些毒氣。哈伯一下子從後備役上士被提升為上尉軍官。對於貴族化了的德國陸軍來說，這是一次史無前例的破格提升。

第一次世界大戰爆發不久，德國軍隊曾一度取得一些優勢。但是到了1914年年底，德軍逐漸喪失了優勢，交戰雙方處於膠著狀態。為了打破這種不進不退、不勝不敗的僵局，德國軍隊在1915年4月22日，首次使用了哈伯研製的毒氣——氯氣。在哈

伯的指揮下，德軍在比利時6公里的戰線上，對法國軍隊施放了5000個毒氣筒。法軍由於毫無準備，損失慘重，死亡5萬人，還有1萬人受到嚴重傷害。

從這可怕的4月22日之後，交戰雙方競相使用殺傷力更大的毒氣。

到1918年大戰結束時，毒氣造成的傷亡人數竟逾百萬！

哈伯的罪惡行徑，遭到美、英、法各國科學家們的嚴厲譴責，哈伯的夫人也以自殺方式，抗議丈夫的罪行。在戰爭結束後，德國毒氣科學負責人哈伯，好長一段時間銷聲匿跡。由於受到眾多科學家的譴責，他非常擔心自己成為戰犯，會受到軍事法庭的審判。

當人們再次看到哈伯時，他已不像過去那樣昂首闊步、神采飛揚了；他衣著不整，頭髮蓬鬆，滿臉鬍碴，眼睛無神，似乎處於一種戰戰兢兢的狀態。

然而，令人大為吃驚的是，1919年年底瑞典皇家科學院宣布，將1918年的諾貝爾化學獎授予哈伯！很多科學家提出了嚴正的抗議。他們指出，一個研製毒氣、施放毒氣的戰爭罪人，竟然獲得諾貝爾獎，實在有損這個獎的名聲。還有很多科學家在各種會議上一旦遇見了哈伯，他們就馬上退出會場，表示不能與這樣的人一起開會。

哈伯的確受到了許多人的輕蔑，甚至侮辱，但他並沒有認識自己的錯誤，他竟認為自己研製殺傷力更大的毒氣，是為了更快結束戰爭，是為了拯救更多人的生命。

不論哈伯和其他科學家如何對待製造毒氣這件事，但他使空氣中的氮轉變為氨，這一貢獻對人類有極重大的價值。因為氨是

重要的化學肥料。

　　瑞典皇家科學院把諾貝爾化學獎授予哈伯，應該說還是有一定道理的。但是哈伯的戰爭罪行，不能不說是他一生中最可恥的行為，這樣的科學家獲獎還是給人極其不好的印象。

（四）

　　第一次世界大戰後，德國是戰敗國，要賠償價值相當於5萬噸黃金的戰爭賠款。為了幫助德國度過這個難關，哈伯想起了瑞典化學家阿列紐斯（S. A. Arrhenius，1859-1927）說過的一句話：「世界各大洋的海水裡，含有8億噸之多的黃金。」

　　哈伯受到啟發，立即開始設計從海水中提取黃金的方法。他的結論使他十分樂觀。

　　大家似乎很信任哈伯，他在以前不是從空氣中提取了氮，使德國在戰爭中經受住了巨大的困難嗎？現在他又要從海水裡提取黃金，再次為德國做出貢獻，也許真能說到做到呢！

　　不幸的是，這次他在7年中耗費了大量人力財力之後，徹底失敗了。最後，他只好承認，從海水裡提煉黃金是不可能的。科學上的失敗，對哈伯當然是一個打擊，但這種打擊對於一個成熟的科學大師而言，並不是不能忍受的。對哈伯致命的打擊，是希特勒上臺執政後，實施了一系列迫害猶太人的政策。而哈伯就是猶太人。

　　1933年4月21日，哈伯接到通知，要他立即將他的猶太人助手解雇。哈伯接到這一通知後，心情極為憤慨。他作為一個猶太人，將自己一生的心血貢獻給德國，為德國做出了功不可沒的成

績，但希特勒政府卻要他辭退自己同族的猶太人助手，這不是公開的嘲弄和侮辱嗎？這次哈伯沒有再糊塗下去，他當天就在口頭上提出辭職，以抗議政府無端的迫害。他義正詞嚴地說：四十多年來，我選擇助手的標準，始終是根據他們的能力和品格，而不是根據他們的祖先是誰。我不願意在餘生中改變我的這個標準，我認為我的這個標準很好。

這年夏天，哈伯像許多德國的猶太人一樣，逃離了德國，來到英國劍橋大學。這時，哈伯已是65歲的老人了。這位科學大師，在為德國服務了46年成為垂垂老翁之後，卻被德國無情地拋棄了。這對哈伯是一個致命的打擊！

1934年年初，哈伯應邀到巴勒斯坦的西夫物理化學研究所任所長。但不幸在赴巴勒斯坦的途中，1月29日心臟病猝發，逝世於瑞士的巴塞爾市。

哈伯的一生，功勞大，過失也不小。他是一位天才的化學家，同時也是一個盲目的愛國者。他希望用自己對德國的忠心和貢獻洗去自己身上的猶太人色彩，成為一個「真正的、好的德國人」。他的好友愛因斯坦曾經多次嚴厲地批評他，說他這樣做不但無益，而且還會自取其辱，落得一場空！但是哈伯根本聽不進愛因斯坦的批評和勸告，反而認為正是愛因斯坦這樣的作為破壞了猶太人的聲譽……一直到臨死的時候他才終於認識到自己大錯特錯，而愛因斯坦早年的勸告和批評是非常正確的。可惜這時他已經走到生命的終點了！

科學家有時候在科學上非常聰明和敏感，但是對社會知識有時還趕不上一個普通人的認知水準。這樣的例子中外都不乏其人。哈伯是一個絕佳的例子。

哈恩為什麼
為自己的發現而後悔

> 一個人在科學探索的道路上，走過彎路，犯過錯誤，並不是
> 壞事，更不是什麼恥辱，要在實踐中勇於承認錯誤和改正錯誤。
>
> ——愛因斯坦（Albert Einstein，1879-1955）

1945年8月6日，第一顆原子彈在日本廣島上空爆炸。十幾萬人一瞬間在巨大的痛苦中死去，整個廣島也幾乎被一場空前絕後的大火燒毀！

原子彈爆炸後的第二天，消息傳到了英國一座古老的農莊。這裡囚禁著10位德國最優秀的科學家，其中有兩位獲得過諾貝爾物理學獎，他們是勞厄和海森堡。還有一位化學家叫奧托・哈恩（Otto Hahn，1879-1968），不久前他也獲得了諾貝爾獎。

當這群科學家得知第一顆原子彈在廣島爆炸以後，哈恩大聲叫道：「什麼！十多萬人的生命被毀滅了？這真是太可怕了！」

接下來幾天哈恩心事重重，晚上也不能入眠。勞厄看出哈恩內心的痛苦，唯恐他一時想不開而尋短見，就悄悄對另一位科學家說：「我們應該採取一些措施，我很擔心哈恩。原子彈爆炸的消息使他非常難過，我怕會發生什麼不幸的事情。」

哈恩為什麼這麼不安和痛苦呢？原子彈與他有什麼關係呢？

（一）

1879年3月8日，哈恩出生在德國東部奧得河畔的法蘭克福市。非常有意思的是，愛因斯坦在6天後的3月14日，出生在德國多瑙河畔的烏爾姆。正是這兩個人奠定了原子彈的科學基礎。

哈恩的祖父是農場主人，但是哈恩的父親不願在農村過寂寞的生活，就到城市謀生，當了一名手工業學徒。出師後，他在法蘭克福定居下來，開了一家玻璃工廠。哈恩的父親一定很精明，因為他的工廠越來越興旺，到哈恩出世時，這個家庭已經上升為富裕的中產階級。而在同一時期，愛因斯坦的父親辦工廠接連失敗，最後破產成為窮困人家。

哈恩家的藏書相當豐富，再加上哈恩有國民圖書館的長期閱覽證，所以他從小就在書香中薰陶。他特別喜歡驚險小說和遊記，凡爾納的《格蘭特船長的兒女》、《海底兩萬里》、《神祕島》以及《八十天環遊世界》，更是讓哈恩愛不釋手。尤其是《八十天環遊世界》生動活潑的筆調，真讓哈恩愛不釋手。

這些極有趣味、而且品味高尚的科幻作品，深深感動過哈恩，也影響了哈恩的人生道路。

哈恩的雙親非常注意用美妙的藝術感染孩子。他們常常帶著哈恩去歌劇院欣賞歌劇。德國作曲家卡爾·韋伯創作的歌劇《魔彈射手》，法國作曲家喬治·比才創作的歌劇《卡門》，都給哈恩留下了難忘的印象。

雖說家庭相當富裕，但父母並不給子女過多的零用錢。每天只准吃兩塊糖，多一塊也不行。有時候，如果哈恩想吃點別的零食，母親就讓他自由選擇：或者吃掉兩塊糖，或者不吃兩塊糖而

換取等價的零用錢，去買別的零食。有時哈恩想買點什麼，需要向母親詳細說明原因。如果說得合情合理，母親才肯多給一點零用錢，但大多遭到委婉的拒絕。

嚴格的家庭教育，培育了哈恩具有成為一個優秀科學家的素質。

1901年，22歲的哈恩獲得瑪律堡大學有機化學博士學位。接著，在步兵團服了一年兵役。

服完兵役後，他的老師津克（Theodor Zincke，1843-1928）教授請他到瑪律堡大學當助教。哈恩的志向是在化學工業界工作，這無疑是受到開工廠的父親的影響。哈恩認為，在津克教授的實驗室工作一段時間，對將來的發展是一個良好的開端，因此他愉快地接受了津克教授的建議。這時，哈恩絕對沒想到他今後會走上純科學研究的道路。

1904年，德國一家大的化學公司「考爾聯合公司」的負責人，向津克教授提出，他們公司要一名從事化工的年輕人，條件是必須熟悉某一外國的情況，並能流利地講一門外語。津克教授當然知道哈恩的志向，於是就推薦了他。

哈恩得到這個好機會，當然萬分高興。1904年秋天，哈恩來到英國倫敦大學的化學研究所，在拉姆齊手下工作。拉姆齊是惰性氣體的發現者，還是1904年諾貝爾化學獎獲得者。能在他手下工作，對哈恩當然是求之不得了。

拉姆齊見到哈恩時，問：「你願不願意從事鐳的研究？」

鐳是不久以前由居禮夫人發現的一種放射性元素。哈恩在津克教授那兒沒學過放射性化學，因此他為難地說：「我對鐳和放射性幾乎一無所知。」

哪知拉姆齊卻回答說：「不知道沒有關係，也許還有好處，因為你可以用更開闊的思維來研究這個新課題。」

哈恩只好接受這一項研究任務。哪知還真讓拉姆齊說中了，哈恩不僅很快掌握了研究放射性的技術，而且還發現釷的一種新的同位素，哈恩取名為「射釷」，它的原子量是228（現在的值為232.0381）。

拉姆齊對哈恩的發現十分高興，也十分欣賞哈恩的聰明才幹，因此極力勸告哈恩專門從事探測新的放射性元素的工作，而不要進入化學工業界。哈恩慎重考慮了拉姆齊的意見後，改變了原來的主意，決定在放射性領域裡做更加扎實的研究。哈恩向正在加拿大麥吉爾大學工作的盧瑟福（Ernest Rutherford，1871-1937，1908年獲得諾貝爾化學獎），寫了一封信，表示想到盧瑟福實驗室工作一年。再加上有拉姆齊的推薦，盧瑟福很快回信，邀請哈恩去加拿大工作。

（二）

1905年秋天的一個晴朗的日子，哈恩來到了麥吉爾大學盧瑟福實驗室。哈恩很快就感覺到在盧瑟福身邊工作，十分有衝勁又愉快。在這裡，師生之間的融洽、平等的氣氛，是德國大學中很少有的。

開始，盧瑟福對於哈恩發現「射釷」表示懷疑，以為那就是他以前發現的一種「釷-C」。但哈恩馬上證明盧瑟福錯了。盧瑟福立即向哈恩道歉：「這都怪我，我過於輕率地聽信了別人的錯誤意見。你是對的！」

盧瑟福很快就讚賞哈恩的才幹了，並且立刻把「射釷」作為產生 α 粒子的主要來源。在盧瑟福的幫助和鼓勵下，哈恩又做出了一個激動人心的發現：一種新同位素「射錒」。盧瑟福很快就再次相信哈恩的判斷是對的。盧瑟福那種超人的活力和洋溢的熱情，使他的實驗室充滿了進取、堅定、和諧的氣氛，這使得哈恩自我感覺在這裡工作特別好。哈恩與盧瑟福成了非常親密的朋友。

　　像盧瑟福許多其他學生一樣，哈恩常常回憶起盧瑟福那爽朗的笑聲，以及他在模仿別人的俏皮話時，那種頑皮和喜悅的神情。

　　哈恩在加拿大的時候，白天和夜晚的大部分時間都在實驗室裡。如果不在實驗室，他大半都在盧瑟福家裡，兩人談起科學研究的事情，總是談不完，有時候，連賢德的盧瑟福夫人瑪麗都有些不高興，因為她更樂意讓她的丈夫和客人一起，聽她彈幾首鋼琴曲。

　　哈恩也是考克斯（John Cox）家裡的常客。考克斯是麥吉爾大學物理研究所的所長。在他的家裡，科學遊戲最受歡迎。客廳天花板上掛著一盞煤氣燈，當有客人敲門時，門輕輕打開以後，主人要求客人雙腳跐鞋擦著地毯走向煤氣燈，這樣人體上可以聚積一些靜電；然後，客人伸出手指靠近煤氣燈，手指上產生的電火花就點燃了煤氣燈。

　　1906年夏天，哈恩戀戀不捨地離開了麥吉爾大學，回到了對他不太友好的柏林。

　　離開德國兩年的哈恩，當他回到柏林時，他不僅獲得了豐富的放射性知識和實驗經驗，而且他在行動上還表現出麥吉爾大學

的那種作風：科學家之間那種親密無間、隨和愉快的氣氛。遺憾的是，無論是放射性化學還是平等的氣氛，這兩種東西都不受柏林歡迎。因此，哈恩回到柏林後感到有些孤獨。在孤獨之中的樂趣，就是給盧瑟福寫信。在一封信中他寫道：「在德國，從事放射性工作的人是這樣少，以至於什麼事都得我一個人去做……他們只要一聽到有關鐳的事情，似乎就總是不相信。」

德國化學家可以說相當保守，不大容易接受物理學家們的新發現。他們認為化學是化學家做的事，用不著物理學家來說三道四、胡言亂語。1907年春季，哈恩在一次會議上講述了關於放射性問題的新進展，還談到居禮夫人根據放射性發現了一種新元素鐳。

哈恩講完以後，一位德國著名的化學家塔曼（G. Tammann，1861–1938）立即發言，他斷然否認鐳是一種元素，還說：「所謂的鐳還在不斷地放射，這就是說它還在改革自己，怎麼能認為它是一種元素呢？」

哈恩感到很好笑，又很生氣，於是立即十分坦率地反駁了這位「權威」學者。會後，哈恩的一位好朋友悄悄地對他說：「好朋友，你要謹慎一點才好呢！德國不是英國，不能想批評別人就毫無顧忌地在會上批評起來。已經有人說你徹頭徹尾地英國化了。」

哈恩聽了，雖然氣憤了一會兒，但也沒把這事放到心上。但德國化學家就是不理解化學的新進展，死也不承認新的發現和新的方法。連哈恩的頂頭上司，屢次幫助他找到工作的費雪（H. E. Fischer，1852–1919，1902年獲得諾貝爾化學獎），也一時不能理解哈恩講述的放射化學。有一次哈恩在論文中說：「有些放射

性元素僅僅只有極小極小的數量，我們甚至不能用天平來稱，而只能通過放射性來發現它們。」費雪看了以後很不以為然，他對哈恩說：「我不能同意你的意見。數量再微，每種元素總會散發出某種氣味，我們透過這種氣味就可以識別不同的元素，怎麼能夠說『只能透過放射性來發現它們』呢？我就只透過嗅氣味發現過一種化合物。」

　　哈恩聽了，真是哭笑不得。幸虧在1907年9月，哈恩遇到了一位漂亮而又能幹的女物理學家，才算遇到了知音，擺脫了孤獨的感覺。這位物理學家叫邁特納。哈恩這時已經決定從事放射性化學的研究，正好缺一位內行的物理學家協助，現在有了邁特納肯與他合作，這真是天作之合，哈恩高興極了。哈恩沒有忘記把這件高興的事告訴盧瑟福，他在信中寫道：「邁特納小姐已經到物理研究所工作，並且每天在我這兒工作兩小時。」

　　有了邁特納的協助，哈恩真是如虎添翼。正在這時期，哈恩又遇到了另外一件有利於他的好事。

　　1910年，在柏林大學百年校慶大會上，由於文化部官員的鼓勵，德國皇帝威廉二世一時高興，就在大會上宣布，把一塊皇家農場捐出來做科學研究機構，號召工業界和政府慷慨資助研究機構的建立，並且決定首先建造凱薩‧威廉物理化學及電化學研究所。1911年，我們前面講到的哈伯，被威廉二世任命為該研究所所長。

　　1912年10月12日，哈恩被任命為其中一個規模不大的研究室的負責人。邁特納也加入了他的研究室。

　　在研究所正式開始工作的第一天，德國皇帝要參觀研究所，哈恩被指定向皇帝做一番有關放射性現象的演示。過去哈恩在倫

敦時，曾經為女士們做過這種精彩的演示。在一間漆黑的屋子裡，用螢光幕顯示放射性引起的各色閃光圖形。女士們看了，大驚小怪，尖叫不止。

這一次，哈恩又如法炮製，布置了一間完全不透光的房子，進去以後什麼都看不見。等到參觀者適應了室內黑暗環境以後，他們就能看見螢光屏上有各種光亮的圖形在閃動和變化。研究所的科學家們預先參觀後，都覺得這番精彩演示，一定會使皇帝大為開心。

但在正式演示的前夕，發生了意外的情況。皇帝的隨從侍衛來研究所檢查準備情況時，發現哈恩的展覽室漆黑不見光亮，他憤怒地大聲叫嚷：「太不像話了！怎麼能夠讓皇帝陛下進入這樣一間黑漆漆的房子裡？」

哈恩解釋說，這種演示必須在黑暗的房間裡才行，但隨從侍衛根本不聽解釋：「不行，絕對不行！要麼取消這個展室。」

哈恩可不願意失掉這個絕好的機會，於是決定在房間裡吊一盞小紅燈。

第二天，皇帝陛下到研究所後，毫不猶豫地就跨進了暗室，一切都按原來計畫順利完成，皇帝看到螢幕上移動著的有美麗光輝的圖形，也像倫敦的女士們一樣，大為驚訝，只不過沒大聲叫嚷。哈恩還別出心裁地把一小塊放射性物質拿到皇帝面前，讓陛下仔細觀看新奇的元素。

當時人們還不清楚放射性對人體有害，因此也沒有對皇帝進行身體保護。50年後，哈恩回憶起這件事的時候說：「假如今天我不對皇帝的身體進行保護，就讓陛下看放射性元素，我肯定會被投進監獄。」

（三）

　　1914年，第一次世界大戰爆發，哈恩被徵入伍，改換了身分，於是所有的研究工作都被迫中斷了。哈恩被派到哈伯那兒服役。1905年，哈伯發明了將空氣中的氮合成氨的方法。我們知道，氨可以用來合成高效化肥，這一發明有極其重大的價值，為德國氮肥工業的興起作出了決定性貢獻。

　　1915年年初，哈伯、哈恩與其他一些科學家被政府指令研究毒氣。哈伯是「毒氣計畫」的負責人。哈伯對哈恩說：「我們的任務是建立一支毒氣戰鬥特別部隊，我們要研製新的、殺傷力更大的毒氣。」

　　哈恩聽了，嚇了一跳，不由倒抽一口涼氣。

　　接著，哈伯說了一堆大「道理」，這些「道理」在第二次世界大戰發明原子彈時，又被一些科學家再次利用。哈伯在第一次世界大戰期間對德國可說是建立了卓偉功勳，但在第二次世界大戰時，這位無比忠於德國政府的人，因為是猶太人，受到希特勒的迫害，不得不逃離德國，最後暴病身亡。

　　第一次世界大戰結束後，哈恩和邁特納又在凱薩・威廉物理化學及電化學研究所，繼續已經中斷了四年多的合作研究。很快，他們發現了一種新元素，其原子序數是91。他們給新元素取名為「鏷」（Pa）。接著，哈恩又做出了許多有價值的工作，因此他被認為是歐洲最權威的分析化學家，尤其在放射化學方面，更有著不同凡響的聲譽。

　　正在他學術上日見輝煌時，卻捲入了一場學術爭論之中。與他爭論的對手是很有威望的科學家，法國居禮夫人的大女兒伊雷

娜－約里奧－居禮（Irene Joliot-Curie，1897-1956）。

事情的起因和過程，這兒只簡單地介紹一下。義大利物理學家費米用慢中子轟擊92號元素鈾時，以為得到了93號元素。由於科學家在自然界只見過92號元素，從來沒有人見過92號之後的元素，所以，如果費米真的得到了93號元素，那真是一個非常了不起的發現。

費米開始還比較小心，不敢說自己真的發現了93號元素，只是說「有可能發現」新元素。但後來由於沒有人懷疑他的結果，於是費米也開始相信自己是真的發現了93號元素。

當時有一位叫伊達‧諾達克（Ida Norddack，1896-1978）的德國女科學家曾經提出過批評。她在德國《應用化學》雜誌上發表了一封信，對費米提出了批評。在信中她寫道：現在費米還沒有把握說，中子撞擊了鈾以後反應的生成物是什麼，在這種情形下談論什麼「超鈾元素」是不合適的。

諾達克大膽假設，像原子量為238的鈾這樣的重原子核，當中子撞擊它時，它有可能分裂成幾大塊碎片，成為幾種比較輕的原子核。

諾達克的批評沒有受到費米和大家的重視，這有三個原因。一是諾達克不是很出名的科學家，刊登她的信的刊物也不是一流刊物。二是她的大膽假設，沒有任何人相信，因為中子的能量很小，「根本不可能」把堅固的原子核撞得分裂開來。舉個例子，一顆手槍子彈最多只能在牆上敲下幾塊碎片；如果說這顆子彈能把這座牆打倒，分裂成兩三大塊，恐怕你也不會相信的。三是哈恩同意了費米的意見，認為費米真的製出了超鈾元素；哈恩是公認的化學權威，這當然使費米相信自己對了。因此，費米拒絕了

諾達克的意見。

　　諾達克與哈恩相識，哈恩也曾經關心過諾達克的研究。因此，在1936年一次見面時，諾達克向哈恩建議說：「哈恩教授，您是否可以在您講課中，或者在著作中，提到我對費米的批評？」

　　哈恩嚴肅地拒絕了，並且說：「我不想使您成為人們的笑柄！您認為鈾核會分成幾塊大碎片，依我看，純粹是謬論！」

　　但過了兩年之後，哈恩自己卻證明了這個「謬論」是真理；而且在8年之後，哈恩還因為這個發現得了諾貝爾化學獎！世界上有一些事情就這麼奇怪！

　　正當哈恩否定了諾達克意見之後，法國著名的化學家伊倫娜卻指出，諾達克的意見很可能是對的。伊倫娜在實驗中發現，用中子撞擊鈾以後，在反應產物中找到了比鈾輕得多的產物，其原子量只有鈾的一半。如果伊倫娜的實驗是真的，那鈾原子核就真的被中子撞成兩大塊了！

　　哈恩實驗室的工作人員都不相信伊倫娜的實驗結果，一些人還嘲笑伊倫娜：「伊倫娜還指望利用從她光榮的母親那兒學到一點化學知識，其實這早已經過時了。」

　　哈恩訓斥了說諷刺話的人，但他也不同意伊倫娜的意見。因此他以私人名義寫了一封信給伊倫娜，建議她更細緻地重做一次實驗。哈恩認為自己夠客氣的了，否則他會在刊物上提出批評，那伊倫娜就會出大醜了！

　　但是伊倫娜一點也不領哈恩的情，她在前一篇文章的基礎上，又發表了第二篇文章，進一步肯定了第一篇文章的結果。哈恩生氣了，覺得伊倫娜太不自量，竟然完全不聽一下他的善意

勸告，一意孤行。他氣惱地對助手斯特拉斯曼（Fritz Strassman，1902-1980）說：「我不會再讀這位法國太太的文章！」

哈恩的話說過了頭，因為幾個月以後，他不得不仔細讀這位「法國太太」的文章。

過了幾個月，秋天來了。這時，哈恩的親密夥伴邁特納女士逃出了德國，因為她是一個猶太人。當希特勒開始迫害猶太人時，邁特納因為是奧地利人，所以一時還不會受到迫害。但到1938年希特勒吞併了奧地利以後，邁特納馬上陷入了危險之中，她甚至連一份出國簽證都弄不到。幸虧同事想辦法，她才裝扮成外國的旅行者逃到丹麥。

邁特納一走，哈恩失去了一個有力的幫手，心中非常煩惱，脾氣也大了許多。有一天，哈恩正在辦公室抽雪茄，忽然斯特拉斯曼激動地跑進辦公室，對哈恩大聲說：「你一定要讀這篇報告。」

哈恩一時給弄糊塗了：「什麼報告呀？」

斯特拉斯曼把一份刊物遞給哈恩：「伊倫娜教授又發表了第三篇文章，肯定了她前兩篇文章的結果……」

哈恩不耐煩地打斷斯特拉斯曼的話：「我對這位法國太太最近寫的東西，一點兒也不感興趣！」

斯特拉斯曼毫不退讓，說：「我可以肯定，她沒有犯任何錯誤，是我們錯啦！」

「不可能的！」哈恩生氣地大聲說。

「你耐心點，聽我講；如果你聽完了再發脾氣，我就不作聲了，行吧？」

哈恩只好耐著性子聽。聽著聽著，哈恩震驚了。斯特拉斯曼

說對了，伊倫娜沒錯，是自己堅持錯誤好幾年！

斯特拉斯曼還沒說完，哈恩大叫一聲：「走，快到實驗室去！」

雖然這消息對哈恩猶如晴天霹靂，但哈恩終於不愧是優秀的科學家，他一旦明白自己錯了，就會馬上承認，並盡一切力量弄明白自己為什麼錯了。這就是一個偉大科學家所應該具備的品質。也正是由於他承認了錯誤，才接著取得了偉大的成就。

經過幾天艱苦的實驗，哈恩不得不承認，伊倫娜的實驗報告完全正確，用中子轟擊鈾以後，在反應產物中的確多了一種比鈾輕得多的元素。但到底是什麼元素呢？伊倫娜沒有最終確定，只是說大概是什麼。哈恩決心弄個一清二楚，他是歐洲最有名氣的化學分析能手，這個艱巨的任務，真是非他莫屬了！

哈恩到底是真正的權威，他很快就明確指出，伊倫娜沒弄清楚的神祕產物是鋇（Ba）。鋇的原子量是137多一點，而鈾的原子量是238多一點，這就是說鋇的原子量只是鈾的一半左右。鈾原子核真的被中子撞得「分裂」了！這真是讓人們無法想像的事情。哈恩不禁非常慚愧，諾達克幾年前提出過這種設想，而自己一口否定，還嘲笑過她！

哈恩完全相信，在化學分析上他絕對不會錯，可是在物理解釋上，他可是一點把握都沒有。如果邁特納沒有走，那就馬上可以問她，可惜她走了。儘管如此，哈恩知道他們做出了偉大發現，必須一方面寫信徵求邁特納的意見，一方面儘快把自己的發現發表出去。他急忙告訴《自然》雜誌的主編，請他務必留一個空白版面，「我有重要發現要發表」。主編同意，但「12月22日以前必須將稿件寄來」。

12月22日，哈恩終於把文章寫好，寄給了《自然》。寄走之後，哈恩又有點後悔，邁特納還沒回信，還不知道物理上能否說得過去。如果物理上毫無可能實現這種「分裂反應」，那怎麼辦？也許……後來，哈恩曾對人說：當文章送往郵局之後，我又覺得分裂反應完全不可能，以致想把文章從信箱裡取回來。

再說邁特納。她收到哈恩的信以後，開始她也不相信。她還記得前幾年諾達克的假設，當時她也堅決拒絕接受諾達克的假設，並勸人們把這種「荒謬的假設扔到廢紙簍裡去」。現在，哈恩卻不可置疑地證明了諾達克的假設是對的，這怎麼不使她感到震驚和不解呢？但她相信哈恩一定不會錯。

經過緊張的思考和計算，她終於發現，對於很重的原子核（例如鈾），中子是可以把它們撞成兩半，分裂開來。邁特納是怎樣思考和計算的呢？這兒不多講，她只是很快計算得出這一反應完全符合愛因斯坦的質能守恆方程式$E=mc^2$。這就足夠了！

邁特納很快回信給哈恩，信上寫道：我們已經詳細地讀過你的大作，並認為從能量角度上看，像鈾這樣的重核是有可能分裂的。

偉大的波耳不久也知道了邁特納的證明，他立即用手敲他自己前額，喊叫道：「啊，我們過去都是一群笨蛋！肯定是這樣，真是太妙了！」

不久，哈恩的偉大發現震動了全世界。當時正值希特勒發動第二次世界大戰的時期，科學家馬上意識到，哈恩的發現可以使希特勒生產一種威力極為巨大的爆炸武器——原子彈。如果這個戰爭瘋子有了原子彈，那整個世界就會陷入毀滅性災難！於是一群由德國、奧地利、義大利等歐洲國家逃亡到美國的科學家，積

極呼籲：「美國必須搶先研製出原子彈，否則希特勒會讓原子彈在美國爆炸。」

羅斯福總統接受了製造原子彈的建議。經過3年多的努力，原子彈終於在美國製造出來。1945年8月6日，人類製出的第一顆原子彈，在日本廣島上空爆炸。

（四）

1945年4月底至5月初，當時德國已經戰敗，這時美國有一支特殊部隊，在德國快速挺進。這支部隊的代號是「阿爾索斯」，它由兩輛坦克、幾輛吉普車和大卡車組成，任務是逮捕德國製造原子彈的科學家，收集製造原子彈的技術資料並保藏起來，不讓外洩。

不久，「阿爾索斯」逮捕了德國最重要的10位科學家，他們當中有得過諾貝爾獎的海森堡、勞厄，還有最先證明核裂變的哈恩。

剛開始，他們被關押在德國的海德堡。透過窗戶，這群「高貴的俘虜」可以看到遠處的古老塔樓。當人們看到門口有持槍的崗哨時，才知道自己是被關押的俘虜。開始，他們有些害怕、苦惱，如果他們被當作戰俘受審，今後的命運就不那麼美妙了。

5月上旬，他們被押送到巴黎，住在巴黎西部的一座別墅裡，管理他們的軍人，對俘虜們很客氣，待遇也不錯，比在戰爭時的生活還要舒適。他們可以到花園裡做各種體育活動；海森堡還可以憑記憶彈奏貝多芬奏鳴曲。

7月23日，他們又被送往英國。在登上飛機時，一位同行者

問哈恩：「哈恩先生，當你登上飛機時，有何感想？」

「啊，很疲倦。」哈恩沉悶地回答。

到了英國，他們受到了很好的接待，被安置在一座花園般的古老農莊裡。他們可以在花園裡散步，做運動，也准許思考科學問題、作科學報告；還有遊戲室、圖書室。但他們的前途未卜，所以他們仍然十分苦惱。

8月6日，英國電臺報導，說美國空軍在日本某地投下了一顆原子彈。這群俘虜聽到這一報導後，極為震驚。他們立即展開了熱烈的討論。有人懷疑聽錯了，認為美國不可能製出原子彈。這些德國優秀科學家們不能相信，美國科學家會超過他們德國人。因此有人說：「不可能吧？是不是聽錯了？」

海森堡也不相信，說：「我不願相信這個消息。」

哈恩聽到這消息以後，震驚得幾乎支持不住要暈倒，臉色蒼白。他心中痛苦地想：「天哪，我的發現竟給人類造成了這麼大的災難！這真是罪過呀！」

自從聽到原子彈爆炸的消息以後，他的心情一直處於極度壓抑和痛苦之中。他的同行非常擔心，唯恐他在絕望之中自殺。同行們相互低聲叮囑：「對哈恩要多加注意！」

一位與他囚禁在一起的物理學家巴格（E. R. Bagge，1912-1996）博士，在8月7日的日記中寫道：「可憐的哈恩教授！他向我們說，當他第一次知道，用鈾裂變製成的原子彈會帶來如此可怕的後果，他連續幾夜都無法入睡，他甚至想結束自己的生命！」

有好幾天，同行們都等哈恩確實睡著了才上床。哈恩並沒有真的去尋短見，無數慘死在原子彈爆炸中的生命，的確使他憂

傷、消沉。這使他又一次想起了哈伯，哈伯因為研究毒氣，最後落得暴死異鄉。但有一點使哈恩稍微感到安慰的是，原子彈不是德國人製造的。他在後來常對人說：「使我高興的是，德國人沒有製造和使用原子彈，是美國人和英國人製造和使用了這一殘酷的新式戰爭武器。」

美國人在使用原子彈時，德國人已經投降，而且早已知道德國人根本沒有製造出原子彈，德國科學家的研究離製造原子彈還差得遠！美國人似乎根本不必扔原子彈。但他們扔了，而且扔了兩顆！為什麼要扔呢？原因與當年哈伯給哈恩講的理由一樣：可以更快地結束戰爭，讓美國少死一些軍人。

歷史是多麼驚人地相似啊！科學家的偉大發明、發現常常殘害了人類自己。今後科學家還會有什麼樣的發明、發現被更加殘酷地用於殘殺人類呢？

第十七講
勒維耶的輝煌與挫敗

　　除了一支筆，一瓶墨水和一張紙外，再不憑任何別的武器，就預言了一個未知的極其遙遠的星球，並能夠對一個天文觀測家說：「把你的望遠鏡在某個時間瞄準某個方向，你將會看到人們過去從不知道的一顆新行星。」——這樣的事情無論什麼時候都是極其引人入勝的……

　　　　　　　　　　　　——洛奇（O. J. Lodge，1851–1940）

　　德國偉大的哲學家康德曾經說：「天上有星光閃耀，地上有心靈跳動。」這句充滿睿智的哲人話語，曾使多少人感動、唏噓不已！對天空的敬畏和嚴於律己地守護心靈，這是東西方都相通的。但如果你知道了下面的故事，相信你以後在仰視夜空中閃耀的群星時，會多一種感動，多一種「誘惑」。

（一）

　　下面要講的是法國天文學家勒維耶（U. J. J. Le Verrier，1811–1877）輝煌的成功和後來的失誤，但在講他的故事之前，我們還得講一點太陽系行星的歷史故事。

　　人類在幾千年以前就知道，在地球附近有5顆行星，它們分

別是水星、金星、火星、木星、土星。人類在幾千年的歷史中，想探索這些行星的存在有沒有什麼規律？在土星之外的更遠處還有沒有其他行星繞太陽旋轉？雖然幾千年過去，什麼也沒有發現，但人類的好奇心是百折不撓的。1766年，一位德國的數學教師提丟斯（J. D. Titius，1729-1796）偶然地發現了一個有趣的規律。據說他在上課時講到各大行星到太陽的平均距離時，學生們總是記不住這些數字，於是提丟斯想了一個有趣的辦法，讓學生一下子就記住了。他先在黑板上寫下一個數列：

0，3，6，12，24，48，96，192，384，…

把每一個數加4再除以10，就可以得到：

0.4	0.7	1.0	1.6	2.8	5.2	10.0	19.6	38.8…
水星	金星	地球	火星	？	木星	土星	？	？…

如果以太陽到地球的距離為1個天文單位的話，則上面一行的數字0.4、0.7、1.6……恰好是水星、金星、火星……到太陽的平均距離。由這一有趣的規律，提丟斯發現火星與木星之間的2.8天文單位處缺少一顆行星，土星是當時知道的最遠的一顆行星，它以外還沒有發現行星，當時並不感到奇怪。

當時提丟斯只把這個「規律」作為學生記憶的一個方法，並沒有看得有多重要。但6年之後，德國柏林天文臺台長波德（J. E. Bode，1747-1826）知道以後，認為其中隱含著一個重要而有價值的規律，於是將它正式發表。因此，現在我們一般稱它為「提丟斯－波德定則」（Titius-Bode Law，簡稱「波德定則」）。但這個定則到底有什麼價值呢？人們對它褒貶不一。但到1781 年發現了天王星後，而且它到太陽的平均距離正好是19.2個天文單

位，與提丟斯－波德定則預言的19.6個天文單位很相近，這一下這個定則的信譽大大提高。

發現天王星的是英國天文學家赫歇爾。赫歇爾出生在德國漢諾威，他父親是軍隊中的一名樂師，子承父業，赫歇爾後來也成了一名軍樂師。1757年，19歲的赫歇爾脫離了軍隊，並偷渡到英國，在里茲等地以教音樂為生。由於他頗有音樂天分，他的教學十分受人們讚譽，相應地，他的收入也十分可觀，生活不再發愁。在這種情形下，潛藏著的強烈求知欲爆發了，他不僅努力地自學拉丁語、義大利語，還急切地閱讀數學、光學書籍。在閱讀光學書籍時，他看到了牛頓的傳記，由此他產生了研究天上星體的強烈衝動。

沒有望遠鏡，也買不起，這難不倒赫歇爾，他自己動手磨製望遠鏡所需的透鏡。他是如此急迫地想儘快磨製出透鏡，竟然忙得沒空騰出雙手吃飯，只好讓他的妹妹卡洛琳餵他飯。幸虧他有一個同樣熱心天體研究的妹妹！後來他妹妹在84歲時成了英國皇家學會第一個破格接納的女會員。他們兄妹倆的努力得到了豐厚的報答，他們製出了當時歐洲最好、最大的望遠鏡。開始他們只製出10英尺焦距的反射鏡，後來可以製出40英尺的！1774年，他們不僅製造出世界上最好的反射望遠鏡，而且第一次使反射望遠鏡的效能真正超過了當時的折射望遠鏡。他利用質地優良的望遠鏡，觀察了月亮上的山脈、變星和太陽黑子，成為當時轟動一時的新聞。

為了弄清天上到底有多少星星，他把夜空分成638個「天區」，一個區一個區地數星星個數，然後記錄下來。這需要多麼堅強的意志和認真仔細的作風啊！

每當他們完成一個天區的記錄，赫歇爾就會高興地拉起小提琴，而美麗的卡洛琳就會舒袖曼舞，還邊舞邊唱：秋夜的薄霧啊，從天際飄過，我登高仰望，星光閃爍，點燃了我心靈深處的盞盞燈火。

......

1781年3月13日的夜晚，正在觀察夜空的赫歇爾突然興奮地大聲叫喊起來：「卡洛琳，快來，一個陌生的客人闖進了我的望遠鏡！」

卡洛琳連忙跑到哥哥身邊，將眼睛貼到目鏡上，果然，一顆過去從來沒見過的星星，緩緩地在夜空行進，由於它發出的光很弱，如果不細心看是很容易忽略過去的。

「是的，」卡洛琳激動地邊看邊低聲說，「哥哥，這是一顆新的行星，只是……」

「卡洛琳，幸運之神終於光顧我們了！這一定是我的勤勞和耐心，感動了上蒼！是吧？」

「還有我的歌聲，哥哥，」卡洛琳興奮得渾身輕輕顫抖，「還有我的歌聲感動了天神，天空裡也有天籟呀，不是嗎？克卜勒這麼說過的。」

「是的，是的！還有你的歌聲……」

於是，一顆新的行星在自亞里斯多德時代兩千多年以後，被人們發現了！實際上，這顆光線微弱的星，可以勉強用肉眼看見，而且在赫歇爾以前就被人們多次見過，甚至在英國天文學家弗拉姆斯提德（John Flamsteed，1646-1719）的望遠鏡時代的第一幅偉大圖冊中都有記載，把它放在金牛座中，並記為金牛座34星；1764年又有人在金星附近發現了它，但又誤以為它是金星的

衛星，只有赫歇爾的優良望遠鏡才首次確認它是一顆行星。

開始有人建議稱這個行星為「赫歇爾星」，但後來天文學界一致同意稱它為「天王星」（Uranus）。

天王星的發現引起了科學界巨大的轟動，一是因為原來以為太陽系到土星為止，而現在太陽系的範圍一下子擴大了1倍，到達28億公里遠處；二是天文學家曾經認為在牛頓之後，不會再有什麼新的發現，還有人甚至說科學發現已經全部完成。在這樣的情況下，赫歇爾的發現猶如一陣春風，將新鮮空氣吹進了科學界，為停滯多年的科學界帶來了蓬勃生機。

1781年，赫歇爾當選為英國皇家學會會員，並榮獲當時科學界最高獎科普萊獎章。

（二）

天王星距太陽的平均距離是19.2天文單位，基本上符合提丟斯-波德定則。這一發現當然會刺激天文學家的想像力：天王星以外的更遠處還有行星嗎？太陽系未必就終止在天王星？提丟斯-波德定則表上的38.8天文單位處還有另一顆行星嗎？

這種猜想當然是合理的，而且後來果然發現天王星之外還有一顆行星，它叫「海王星」。不過，海王星的發現可不是像赫歇爾發現天王星那樣，先由望遠鏡發現再去研究。那海王星是如何發現的，請你看下面的故事……

天王星的發現本身倒並沒有引起人們很大的震驚，令人們震驚的是天王星的軌道總是有些反常，與理論計算的結果不相符合，使天文學家們很傷腦筋。

當時牛頓定律的地位已經是不可動搖的了，除了極少數人認為牛頓的理論對天王星這顆太遠的天體可能不適用以外，大部分天文學家認為，可能在天王星軌道外面更遠的地方還有一顆行星，由於這顆未知行星的影響，才使得天王星的軌道老是發生異常。

　　這顆假想中未知的行星在哪兒呢？如果盲目地在茫茫的太空中去尋找，那無疑是大海撈針，得找到猴年馬月。唯一的辦法是從理論上去推算這顆未知星的位置。但這又談何容易！從一顆已知行星的品質和運動以及另一顆還是未知的行星對它運動的影響，來確定這個假設中的行星的品質和軌道，涉及的未知量很多，其中要解的一個方程式組竟由33個方程式組成，其難度之大可見一斑。

　　1843年，正在劍橋大學念書的亞當斯（J. C. Adams，1819-1892），對於這一艱巨任務十分感興趣，決心利用牛頓的萬有引力定律來找到這顆未知的行星。經過兩年極其艱難的計算，於1845年9月他將計算的結果交給英國皇家天文臺台長，請他們利用強大的天文望遠鏡在他所預言的某個位置上，尋找這顆未知的行星。遺憾的是，由於亞當斯當時還是一個不出名的學生，資歷太淺，英國皇家天文臺沒有人重視他的建議。直到第二年，英國皇家天文臺才決定對亞當斯的理論計算進行驗證，可惜為時已晚。

　　正在亞當斯作出預言的前後不久，法國巴黎天文臺台長阿拉果（D.F. J. Arago，1786-1853）將尋找這顆未知行星的理論計算任務，交給了比亞當斯大8歲的勒維耶。勒維耶比亞當斯遲了幾乎整整一年才於1846年8月31日完成了理論計算任務。9月18日，

他寫信給柏林天文臺助理員伽勒（J. G. Galle，1812-1910）說：請您把你們的望遠鏡指向黃經326°處金瓶座黃道上的一點，你將在離開這一點大約1°左右的區域內，發現一個圓面顯明的新行星，它的亮度大約近於9等星……

9月23日，伽勒收到了勒維耶的信，恰好伽勒手邊有一幅有助於尋覓這顆未知行星的新星圖，當晚他就與他的助手雷斯根據勒維耶提供的資料，將他們的望遠鏡對準勒維耶預言的星區，不到半小時就在預定位置附近51′的地方找到了這顆行星。第二天晚上繼續觀測，發現它的運動速度也與勒維耶根據牛頓引力理論所作的預言完全符合。這一成功是萬有引力定律又一次輝煌勝利！這顆行星後來被命名為海王星（Nepture）。

海王星發現以後，為了發現的優先權發生了激烈的爭論，而且又是英國和法國。特別是巴黎天文臺台長阿拉果，他的激烈慷慨真讓人大吃一驚。他不但認為海王星的發現應該完全歸功於勒維耶，沒有亞當斯的份兒，而且他還竭力主張把這顆新的行星命名為「勒維耶星」。

當英、法兩國科學界爭得不亦樂乎時，兩位科學家亞當斯和勒維耶卻十分明智地沒有介入這場爭論，他們共同切磋學問，反而成了很要好的朋友。

美國法學家霍姆斯（O. W. Holmes，1841-1953）說得好：名望是頭戴燦爛金冠，卻沒有香味的葵花；友誼則是花瓣，片片飄溢著醉人芬芳的玫瑰。

（三）

當時，萬有引力理論被看成是一種戰無不勝的理論了。可惜在水星（Mercury）的進動問題上，萬有引力理論出了一點小問題，勒維耶也遭受到了挫折。

水星是太陽系的行星中距太陽最近的一顆行星。按照牛頓的萬有引力理論，水星在萬有引力作用下，其運動軌道應該是一個封閉的橢圓形。但實際上水星的軌道卻並非嚴格的橢圓，而是每轉一周它的長軸就會略微有一點轉動，長軸的這種轉動稱為「水星的進動」。

根據萬有引力理論的計算，進動的總效果應該是$1°32'37''$/百年。但勒維耶在1854年透過觀測發現，其總效果是$1°33'20''$/百年。也許有人認為，每一百年僅僅只相差$43''$，用不著吹毛求疵。的確，這是一個很小的偏差量，但對於科學的問題這已經是一個不能容許的誤差了。所以這個誤差，成為當時天文學家們議論的主題。

1859年，根據以往發現海王星的成功經驗，勒維耶又如法炮製，將這一誤差歸因於在離太陽更近的地方還存在一顆很小的未知行星，正是由於它的作用才引起了水星的異常進動。他還預言，這顆星將隨太陽一起升落，所以只能在日全食時觀測到，或者當它在太陽面前通過時才能被觀測到，並認為由於這顆未知星距太陽太近，表面溫度一定很高，所以還給這顆假設中存在的行星取了一個很氣派的名字：「火神星」（Vulcan）。不過一般人稱之為「水內行星」，也就是說位於水星軌道內部、距太陽更近的一顆行星。

正好在這一年，一位法國業餘天文學家觀測到太陽表面上有一個黑點，於是很多學者都認為這個黑點就是火神星，是火神星「凌日」。勒維耶十分興奮，以為自己又將再一次立下赫赫功勛，而且這次可千真萬確是他一個人的功勞。他還做了許多計算，預言了這顆火神星的軌道。因為這顆星離太陽太近，無法直接觀測，只有透過凌日才能觀測到，所以勒維耶為了便於今後大家進一步觀測這顆行星，他還預告了以後幾次凌日的具體時間。

　　由於當時勒維耶的威望已經很高，而且從1854年起，又被任命為巴黎天文臺台長，所以大家都十分相信他的預言，很多天文學家以及他本人都投入了尋覓火神星的工作中。但在幾十年裡，卻毫無所獲，在他預言的地方沒有看到任何新的行星。最後，大家只得承認並不存在這顆行星。勒維耶的這次預言不靈了。

　　但是，每百年43″的誤差，仍然是一個未知之謎，它對於牛頓力學來說，是一個嚴重的挑戰。問題亟待解決，可出路何在？

　　直到1915年，愛因斯坦建立了廣義相對論之後，水星進動異常的問題才獲得了圓滿的解決，原來這是相對論效應引起的，理論計算值為43.03弧秒。這一結果，一方面解釋了水星近日點的進動，另一方面水星近日點進動43弧秒的結論，成為廣義相對論的第一個驗證。

　　勒維耶失敗的預言，到此才最終落下了帷幕。

第十八講
愛丁頓讓錢德拉塞卡欲哭無淚

用權威作論證是不能算數的，權威做的錯事多得很。

——卡爾·薩根（C. E. Sagan，1934-1996）

1935年1月11日下午，在英國倫敦皇家天文學會會議上，年輕的印度天文學家錢德拉塞卡（S. Chandrasekhar，1910-1995）當眾宣讀了自己在研究中的新發現：「相對論性簡併」理論。這項理論將會導致關於恆星演化的一個驚人而有趣的結論。25歲的錢德拉塞卡自信他已經作出了一項驚人的重要發現。

可是，萬萬沒有料到他發言之後，他一貫敬重的愛丁頓（A. S. Eddington，1882-1944）立即在會上嘲弄地宣稱：「我不知道我是否會活著離開這個會場，但我的論文所表述的觀點是，沒有相對論性簡併這類東西。」

愛丁頓當時不僅在天文學界是功績顯赫的領袖人物，而且在相對論方面也是知名的權威，25歲的錢德拉塞卡卻只是剛剛獲得博士頭銜的無名之輩。在這一場勢力極懸殊的「論戰」中（實際上幾乎沒有真正「戰」過），「真理」的天平完全傾斜在愛丁頓一邊，錢德拉塞卡幾乎是落荒而逃。

但天文學後來的發展卻明白無誤地證實，錢德拉塞卡是正確的，愛丁頓錯了。而且，由於愛丁頓的錯誤，加上他的權威性影

響，天文學在恆星演化方面的研究至少被耽誤了20～30年！回憶這段歷史，想必很有意義。

（一）

爭論的起因是關於白矮星（White Dwarf）的看法，所以我們先簡單介紹一下白矮星。

20世紀20年代，美國天文學家亞當斯（W. S. Adams，1876－1956）利用分光鏡研究雙星天狼星中的天狼星B時，發現這是一顆十分奇特的恆星。它的奇特之處是亮度低（遠不如天狼星A那麼亮，只有天狼星A亮度的10^{-4}），但表面溫度卻很高，在8000℃左右（太陽表面溫度只有6000℃），與天狼星A的表面溫度相差不多（天狼星A為10000℃左右）。溫度高而亮度低，這說明天狼星B的表面積要比天狼星A小得多，據計算只能是天狼星A表面積的1/2800。這樣，天狼星B的體積很小，與地球相仿；但是，它的品質卻大得驚人，與太陽相仿。所以天狼星B的密度也高得驚人，大約是10^6克/公分^3，大大高於人們熟悉的物質的密度。這個密度高於地心物質幾萬倍！

亞當斯的發現說明天狼星B屬於一類全新的恆星，它與普通恆星相比簡直像一個侏儒，正根據這一特點，天文學家把這種恆星稱為「白矮星」。沒過多久，人們又陸續發現了許多其他的白矮星。

在亞當斯發現白矮星前4年，英國物理學家盧瑟福已經證明，原子的大部分品質集中在極小的原子核裡。核外廣大的空間被在一定軌道上高速轉動的電子占據。白矮星的超高密度，似乎

只能想像為原子被壓「碎」了，即原子核外沿軌道運動的電子被壓得不再沿原來的軌道高速轉動，也不再占據核外廣大空間，而被壓得緊靠著核。但科學家們一時接受不了這種設想，因而大部分天文學家對白矮星的存在持懷疑態度。

愛丁頓根據白矮星的特點，算出天狼星B的表面引力應該是太陽的840倍，是地球的23500倍。如果真是如此，則根據愛因斯坦的廣義相對論，天狼星B發出的光線，其「紅移現象」（red shift），就會比太陽光的紅移大得多，因而也就明顯得多。為此，愛丁頓建議亞當斯對天狼星B的紅移現象作一次測試。1925年，亞當斯進行了測試，結果他測定的紅移，與愛丁頓預計完全相符。從此以後，人們不再懷疑白矮星的存在了。

但是，形成白矮星的物理機制仍然是一個謎。這個謎使當時的天文學家和天文物理學家，包括愛丁頓在內的許多人，百思不得其解。正在這時，與天文學似乎毫不相關的量子力學的一項新的成果，卻為天文學家們提供了一個滿意的解釋。

1926年，義大利物理學家費米（Enrica Fermi，1901-1954，1938年獲得諾貝爾物理學獎）和英國物理學家狄拉克（P. A. M. Dirac，1902-1984，1933年獲得諾貝爾物理學獎）分別在利用量子力學方法研究「電子氣」時證明：在高密度或低溫條件下，電子氣的行為將背離經典定律，而遵守他們兩人重新表述的量子統計規律（即費米-狄拉克統計規律）。在新的量子統計規律裡，壓強-密度關係與溫度無關，壓強值僅為密度的函數，即使在絕對零度，壓強仍然有一定的值。量子統計規律剛一公布，英國理論物理學家福勒（Sir R. H. Fowler，1889-1944）立即將這一理論應用於白矮星這種特殊的物質狀態。在白矮星的條件下，電子離

開了正常情形下的運動軌道，被「壓」到一塊兒，成了所謂「自由」的電子，而原子核則成了「裸露」的核，這種狀態稱為「簡併」（degeneracy）態。福勒證明，高密度白矮星中電子的「簡併壓力」非常大，大得足以抵抗引力的收縮壓力；並且還證明，在白矮星那樣的壓力和密度條件下，物質的能量確實比地球上普通物質的能量高得多。福勒還證明，任何品質的恆星到它們的晚年時，都將以白矮星告終。1926年12月10日，福勒在英國皇家學會公布了他的發現。

福勒的這一發現，是當時剛誕生的量子力學的一個合理的外推，它的結論使愛丁頓十分滿意。愛丁頓和許多天文學家都認為，與白矮星有關的問題完全解決了，人們再不必為它擔心了。

有趣的是，科學史上有無數事例說明，每當科學家認為某一個重大發現，已經被「萬無一失」的理論解釋得令人驚奇的滿意時，巨大的危機就會爆發。這次也不例外。正當人們感到歡欣滿意之時，一位從印度到英國求學的年輕人錢德拉塞卡卻有了不同的看法。

1928年，德國理論物理學家索末菲訪問印度，這時正在馬德拉斯大學讀書的錢德拉塞卡聽了索末菲的講演後，才知道什麼是量子統計規律。由於福勒的論文中有該統計的應用，於是他仔細閱讀了福勒的文章。雖然當時錢德拉塞卡的各方面知識還很欠缺，但他已經擁有的知識卻足以使他對福勒的結論產生疑問。於是他決心繼續鑽研這個愛丁頓認為「已經完全解決了的問題」。

經過幾年的研究，他有了比較明確的新觀點。星體到晚期由於引力超過星體內部核反應產生的輻射壓力，星體被壓縮而變小，星體物質處於簡併態；由於這時物質粒子相距愈來愈近，因

而根據「包立不相容原理」，粒子間將產生一種排斥力與引力相抗衡，在一定的條件下，它們處於平衡狀況，於是形成白矮星。但錢德拉塞卡的研究發現，當考慮到相對論效應時，由於星體中不同物質粒子的速度不能大於光速，所以當星體由於收縮而變得足夠密時，不相容原理造成的排斥力不一定能抗衡引力。這兒有一個臨界品質1.44$M_\odot$（$M_\odot$代表太陽品質。初期，錢德拉塞卡計算的臨界品質是0.91$M_\odot$），如果星體品質超過這個臨界品質，星體的引力將大於排斥力，恆星將在成為白矮星之後，繼續收縮……並不一定像福勒設想的那樣，所有恆星的晚期均以白矮星告終。

（二）

1930年，錢德拉塞卡帶著兩篇論文來到了英國劍橋大學。一篇論述的是非相對論性的簡併結構，另一篇則論述了相對論簡併機制和臨界品質的出現。福勒看了這兩篇文章，對第一篇他沒有什麼意見，贊同錢德拉塞卡已取得進展；然而第二篇所說的相對論簡併以及由此而生的臨界品質，福勒持懷疑態度。福勒把第二篇論文給著名天體物理學家米爾恩（E. A. Milne，1896-1950）看，徵求他的意見。米爾恩和福勒一樣，也持懷疑態度。

雖然兩位教授對錢德拉塞卡的結論持強烈懷疑態度，但錢德拉塞卡透過與他們的討論和爭辯，愈加相信臨界品質是狹義相對論和量子統計規律結合的必然產物。1932年，錢德拉塞卡在《天文物理學雜誌》發表了一篇論文，公開宣布了自己的觀點。

1933年，錢德拉塞卡在劍橋大學三一學院獲得了哲學博士

學位，並被推舉為三一學院的研究員。幾年來，他與米爾恩已經建立了密切的工作聯繫和深厚的友誼，他也逐漸熟悉了愛丁頓。愛丁頓經常到三一學院來，與錢德拉塞卡一起吃飯，一起討論問題，愛丁頓幾乎暸解錢德拉塞卡每天在做什麼。

到1934年年底，錢德拉塞卡關於白矮星的研究終於勝利完成。他相信他的研究一定具有重大意義，是恆星演化理論中的一個重大突破。他把他的研究成果寫成兩篇論文，交給了英國皇家天文學會。皇家天文學會作出決定，邀請他在1935年1月的會議上，簡單說明自己的研究成果。

會議定於1935年1月11日星期五舉行，錢德拉塞卡躊躇滿志，自信在星期五下午的發言中，他宣布的重要發現將一鳴驚人。但在星期四晚上發生了一件事，使錢德拉塞卡感到疑惑和不安。那天傍晚，會議助理祕書威廉斯小姐把星期五會議的流程表給他時，他驚訝地發現在他發言之後，愛丁頓接著發言，題目是「相對論性簡併」！錢德拉塞卡曾多次與愛丁頓討論過相對論性簡併，並且將他所知道的公式、數字都告訴了愛丁頓，而愛丁頓從來沒有提到過他自己在這一領域裡的任何研究，明天他竟然也要講相對論性簡併！錢德拉塞卡覺得，「這似乎是一種難以置信的不誠實行為」。

晚餐時，錢德拉塞卡在餐廳裡碰見了愛丁頓，錢德拉塞卡以為愛丁頓會對他作出某些解釋，但是愛丁頓沒有任何解釋，也沒有提出任何道歉。他只是十分關心地對錢德拉塞卡說：「你的文章很長，所以我已要求會議祕書斯馬特作出安排，讓你講半個小時，而不是通常規定的15分鐘。」

錢德拉塞卡很想趁機問一下，愛丁頓在他自己的論文中寫了

些什麼，但出於對他的高度尊敬，他不敢問，只是回答說：「太感謝您了。」

第二天會議前，錢德拉塞卡和天文學家威廉‧麥克雷（ W. H. McCrea，1904-1999）正在會議廳前廳喝茶，愛丁頓從他們身邊走過。麥克雷問愛丁頓：「愛丁頓教授，請問相對論性簡併指的是什麼？」

愛丁頓沒有回答麥克雷的問題，卻轉身向錢德拉塞卡微笑說：「我要使你大吃一驚呢。」

可以想像，錢德拉塞卡聽了這句話後，除了感到納悶以外，多少會有些不安。

下午會議上，錢德拉塞卡簡短介紹了自己的研究：一顆恆星在燒完了它所有的核燃料之後，將會發生什麼情形？如果不考慮相對論性簡併，恆星最終都將塌縮為白矮星。這正是當前流行的理論。但是，當人們考慮到相對論簡併的時候，任何一顆品質大於$1.44 M_\odot$的恆星在塌縮時，由於巨大的引力超過恆星物質在壓縮時產生的簡併壓力，這顆恆星將經過白矮星階段繼續塌縮，它的直徑越變越小，物質密度也越來越大，直到……

「啊，那可是一個很有趣的問題。」他明確地宣稱：「一顆大品質的恆星不會停留在白矮星階段，人們應該推測其他的可能性。」

米爾恩對錢德拉塞卡的發言作了一個簡短的評論後，大會主席請愛丁頓講「相對論性簡併」，愛丁頓開始發言了。錢德拉塞卡懷著異常緊張的心情，等待著這位權威的裁定。愛丁頓在發言快結束時說：錢德拉塞卡博士已經提到了簡併。通常認為有兩種簡併：普通的和相對論性的……我不知道我是否會活著離開這

個會場，但我的論文所表述的觀點是，沒有相對論性簡併這類東西。

錢德拉塞卡驚呆了！怎麼愛丁頓從來沒有同他討論過這一點呢？在那麼多的相互討論中，愛丁頓至少應該表白一下他的觀點才對呀！這對於錢德拉塞卡不啻為迎頭一棒。但是，愛丁頓並沒有辦法駁倒錢德拉塞卡的邏輯和計算，他只是聲稱，錢德拉塞卡的結果過於稀奇古怪和荒誕。錢德拉塞卡認為，超過臨界品質的恆星「必然繼續地輻射和收縮，直到它縮小到只有幾公里的半徑。那時引力將大得任何輻射也逃不出去，於是這顆恆星才終於平靜下來」。愛丁頓認為這個結局簡直荒謬透頂。

錢德拉塞卡說的這種最終結局，實際上就是現在已被廣泛承認的黑洞（Black Hole），這個名稱是三十多年後的1969年由美國科學家惠勒（John Wheeler，1991-2008）正式定下的。但1935年1月11日的那天下午，愛丁頓斷然宣布它是絕不可能存在的。他的理由是：「一定有一條自然規律阻止恆星做出如此愚蠢荒謬的行為！」

一場爭論，就這樣以迅雷不及掩耳之勢爆發了。

（三）

1935年1月11日的下午，對於錢德拉塞卡來說，真是一個慘澹得可怕的下午。他曾經心疼地回憶過那天下午會議結束後的慘況，他寫道：在會議結束後，每個人走到我面前說：「太糟糕了。錢德拉，太糟糕了。」我來參加會議時，本以為我將宣布一個十分重要的發現，結果呢，愛丁頓使我出盡了洋相。我心裡亂

極了。我甚至不知道我是否還要繼續我的研究。那天深夜大約一點鐘我才回到劍橋，我記得我走進了教員休息室，那是人們經常聚會的場所。那時當然空無一人，但爐火仍然在燃燒。我記得我站在爐火前，不斷地自言自語地說：「世界就是這樣結束的，不是砰的一聲巨響，而是一聲嗚咽。」

第二天上午，錢德拉塞卡見到了福勒，把會議上發生的事情告訴了他。福勒說了一些安慰的話，其他一些同事也私下安慰錢德拉塞卡。錢德拉塞卡不喜歡這些「關懷」，因為從大家說話的語氣中，他聽出人們似乎都已經肯定愛丁頓是對的，而他肯定是錯了。這種語氣讓錢德拉塞卡受不了，因為他相信自己肯定是對的。愛丁頓反對他的結論，卻提不出任何充足的理由，愛丁頓唯一的理由就是他不相信大自然會「做出如此荒謬愚蠢的行為」。但這種「理由」在錢德拉塞卡看來未免有些滑稽可笑。

愛丁頓沒有停止對錢德拉塞卡的「錯誤」的批評。1935年在巴黎召開的國際天文學會會議期間，愛丁頓再次在講話中批評錢德拉塞卡的研究結果，說那簡直是異端邪說，而所謂「臨界品質」在愛丁頓看來簡直是愚蠢可笑之極。錢德拉塞卡出席了這次會議，但會議主席沒有讓他對批評作出回答。錢德拉塞卡感到自己受到了不公正的待遇；他認為大家之所以贊同愛丁頓的意見，是因為他是權威，名氣很大；而之所以反對他的結論，只不過是因為他是一個年輕的無名小卒。這公正嗎？

錢德拉塞卡的感受是合乎事實的，這可以從麥克雷（W. H. McCrea，1904-1999）在1979年11月寫的一封信中看得十分清楚。麥克雷在信中寫道：我記得在一次皇家天文學會的會議上，愛丁頓發表了講話，使我大吃一驚的是這是一種不能應戰的爭

論⋯⋯當我聆聽了愛丁頓的講話以後，我不可能考慮他所說的所有含義，但是我的直覺告訴我，他可能是對的。

麥克雷接著以勇敢的精神解剖了自己：使我感到羞愧的是我沒有試圖去澄清愛丁頓引起的爭論。假如是其他人而不是愛丁頓引起這樣的爭論，我想我會去澄清的。從表面上看，大家都滿意愛丁頓的發言，既然大家都滿意，坦白地講，我也情願事態如此發展，更何況我不是研究恆星結構的。然而，我承認我知道一些狹義相對論，我本應該從這方面深入研究一下愛丁頓提出的問題。

錢德拉塞卡知道，他和愛丁頓爭論的是一個物理學問題，只在天文學圈子裡爭，是爭不出一個輸贏來的。他決定求助於波耳、包立這些量子力學的開拓者們。1935年，大約是1月下旬，錢德拉塞卡寫了封信給他的好友羅森菲爾德（Léon Rosenfeld，1904-1974）。羅森菲爾德那時正在哥本哈根工作，是波耳的助手。錢德拉塞卡在信中將他和愛丁頓爭論的焦點作了詳細的介紹後，接著寫道：如果像波耳這樣的人能做一個權威性的聲明，那麼，對這個爭論的解決將有很大的價值。

可惜的是波耳當時正在忙於研究原子核，與愛因斯坦爭論量子力學的完備性問題，根本沒有精力專心地研究一個新課題，所以無法滿足錢德拉塞卡的願望。但羅森菲爾德在幾次通信中，將他與波耳幾次初步的討論結果告訴了錢德拉塞卡。他們認為愛丁頓的意見沒有什麼價值，並且高度評價了錢德拉塞卡的觀點。羅森菲爾德在一封信裡寫道：在我看來，你的新工作非常重要。我認為除了愛丁頓以外，每個人都會承認它建立在完善的基礎上。

羅森菲爾德還建議錢德拉塞卡把爭論的焦點告訴包立，請這

位被譽為「物理學的良知」的大師進行仲裁。錢德拉塞卡覺得這個主意不錯，就把他的相對論簡併的推導，以及愛丁頓的論文等有關資料，寄給了包立，包立給了令人鼓舞的回答。他認為，把錢德拉塞卡的不相容原理應用於相對論系統時，沒有任何可以猶豫的；他認為愛丁頓的主要錯誤是在把不相容原理應用於相對論性的情形時，過分地依賴天體物理計算的結果。不幸的是，包立的主要興趣不在天體物理學，因此他不願意捲入這場爭論。

由於波耳、包立等物理大師不願介入，結果正如錢德拉塞卡預料中的一樣，混亂一直在天文學中蔓延，而且持續了20年！錢德拉塞卡想從波耳、包立等人那裡得到權威性評述，他的原意並非想讓人們相信他的理論的正確性（對此他幾乎沒有懷疑過），而是想儘快消除天文學中的混亂。

由於物理學家們無心介入，錢德拉塞卡的處境變得十分不利，他幾乎失去了在英國尋找一個合適職位的機會，人們對愛丁頓的嘲笑記憶極深。沒有辦法，他只好於1937年來到美國，很幸運的是他在芝加哥大學找到了一個教職。與此同時，錢德拉塞卡決定暫時放棄恆星演化的研究，但他堅信他的理論總有出頭露面的一天。於是他把他的整個理論推導、計算、公式等，統統寫進了一本書中，這本書的書名是《恆星結構研究導論》（*An Introduction to the Study of Stellar Structure*），1939 年由芝加哥大學出版社出版。

寫完了這本書以後，他改弦更張，開始研究星體在星系中的機率分布，後來又轉而研究天空為什麼是藍顏色的。有趣的是，錢德拉塞卡後來似乎十分滿意這種不斷轉換研究領域的做法，以致他後來又全面地研究了磁場中熱流體的行為、旋轉物體的穩定

性，廣義相對論，最後他又從一種全然不同的角度回到了黑洞理論。1983年，他終於因為「對恆星結構和演化過程的研究，特別是因為對白矮星的結構和變化的精確預言」，獲得了諾貝爾物理學獎。但這已是他最初提出這種理論48年之後了！

（四）

1935年1月11日那天下午突然落到錢德拉塞卡頭上的嚴重打擊，有可能毀掉一個人的人生；但對於具有「更強的靈魂」的錢德拉塞卡，這一嚴重的打擊卻給了他一個千載難逢的機會，使他悟出了一個深刻的道理。一個什麼樣的深刻道理呢？且看他1975年（距1935年整整40年！）一次演講中提出的一個令人深思的問題。

1975年4月22日在芝加哥大學的一次演講中，錢德拉塞卡作了題為「莎士比亞、牛頓和貝多芬：不同的創造模式」的演講，在演講中他提出了一個十分奇特的現象：文學家和藝術家，如莎士比亞和貝多芬，他們的創作生涯不僅一直延續到晚期，而且到了晚年他們的創作昇華得更高、更純，他們的創造性也在晚年得到了更動人的發揮；但科學家則不同，科學家到了50歲以後（甚至更早），就基本上不再會有什麼創造性了。

1817年，貝多芬47歲，在此前他有好久沒有寫什麼曲子了，這時他卻對人說：「現在我知道怎麼作曲了。」

錢德拉塞卡對此評論說：「我相信沒有一個科學家在年過40歲時會說：『現在我知道怎樣做研究了。』」

英國著名數學家哈代（G. H. Hardy，1877-1947）曾經說：

「我不知道有哪個數學奇蹟是由50開外的人創造的……一個數學家到60歲時可能仍然很有能力，但希望他有創造性的思想則是徒勞的。」

他還說過：「一個數學家到30歲時已經有點老了。」

英國著名生物學家赫胥黎（T. H. Huxley，1825-1895）也講過：「科學家過了60歲，益少害多。」有意思的是，當英國物理學家瑞利（原名約翰・威廉・斯特拉特，John William Strutt，尊稱瑞利男爵三世，Third Baron Rayleigh，1842-1919）67歲時，他的兒子問他對赫胥黎的話有什麼看法時，瑞利回答：如果他對年輕人的成就指手畫腳，那可能是這樣；但如果他一心一意做他能做的事，那就不一定益少害多。

錢德拉塞卡還舉了一個驚人的例子——愛因斯坦。他指出，愛因斯坦是公認的20世紀最偉大的物理學家之一，1916年他發現了舉世震驚的廣義相對論，那時他37歲。到20年代初，愛因斯坦還做了一些十分重要的工作。但從那個時期往後，「他就裹足不前，孤立於科學進步潮流之外，成為一位量子力學的批評者，並且實際上沒有再給科學增添什麼東西。在愛因斯坦40歲以後，沒有任何跡象表明他的洞察力比以前更高了」。

科學家為什麼不能像偉大的文學家、藝術家那樣不斷地具有創新精神呢？這正是錢德拉塞卡感到有趣的地方。錢德拉塞卡透過自己奇特的經歷，找到一個答案，那就是：由於沒有更恰當的詞，我只能說這似乎是人們對大自然產生某種傲慢的態度。這些人有過偉大的洞見，做出過偉大的發現，但他們此後就以為他們的成就，足以說明他們看待科學的特殊方法必然是最正確的。但是科學並不承認這種看法，大自然一次又一次地表明，構成大自

然基礎的各種真理超越了最強有力的科學家。

錢德拉塞卡以愛丁頓和愛因斯坦為例：以愛丁頓為例，他是一位科學偉人，但他卻認為，必然有一條自然規律阻止一個恆星變為一個黑洞。他為什麼會這麼說呢？無非是他不喜歡黑洞的想法。但他有什麼理由認為自然規律應該是怎樣的呢？同樣，人們都十分熟悉愛因斯坦的那句不贊成量子力學的話：「上帝是不會擲骰子的。」他怎麼知道上帝喜歡做什麼呢？

錢德拉塞卡的話是極有啟發性的。真正偉大的發現固然是由一些有「傲慢」精神的人做出的，他們正是敢於對大自然做出評判才有了偉大的發現。但是，要想持續不斷地在科學上做出新的發現，又必須對大自然保持某種謙虛態度。

有一次，當曾任英國首相的邱吉爾聽說工黨領袖艾德禮為人很謙虛時，他不無妒意地說：「他有許多需要謙虛的地方。」

這句話用到科學家頭上倒是非常合適的。對待大自然，一位科學家，無論他曾經做出過多麼偉大的發現，他總「有許多需要謙虛的地方」！

但要長期保持謙虛態度並不那麼容易。僅僅知道「需要謙虛」是不能保證一個人真正的謙虛的，似乎還應該有一定的方法、程式，保證人們時時刻刻不得不謙虛。有什麼樣的方法可以保證這一點呢？錢德拉塞卡提出了一個良方，他說：每隔十年投身於一個新領域，可以保證你具有謙虛態度，你就沒有可能與青年人產生矛盾，因為他們在這個新領域裡投入的時間比你還長！

這肯定是錢德拉塞卡結合自己的經歷得出的體會。1935年的打擊，使得他不得不離開他研究了近7年的恆星演化領域，轉而研究其他新領域。這種被迫的轉向，想不到給錢德拉塞卡帶來了

意外的好處，使他終生習慣、後來甚至喜歡不斷轉換自己的研究領域，並且也使他明白了一個長期令人迷惑的奧祕：科學家的創造性生涯為什麼遠比文學家和藝術家短？

當錢德拉塞卡晚年回憶1935年的這場爭論時，他似乎已經忘了當年的絕望心情，反而頗為感謝愛丁頓當年給他的沉重打擊（請讀者注意，錢德拉塞卡和愛丁頓終生保持著親密的友誼），使他幸運地放棄了原來的專業，下面是他的一段回憶：假如當時愛丁頓肯定自然界有黑洞存在，他就會使這個領域成為一個十分令人注目的研究領域，黑洞的許多性質也可能提前20年到30年發現。那麼，理論天文學的形勢將大不相同。但是，我並不認為這樣對我會是有益的，愛丁頓的稱讚將使我的地位有根本變化，我會很快變得十分有名氣。但我確實不知道，在那種誘惑和魅力面前我會變得怎麼樣。

錢德拉塞卡的體會，以及許多偉大科學家未能保持謙虛的教訓，應該說是科學史中令人關注的事情，它會為我們帶來許多有益的經驗和教訓。

第十九講
沒想到霍金會這麼做

　　人要活到一定的年紀才會意識到生活並不公正。你所必須做到的是在你所處的環境下盡最大的努力。

——《史蒂芬·霍金的科學生涯》

　　我並不認為上帝在跟宇宙玩擲骰子的遊戲。——愛因斯坦

　　上帝不僅在擲骰子，有時還將骰子扔到了找不到的地方。

——霍金

　　1981年梵蒂岡教皇科學院裡，召開了宇宙學討論會議。英國最偉大的宇宙學家霍金（S. W. Hawking，1942-2018）出席了這次會議，並在會上發表了有爭議的「宇宙無邊界」理論。這一理論帶有明顯反宗教的內涵。參加會議的各國科學家們以極大的熱忱接受了霍金的理論，但教皇約翰·保羅二世（S. J. Paul Ⅱ，1920-2005，1978年即位）意見會怎麼樣呢？雖然教皇皮烏斯十二世（Pope Pius XII，1876-1958）曾經在1962年宣告，科學家們要學習伽利略的榜樣，但宇宙無邊界已經使上帝無立身之地，教皇會怎麼說呢？科學家們等待教皇的接見，在接見時教皇也許會說明的。

接見的日子終於來了，科學家和他們的配偶被邀請到教皇避暑宅邸岡多福堡接受接見。城堡很樸素，四周都是農田和村莊。教皇在大客廳裡發表了簡短講話之後，坐在平臺的高椅上，由羅馬天主教會的護衛人員保衛著，客人們一個接一個地被介紹給教皇。按照傳統，客人們在這種隆重的場合應該從平臺的一邊進入，跪在教皇面前，輕聲交談幾句，然後從平臺的另一邊離開。

　　但是，當霍金驅動輪椅到平臺一邊的時候，每個在場的人都平心靜氣地注視著霍金和教皇的一舉一動、一言一行，他們急切地想知道，教皇對這位認為無須造物主的霍金，會說些什麼。這時，人類歷史上最令人驚異的一幕出現了：約翰‧保羅教皇離開了他的座位，在霍金的輪椅前跪下來，使他的臉與霍金的臉在同一水平線上；而且他們交談的時間比別人都長。

　　「您現在正研究什麼呢？」教皇問。

　　「我正在研究宇宙的邊界條件是不是成立。」

　　「我希望您的研究成果能使人類更加進步和幸福。」教皇停頓了一會兒，又說：「我對研究宇宙學的人有一個希望……」

　　霍金盡力揚起他那斜靠在肩上無力的頭，等待教皇的話。

　　「像『世界形成的一瞬間』這樣的研究，最好還是不要研究的好。」霍金不知道如何回答，遲疑了一會兒說：「我盡力而為吧。」

　　教皇微笑地點了點頭站起來，撣了撣自己長袍上的灰塵，與霍金告別。霍金的輪椅就駛向了平臺的另一邊。據說，那天下午在大廳裡的許多天主教徒都感覺受到了冒犯，他們認為教皇對霍金過分地尊敬了。更何況霍金是一個不信教的科學家，這是人所共知的事實；霍金的理論與正統的天主教義正好對立。為什麼教

皇要這麼尊敬霍金？

是呀，為什麼約翰·保羅二世要如此格外尊敬霍金呢？這其中的原因，我想讀者在看了以下的故事後，也許會有自己的看法。

（一）

世界上有些事的確很奇巧，儘管我們說不出道理。1642年1月8日，當歐洲戰場上基督教和天主教徒還在作殊死較量時，受盡教會侮辱、迫害的伽利略（Galileo Galilei，1564-1642），終於在佛羅倫斯市郊的阿聖翠山莊安靜地閉上了雙眼，心懷憤懣地離開了人世。

這年12月25日，正好是耶誕節那天，英國的科學偉人牛頓誕生了。再過300年，1942年1月8日，當伽利略去世300年時，另一個探索宇宙的現代偉人霍金誕生了。

霍金誕生在大學城牛津。本來，他們的家住在倫敦郊區海格特，但他的父親法蘭克和母親伊莎貝爾卻決定將他們的第一個孩子生在牛津。這是因為那時正是英國每天晚上都遭到德國轟炸，倫敦到處是斷壁殘垣，連他們在郊區的住所不遠處也落下了一顆炸彈，把窗子都震碎了。英、德兩國政府有協議，相互不轟炸有名的大學城，所以英國的牛津、劍橋，德國的哥廷根、海德堡在免轟炸之列。

當霍金兩歲時，他差一點被炸死。他們那時又回到倫敦，有一天德國的V-2火箭忽然擊中並毀掉了他們的家，幸虧那時他們外出不在家，否則人類就少了一位最傑出的科學家。

霍金的父親是牛津大學醫學院畢業生，一直研究熱帶病；母親也是牛津大學畢業生，後來在一家醫學研究機構任祕書。由於夫妻兩人都是高學歷、名牌大學畢業生，因此他們的鄰居除了尊敬他們以外，總覺得他們家有些古怪。比如他們家裡有許多書，而且還在不斷地買；尤其是吃飯時他們一家人包括小孩，都一邊吃飯一邊看書，這在別的家庭裡顯然是不允許的。

霍金似乎有點笨手笨腳，但想像力卻異乎尋常地豐富，而且，他的想像力轉換得極其迅速，這使得他總是不能用適當的語言表達思想，於是說話顯得吞吞吐吐、若隱若現，這有點像他爸爸。有人開玩笑說，霍金家的人有一種專門語言：「霍金語」。丹麥的物理學家波耳也有這種類似的毛病。

霍金思維的敏銳、迅速，令他的小朋友們十分驚訝。他的一個小朋友邁克爾・丘奇（Machel Church）後來曾說：「我感到他總是居高臨下地看著我們……我意識到他的不同尋常。這不只是一般的聰明和有創造性，而是鶴立雞群。如果你願意，說他有點高傲也沒關係，彷彿世界上的一切他都盡收眼底。」

霍金的確有些「鶴立雞群」，他在9歲時就知道自己將來會成為一名科學家。16歲時，他和他的小夥伴們就利用鐘錶的零件和一部報廢的電話交換機，七拼八湊地製造出一台簡陋的電腦，霍金是這台「邏輯旋轉式計算器」（LUCE）的主要設計者之一。當時電腦還是十分罕見的東西，只有某些大學和政府部門才有，所以他們的成功引起了人們的關注，當地小報還專門進行了報導。據說這台LUCE可以「真的做一些算術題」。

這一台電腦後來被一位不知內情的學校負責人當作垃圾扔掉了。過了許多年霍金成名後，這位負責人才後悔不迭，才認識到

那台LUCE有很大的歷史價值。

（二）

1959年，霍金考上了牛津大學。霍金想學物理，但父親想讓他學習醫學，他們爭論起來。霍金後來回憶說：我父親要我學醫，但我覺得生物學的大部分內容是描述性的，而不是充分地研究根本性的問題。也許我瞭解了分子生物學後會有不同的想法，但當時分子生物學還沒有廣為人知。

10月，霍金收到牛津大學的正式通知，他不僅被物理系錄取，而且獲得了獎學金。獎學金對霍金一家來說十分重要，因為當時一位醫生的薪水要供給兒子上牛津大學這樣的名牌大學，還是十分為難的。

霍金在牛津大學求學時，懶散而不大用功，這與當時牛津的風氣有關。當時牛津大學的學生很看不起那些十分用功而取得高分的人，還為這些學生取了一個難聽的名字「灰色人」（grey man）來嘲弄這些學生。霍金在《時間簡史》一書中曾提到此事。他寫道：那時牛津盛行一種對學習非常抵觸的風氣。你要麼不努力也能取得好成績，要麼就承認自己的智力有限，得一個四等的成績。如果你學習很努力才得到了一個好成績，會被認為是「灰色人」，這在牛津大學是最糟糕的一個稱號。

霍金當然不願成為一個「灰色人」。幸好他智力過人，雖然懶散（據他估算，在牛津大學的三年中，他花在學業上的時間總共大約1000小時，也就是說平均每天才一個小時！），但他的學習成績卻著實讓老師和同學們吃驚。這從下面一件軼聞中可以看

出這一點。

有一次，他的導師伯曼（R. Berman）博士給他的四個學生布置了13道物理題，要求他們在下週上課前儘量做完。到該上課那天，其他三個學生在休息室遇見了霍金，他正在那兒坐著看一本科幻小說。

「史蒂芬，你覺得那13道題難嗎？」其中一位同學問。

「噢？我還沒做呢。」

三位同學笑起來了，然後一位同學十分鄭重地說：「你最好趕緊做一下，我們三個人上週一起做，也只解出一道題。」

霍金聽了這話，似乎對13道題有了興趣，真的趕緊做起來。到上課時，那三位同學問霍金做得怎麼樣了，他說：「我時間不夠，只解出其中9道題。」

1962年，霍金結束了牛津大學的學習。考試結束的那一天，霍金與同學們高興極了，他們決定祝賀一番。於是，牛津小城的街道上出現了許多狂飲香檳酒的大學生，他們邊喝邊唱邊舞，還把香檳酒噴向夏日的晴空，一時交通為之堵塞。

假期，他隨父親到中東去旅遊，回來以後就到劍橋大學去註冊，成為夏馬（D. Sciama）教授的研究生。本來他想投到宇宙學大師霍伊爾（Sir Fred Hoyle，1915-2001）教授麾下，但不知為什麼卻轉到了夏馬教授的手下。開始時他頗有點沮喪，但很快發覺夏馬是一位十分優秀的科學家，而且他隨時可以和霍金討論問題。

1962年的寒假，霍金認識了珍妮‧懷爾德（Jane Wilde）。珍妮有八分之一的中國血統，剛從一所中學畢業，正準備第二年秋天上大學學習現代語言。她對霍金有深刻印象：霍金談吐機

智，行為有點不同一般；不過他的過分自負，珍妮並不喜歡。但是，他們之間的友誼卻進展得十分順利。

正在霍金向光明、幸福和輝煌的未來邁進時，一場巨大的不幸鋪天蓋地向他襲來，幾乎完全把他摧毀！

寒假期間，有一次他和母親出門滑冰，他忽然毫無理由地摔倒了，並且爬不起來。這樣的事發生過幾次以後，他只得去找醫生。檢查的結果，他竟然患上了「肌萎縮側索硬化症」（ALS），這種病在英國通常被稱作「運動神經細胞症」，在美國則被稱為「盧伽雷病」。這是一種不治之症，醫生認為霍金最多只能活兩年。醫生告訴他，這種病的一般進程是，肌肉萎縮引起運動功能減退，最後導致全身癱瘓；患者說話也會因聲帶上肌肉萎縮而日漸困難，並最終喪失言語能力；最後，吞咽困難，呼吸肌肉受損……死亡就降臨了。在這整個進程中，唯有思維能力和記憶力不受損害。

當霍金知道了這一切以後，我們可以想像他是多麼痛苦。他覺得上帝對他太不公平了！為什麼他年紀輕輕就非得在慢慢地折磨和痛苦中悲慘地死去？為什麼！可是這種問題是無人可以回答的。於是他把自己一個人關在宿舍裡，靠喝酒來麻醉自己。他的精神幾乎要完全崩潰了！但最終，他的理智拯救了他，他想：「如果我反正將要死去，何不做些好事？」

於是他決心回到學業上來。他慶倖自己學的是理論物理學，而他的大腦不會受這種病的影響。決心下定之後，他比以前更珍惜時間了，他甚至詛咒自己以前那麼不珍惜時間。有生以來，他第一次全心全意投入了學習和研究。珍妮‧懷爾德的鼓勵、幫助，也是霍金轉變的關鍵原因之一。珍妮是一位虔誠的天主教

徒，宗教賦予她的強烈責任感使她決心把他從絕望、迷茫中拯救出來。一位霍金的傳記作家公正地寫道：毫無疑問，珍妮這個時候的出現是霍金生活中的主要轉振點……珍妮使得霍金能克服自己的絕望，並重新樹立生活和學習的信心。與此同時，霍金繼續緩慢而艱難地攻讀博士學位。

世界上最偉大的奇蹟發生了：霍金儘管身體癱瘓，行動完全依賴一台電動輪椅，而且1985 年以後完全不能發聲，只能靠電腦與人交談，但這位世界上最嚴重的殘疾人之一不但活到了 76歲，而且成了全世界頂尖的宇宙學家和理論物理學家！1974年，霍金因為黑洞輻射理論而被選為英國皇家學會會員，當時他才32歲，在學會悠久的歷史上，他是獲得這一榮譽最年輕的科學家之一。1979年，他被任命為劍橋大學盧卡斯數學教授，而310年以前，牛頓也被任命擔任這個教職。1989年，霍金被授予榮譽爵士。

霍金的研究領域是宇宙學，這是一項需要高深數學水準、異常豐富想像力的學者才能從事的研究，而且需要精通物理學的兩個最艱深的理論——廣義相對論和量子場論。霍金能以他艱苦卓絕的努力促進了人類對早期宇宙的認識，而且比任何其他人都做得更出色，這無疑使他成為20世紀最偉大的奇蹟之一。

1985年4月，霍金第一次訪問中國。2002年8月，應美籍華裔數學家丘成桐之邀，霍金第二次訪華。當他駕著他那著名的電動輪椅游八達嶺長城時，他執意要登上最高的烽火臺，甚至說他寧願死在長城上也不肯死在劍橋。2006年6月，霍金第三次訪華，在人民大會堂和北京友誼賓館分別作了演講。

霍金的生活，霍金的成就，使每個知道了他事蹟的人都受到

深深感動，並激勵著無數健全的人和有殘疾的人，使他們勇敢地面對生活的挑戰。世界上有什麼事情比這更偉大，更令人心動的呢？

當然，霍金也會犯錯誤，會做一些唐突的事。他不是上帝。

（三）

霍金主要的成果是關於黑洞的研究。黑洞是宇宙空間物質存在的一種特殊形式，在黑洞裡由於物質密度大得超乎人們的想像，因此引力非常之大，大到連光線都不能逃離出來。既然連光都出不來，當然人就看不見它，所以稱它為「黑洞」。任何東西如果掉進黑洞，就再也跑不出來了。

光線為什麼逃不出來呢？因為黑洞的引力太大，當光線逃離它時，引力拉住了光，使光飛逃了一段距離後，再沒勁飛了，只好再次落進黑洞。這就像我們用步槍朝天射擊那樣，開始時子彈勁頭十足地向天空飛去，但過一會兒由於地心引力的作用，子彈射到一定的高度就沒勁了，只好回落到地球上。黑洞呢，引力極大，別說子彈、導彈……連光都逃脫不了它的引力作用，飛到一定距離只好乖乖地轉個急彎又回到黑洞裡去。這光線能飛到最遠的地方如果為r_e，以r_e為半徑作一個圓，這個圓的邊界就稱為「視界」（event horizon）。簡單說，「視界」就是黑洞的邊界。黑洞越大，視界的表面積（即以r_e為半徑的圓面積πr^2）也就越大。

霍金的一個偉大貢獻就是關於這個圓面積πr^2的研究。那是1970年11月，他的女兒露西出生兩週後的一個晚上，他正要上床

睡覺時，忽然想到：黑洞的視界表面積不會縮小，只能保持不變或增加。有了這條規則，一方面給黑洞的性質、行為提供了一條重要的限制，另一方面又啟發人們，這視界表面積與熱力學裡的「熵」有很大的類似之處，因為熱力學第二定律告訴我們，封閉系統的熵不會減小，只能保持不變或增大，所以熱力學第二定律又稱「熵增大定律」。而且奇巧的是，視界面積與熵有著同樣的量綱！難怪錢德拉塞卡後來讚歎地說：熱力學和統計物理學並沒有期望從廣義相對論中得出熵，然而，從這個理論得出的結果並不違背熱力學和統計物理學規律……這足以使人們對廣義相對論堅信不疑了……這與它的美學基礎有關。

霍金的這重大發現，受到當時理論物理學家們的熱烈喝彩。霍金本人也高興得駕著他的輪椅，在劍橋大學馬路上呼嘯而過，舞廳裡他的輪椅也呼啦生風地狂旋。霍金後來還得意地說：只要你腦子裡想什麼就盯住不鬆手，就總有一天會冒出思想來的。

這句話也許成不了什麼名言，但反映出霍金的興奮之情。過了不久，誰也沒料到的事發生了，從這一新見解出發，霍金竟然一舉推翻了一個關於黑洞的傳統觀念，而且也是理論物理學家們最鍾愛的一個觀念，即：「黑洞不黑」！這也就是說，有些東西（如基本粒子）可以從黑洞那裡溜出來！就像基督山伯爵能從「固若金湯」的孤島伊夫堡中逃出來一樣。

這一劃時代的偉大發現，使霍金穩穩當當地成了當代宇宙學中的頂尖人物和公認權威。可是，你能想到這一發現是從霍金的一次失誤開始的嗎？

起初，霍金並沒有把黑洞的視界面積不變與熵增加原理聯繫到一起；不僅沒有，而且還反對這種聯繫。他只是把這兩者

「數字上不增加」聯繫一起，並沒有因此認為這兩者在本質上有什麼聯繫。但是後來霍金從一篇文章中得知，美國普林斯頓大學約翰·惠勒（John Wheeler，1911-2008）教授的研究生貝肯斯坦（J. D. Bekenstein，1947-2015）提出：黑洞視界的面積很可能與黑洞的熵有關聯，也許這個面積正好是黑洞的熵的量度。

「又是一個不知天高地厚的研究生！」霍金幾乎被貝肯斯坦的意見惹惱了火，他憤憤地想道：「這位寶貝研究生也不想一想，如果黑洞的視界面積真是熵的量度，那麼它也將是溫度的量度。如果黑洞有了溫度，熱量將從黑洞流出，流向宇宙中最冷的地方（-273℃），而這意味著能量將從黑洞流失。這怎麼可能呢？」

是呀，霍金怎麼會不惱火呢？黑洞為什麼「黑」，不就是因為任何東西（當然也包括能量）都不可能從黑洞逃離嗎？1973年，霍金和他的兩位同事發表了一篇文章，指出了貝肯斯坦文章中的「致命弱點」：事實上黑洞的有效溫度是絕對零度……沒有任何輻射可以從黑洞放出。

但是後來霍金才明白，錯的不是貝肯斯坦，而是自己。這真是一個十分有趣而令人驚訝的故事，在科學史上總是一次又一次重複著類似的故事，真個是「綿綿無盡期」了！每一次總是年輕的科學家不願被保守的傳統思想所束縛，大膽向它們挑戰；而每一次這種挑戰，又絕無例外地會被權威和頂尖人物所惱怒和反對。這樣的故事在我們這本書中就可以找出很多。

當愛因斯坦提出光子假說時，普朗克說愛因斯坦走上了歧途；當波耳提出氫原子假說時，勞厄賭咒說，如果波耳對了，他就不當物理學家了；當克羅尼格（Ralph Kronig，1904-1995）提

出電子自旋假說時，包立勸他把它扔進廢紙簍裡去……

結果，每一次科學的重大進展，總是年輕人挑戰、奮進，而權威者和老人多是充當反對角色。這似乎成了規律。現在，年齡並不大（才30歲出頭）但已出了名的霍金又開始擔任這個「反對角色」了。

更有趣的是，霍金進一步的研究得出了一個數學公式，這公式十分有利於貝肯斯坦的觀點，但霍金還是不相信。他仍然「有一些惱火，以後又感到好奇」。在《時間簡史》中霍金對此曾寫道：我想如果貝肯斯坦知道這點，他肯定會把這作為支持他的關於黑洞熵理論的進一步論據，而我卻仍然不喜歡。

霍金做了許多努力，想擺脫貝肯斯坦的「錯誤見解」，但擺脫不了。最後，霍金不得不接受貝肯斯坦的見解和他自己的數學公式給出的結論，拋棄了自己的偏見。

承認自己錯了，拋棄偏見之後，霍金做出了劃時代的發現。「失敗乃成功之母」，這句話真是精深的哲言。

（四）

到1989年，《時間簡史》成了全世界的暢銷書。

但是，這本書也引來了一場本不該發生的風波。這場風波是由霍金的失誤和固執引起來的。

事情得從1981年的一件事講起。這一年霍金到莫斯科訪問時，蘇聯物理學家林德（Andrei Linde，1948-）將自己在宇宙研究中的「新膨脹」理論告訴了霍金，霍金提出了一些批評。林德後來按霍金的意見作了修改。莫斯科的訪問一結束，霍金

立即飛往美國費城，接受富蘭克林學院給他頒發的富蘭克林獎章。領獎後他應邀在一個關於宇宙學的討論會上發了言。後來在討論時，賓夕法尼亞大學的一位年輕物理學家史坦哈特（P · J. Steinhardt，1952-）與霍金討論了宇宙膨脹的問題。這件事似乎就此結束，但麻煩出來了。霍金後來在1988年出版的《時間簡史》一書上提到了這事，而且他不知是疏忽還是什麼原因，這樣寫道：在費城討論會上，我用大部分時間談論宇宙膨脹問題，還提到了林德的思想，以及我如何糾正他的一些錯誤。聽眾中有史坦哈特……後來史坦哈特寄給我一篇論文，是他和一個叫阿爾布雷克特一起寫的，內容與林德的思想極為相似。以後他告訴我，他不記得我曾描述過林德的思想，而且在他們自己差不多已完成論文時，才看到了林德的論文。

當史坦哈特看到霍金這種不負責任的話以後，十分惱怒。他知道，如果不澄清這個是非，將對他本人的名譽和事業造成極大傷害。史坦哈特為什麼惱怒呢？我們還得回到1982年，這年霍金在劍橋組織了一個講習班，講習班是要研討宇宙膨脹的問題。結束前，會議擬了一個「會議紀要」。當時參加會議的兩位美國物理學家特納（M. Turner）和巴羅（J. Barrow）看了紀要後，認為不妥，建議霍金應該把史坦哈特的功勞寫進去，因為史坦哈特與林德是各自獨立提出「新膨脹」理論的。霍金當時不贊成「分享功勞」的建議，建議要麼把史坦哈特和他合作者的名字去掉，要麼引霍金-莫斯（Moss）的論文作為參考資料。

特納和巴羅對霍金這種不分青紅皂白的態度很是氣憤，尤其是後一建議無疑是他本人想搶「新膨脹」理論發現的頭功。特納和巴羅決定不理睬霍金的無理要求，並提醒霍金：史坦哈特是不

會注意不到這一衝突的。挑戰頂尖人物是十分危險的，但他們為了公平，什麼也不顧了。

其實，霍金開始的確是有點誤會，以為史坦哈特是聽了他在費城的講話，並在知道林德「新膨脹」理論之後才寫了一篇關於這方面的文章，因此認為他沒資格搶這一頭功。史坦哈特知道此事後，在1982年的當年就將自己的筆記本和信件寄給霍金，用以證明自己在1981年10月在費城聽霍金演講以前，就已經有了「新膨脹」理論比較成熟的想法；同時他斷言，他在費城會議中絕沒有聽到霍金提到林德的新思想。霍金收到史坦哈特的信以後，回信說，他完全承認史坦哈特和阿爾布雷克特（A. Albrecht，1939-2019）的研究是獨立於林德的；他還友好地表示希望今後能夠合作，並明確聲稱：這件事到此結束。

這是1982年的事，如果霍金做到他的許諾就什麼事也不會有了。但到1988年寫《時間簡史》時，霍金又否定了1982年他給史坦哈特信中允諾的一切，讀者一看就明白霍金毫不留情地貶損了史坦哈特。史坦哈特的氣憤是可想而知的了。他不能原諒霍金這種不講信義的背後小動作。

史坦哈特的聲譽很快就因此受到了損害，國家科學基金會決定終止撥給他研究經費，原因正好是霍金的那一段話。

史坦哈特不得不為捍衛自己的名聲而奮鬥。幸運的是，他找到了1981年一次會議的錄影帶，上面清楚地表明在1981年史坦哈特就提出了「新膨脹」理論的關鍵思想。史坦哈特將錄影的拷貝寄給劍橋的霍金和出版社。幾個月以後，霍金回信說，下一版本將修改那冒犯了史坦哈特的文章。

但奇怪的是，霍金並沒有就這件嚴重損害史坦哈特的事件向

史坦哈特本人道歉，也沒有公開承認自己的錯誤。

1988年，在美國召開的一次會議上，霍金遇見了特納，他尷尬地問特納說：

「你打算理睬我嗎？」

「你應該進一步彌補你造成的傷害！」

後來是世界各國的許多學者向霍金明確指出他錯了之後，他才顯得寬容了一點。

對於這件事，《霍金的科學生涯》（*Stephen Hawking, A Life in Science*）（1992 年）一書作者評價道：對雙方而言，此事現在已經結束了。但霍金對此事的行為明顯是錯的。他以頑強著稱，但是他的這種個性的負面效應又使他無視公平的原則。史坦哈特因為這件事還在受罪，毫無疑問這件事已對他的職業造成了損害，並完全不必要地引起他感情上的痛苦，他是冤枉的。不過，有萊布尼茨與牛頓之爭為例，在科學史上像這樣的事遠不是罕見的。像霍金這樣傑出的人物，使科學世界保持著活力，他們的思想和想像力使科學充滿生機，但是同他們創造性的貢獻並存的是，他們過於強烈的個性所帶來的強烈的負面性，有時這種負面性會使人生道路背離原來的方向。

這段評論說得好！這使我們想起了霍金前妻珍妮說過的一句話。珍妮在霍金最需要鼓勵和照料的時候，成了他的妻子，但在1990年兩人卻分手了。我們這兒不打算探討他們分手的原因，但珍妮的一句話說得特別好：「（我）告訴他，他不是上帝。」

是的，霍金不是上帝，愛因斯坦也不是上帝，他們只不過幸運地從上帝的肩膀上瞄見了一點點宇宙的奧祕。

第二十講
愛因斯坦做過的最大蠢事

宇宙究竟是無限伸展的呢？還是有限封閉的呢？海涅在一首詩中曾提出一個答案：「一個白癡才期望有一個回答。」——愛因斯坦

發現宇宙膨脹是20世紀偉大智慧革命之一。回顧起來也夠奇怪的：為什麼過去沒人想到這點。
——霍金

愛因斯坦的確是一位物理學家，但是他曾經用他的廣義相對論對宇宙進行過一次可以說是最大膽、也最富有成就的一次探索。1917年，愛因斯坦發表了他的第一篇宇宙學論文，也是廣義相對論宇宙學這一領域中的第一篇論文。題目是：「根據廣義相對論對宇宙學所作的考察」。時間已經過去一百多年了，但這篇開拓性論文所引進的許多概念，至今仍然極大地影響著現代宇宙學的發展。

由於下面將要講到的原因，愛因斯坦在他的宇宙學中，引入了一個「宇宙學項」，在這宇宙學項中，他引入了一個「宇宙常量Λ」。後來，伽莫夫（George Gamow，1904-1968）在回憶錄中曾經談到，愛因斯坦為引入這個宇宙學項而感到後悔。伽莫夫寫道：很久以後，在我和愛因斯坦討論宇宙學問題時，他認為，

引入一個宇宙學項是他一生中所幹的一件最大的蠢事。

但是過了幾十年以後，宇宙學家們又認為，愛因斯坦引入的宇宙學項是必要的。伽莫夫大約不這麼認為，因為他似乎頗為憤慨地說過：然而，被愛因斯坦否定和拋棄的這個「愚蠢項」，至今還在被某些宇宙學家沿用，那個以希臘字母Λ代表的宇宙常量，還高昂著它那醜陋的尖腦袋，一而再、再而三地出現。

把宇宙常量Λ說成是「醜陋」而且「尖」的腦袋，充分表明了伽莫夫是如何憎惡這個宇宙常量！但其他科學家並沒有因為Λ這個字母是愛因斯坦拋棄了的東西，也並沒有因為伽莫夫說它「醜陋」（不過Λ的「腦袋」的確有點尖），就真把它扔進了垃圾堆。

世界著名宇宙學家霍金在蓋爾曼（Murry Gell-Mann，1929-2019）的影響下，對宇宙常量有了興趣，並在1982年的一次會議上，作了題為「宇宙常量和弱人擇原理」的演講。他在演講中指出，在某種情形下，宇宙常量應該是存在的，只不過它比已知的任何其他物理常數更接近零。霍金還特別指出，儘管我們可以使光子的品質為零，但我們沒有相同的理由使Λ的數值等於零。

Λ的尖腦袋似乎不「醜陋」了，它又一次昂起頭來！這使我們想起了愛丁頓，他一直認為宇宙常量是不可缺少的，他曾經預言道：$\Lambda = 0$是不可能的，這暗示著恢復到不完全的相對論，這與恢復到牛頓理論一樣，用不著思考。

那麼，愛因斯坦到底是不是犯了一個畢生最大的錯誤呢？他為什麼認為自己犯了錯誤？而許多著名的科學家卻又認為他並沒有犯什麼錯誤，這到底是怎麼一回事？

這的確是一個極有趣味的案例。這裡面的「陷阱」和「誤

區」簡直是真假難分。我們唯一有把握說的是：我們現在所闡述的一切，仍然沒有把握說它到底是對還是錯。

（一）

牛頓力學建立以後，宇宙結構的早期模型基本上被淘汰了。早期宇宙模型，無論是古中國的或古希臘的，幾乎都認為宇宙是「有限的、有邊界的」。但這種模型立即會引出一個令人困惑的悖論：「有限有界」就意味著存在「邊界以外的」宇宙，而「宇宙」本身就是「囊括一切」的，沒有什麼東西能在宇宙之外。這樣，既認為宇宙囊括一切，又認為有邊界而承認宇宙還有「宇宙」之外，這也就是說宇宙並不「囊括一切」，這不是一個致命的相互矛盾的難題嗎？

在古代，這個問題倒是可以有解決的辦法的，那就是把「邊界以外」的部分劃分到科學研究範圍之外，那兒是上帝或者是玉皇大帝統治下的天堂。但到了近代科學興起以後，這種「天界」的說法當然站不住腳了。為了解決上述難題，於是牛頓和萊布尼茨主張宇宙是無限的。1692年，牛頓在給班特利（R. Bentley，1662-1742）寫的一封信中，對他為什麼將宇宙當成一個到處充滿物質的無限容器作了解釋，他寫道：如果我們的太陽、行星以及所有宇宙中的物質都均勻地分布在天空中，而且每一個物質粒子都有一種固有的引力作用在其他物質粒子上，在這種情形下再假定散布物質的空間是有限的，那麼這些物質將由於萬有引力的作用向內聚集，最後會聚集在空間的中心，形成一個大的物質球體。但是，如果這些物質均勻散布於一個無限的空間，它們就不

會聚集成一團；這時，它們將形成不同的團塊。在無限的空間有無限多的團塊，它們之間相距極遠。

這也就是說，牛頓認為無限空間裡有無限數量的恆星，它們均勻分布在整個宇宙空間，於是宇宙中的物質就不會因為萬有引力而「最後會聚集在空間的中心」，由此避免了一個巨大的困難。這的確是很有吸引力的設想。這時不存在什麼引力中心了，每一顆恆星在各個方向上受力相等，沒有任何一個方向受力大於另外某個方向，於是「靜態宇宙」得以穩定下來。從總體上看，「宇宙是靜態的」，這是自古以來人們對宇宙的傳統看法，而且這種看法與日常生活經驗也十分相符，我們生活中誰也沒有感覺到宇宙不是靜態的。

但是，這種宇宙模型有一個很大的缺陷，那就是如果「無限空間」有「無限數目」的恆星，則空間任意一點的引力將會趨向無限大，空間任何一點將會十分明亮，不會存在黑暗。哈雷（Edmond Halley，1656-1743）早在1720年就提出這個問題。他在一篇文章中指出，如果恆星數量是無限的，那麼黑夜就不復存在，任何地方都應該非常明亮。後來，德國天文學家奧伯斯（H. W. M. Olbers，1758-1840）在1823年又提出了相似的問題，並被稱之為「奧伯斯悖論」（Olbers' paradox）。

由於以上原因，牛頓只好認為宇宙是無限的，而有限的星體分布在有限空間裡。

與牛頓同時代的萊布尼茨則堅決主張，星體一定均勻分布在整個無限的空間，即無限的空間中有無限數量的恆星。理由是，如果恆星分布有限，則物質宇宙仍然有界，於是問題又回復到古代的老問題上去了。

他們這兩種不同的意見，誰也說服不了誰。原因很簡單，因為他們雙方都無法擺脫純思辨的思考方式，而每一方對於對方只能用「否證」的辦法。康德則採取了一種幾乎是滑頭的辦法，試圖把這個爭論當作一個根本用不著爭論的問題。因為，宇宙既不能有限，也不能無限，這是一個「空間的二律背反」的問題。也就是說，康德採取了與海涅相同的看法：這是一個「白癡」問題，用不著爭論。

但物理學家並不那麼輕信哲學家的看法，更不用說詩人的話了。

到19世紀90年代中期，德國天文學家馮‧諾伊曼（C. G. von Neumann，1832-1925）和馮‧澤利格（H. von Seeliger，1849-1924）對牛頓的宇宙模型提出了一個新的想法。既然牛頓模型採取了在無限空間中的有限空間裡分布有限星體的觀點，那牛頓就又回到了原來試圖避開的困難之中：由於引力作用，宇宙會收縮。為了避免收縮，馮‧諾伊曼和馮‧澤利格提出：無限空間應該保留，恆星也是有限的，但在引力方程式裡加入一個「宇宙項」：Λ_ϕ。這一項也稱為「斥力項」。有了斥力的存在，宇宙收縮的可能性就可以被防止了。宇宙項中的Λ，就是宇宙常量（cosmological constant）。

但「有限分布」就意味物質「宇宙有界」；這個困難馮‧諾伊曼和馮‧澤利格可就顧不上了，他們也無法解決這一古老的難題。

到了1917年，似乎出現了解決問題的一線曙光。

（二）

　　愛因斯坦在提出了廣義相對論之後，立即轉向了宇宙學，開始探索這個只有「白癡才期望有一個回答」的難題。愛因斯坦為什麼突然對宇宙學有了興趣呢？這有兩方面的原因，一是他對「自然界的神祕的和諧」總是懷有一種「讚賞和敬仰的感情」，二是因為廣義相對論本身的需要。

　　我們知道，廣義相對論是一種不同於牛頓萬有引力理論的理論，它們之間在基本概念上有本質上的不同。但是，在絕大部分情形下，由於引力場非常微弱，它們之間的差別非常微小。這時，廣義相對論的最低一級的近似與牛頓引力理論完全等價，牛頓引力理論足以解決宇宙學中的大部分問題。雖然當時有幾個相對論效應，例如引力紅移、光線彎曲和水星近日點進動……在廣義相對論的第一級近似中能夠表現出來，而且由於這幾個效應的實驗證實，對廣義相對論得到公眾的確認有著非常重要的作用，但是，它們並不足以顯示出這兩個引力理論之間本質上的巨大差別。只有在強引力場中，兩個引力理論之間深刻的和本質的差別，才能清晰地表現出來

　　但是強引力場在哪兒呢？遠在天邊，近在眼前，我們生活在其中的宇宙就是一個強引力場。也就是說，唯有宇宙可以充分顯示出廣義相對論的力量，可以使牛頓的引力理論的弱點充分暴露出來。

　　當愛因斯坦開始探索宇宙學時，學界已經有許多觀點，它們似乎與牛頓引力理論相符，而且與日常經驗也相符，其中有：

　　（1）宇宙的空間是無限無邊的；

（2）宇宙的物質內容是有限的；

（3）物質在整體上是處於「靜態」的；

（4）如馮·諾伊曼和馮·澤利格所說，排斥力（即宇宙常量）可以引入到引力理論之中。

除此而外，還有「馬赫原理」等純思辨性觀點的存在。這些思辨性觀點當然會影響愛因斯坦的思路。不過愛因斯坦在構造他的宇宙模型時，可能考慮得更多的是使他的理論符合日常生活的經驗。美國波特蘭大學雷依（C. Ray）的看法很有道理，他說：愛因斯坦的確出於經驗的動機，才引入了宇宙常量的。

其中第（1）條，廣義相對論已經給出了完全不同於以前的回答。我們知道，廣義相對論所需要的空間是「黎曼空間」（Riemannian Space），而不是牛頓的「絕對空間」。在黎曼空間被人們發現以前，人們的觀點是：有限必定有界，有界必定有限；無限必定無界，無界必定無限。但德國數學家黎曼（G. F. B. Riemann，1826-1866）在1854年第一次指出：宇宙可以是「有限無邊的」。

黎曼幾何的重要意義還在於：我們終於可以用實證的方法、而不是純思辨的方法，來研究康德所謂有限空間和無限空間是不能研究的問題。原來，有限無限問題是可以研究的，而且按黎曼理論，空間的有限與無限由空間曲率決定，而後者在原則上是可以測量的。

愛因斯坦的廣義相對論所描述的空間，正是黎曼幾何決定的空間。因此，對於愛因斯坦的引力理論來說，宇宙是「有限無邊」的，這就將幾千年來爭論不休的「有限即有邊」的難題解決了。在這方面，愛因斯坦的宇宙學少了一樁令人不安的問題。但

是，在其他方面，愛因斯坦的「宇宙」所面臨的問題，與牛頓的「宇宙」幾乎一樣多。其中一個最重要問題是：「這個宇宙在整體上說是不是靜態的？」在這一點上，愛因斯坦接受了傳統和日常經驗給他的直覺：從整體上看，宇宙是靜態的。但他的引力方程式和牛頓的引力方程式一樣，只有引力項，因而也無法避免宇宙的收縮這一困難。好在有馮・諾伊曼和馮・澤利格的先例，於是愛因斯坦將他的引力方程式也引入一個宇宙項，也就是說加了一個宇宙項$\Lambda g\mu\nu$。其中的Λ，就是伽莫夫深惡痛絕的「尖腦袋」——宇宙常量。

　　開始，愛因斯坦也不喜歡這個「尖腦袋」，因為引進了這一項後，原來的方程式在美學上顯示的魅力在一定程度上受到了損害。但是，不加上這一項，他在試圖求解原方程式時，發現宇宙將不是「膨脹」便是「收縮」，二者必居其一。這時，愛因斯坦不相信自己的方程式了，他決定相信天文學家們觀測的結論，即：宇宙中的星體中雖然有存在和消亡的過程，以及還有大量的無規則運動，但在整體上（即大尺度上）宇宙仍然是靜態的。在他那個時代，人們還無法相信宇宙會膨脹或收縮。因此他只能夠像馮・諾伊曼和馮・澤利格那樣，引入一個「反引力」（即斥力）的宇宙項。

　　這個反引力與其他以前人們熟知的力（如萬有引力、電磁力……）不同：①其他的力都有「源」，例如萬有引力來自地球或太陽……但是這個斥力沒有任何特殊的「源」，它被納入「時空本身的結構之中」；②其他力的大小都是和兩個相互作用物體之間的距離成反比，距離越大力就越小，但這種斥力卻隨兩物體之間距離增大而增大；③其他的力都與兩個相互作用的物體相

關，但這種斥力只取決於其中一個物體的品質。

由此看來，這種斥力實在讓人大惑不解。尤其是它的「無源性」，在當時可以說是根本無法讓人接受。但正如伽莫夫所說：「只要能拯救宇宙的穩定性，怎麼幹都行！」

1917年2月，愛因斯坦終於決定在「根據廣義相對論對宇宙學所作的考察」一文中，提出了自己的廣義相對論宇宙學。這篇文章，無論其中還包含多少問題和困難，但作為一種理論體系，它標誌著物理學翻開了新的一章。愛因斯坦是勇敢無畏的，他不願意承認為宇宙建立一個整體的動力學理論根本不可能，並因而放棄希望。他不願意放棄努力，在文章中他寫道：我必須承認，要我在這個原則任務上放棄那麼多，我是感到沉重的。除非一切為求滿意的理解所作的努力都被證明是徒勞無益時，我才會下那種決心。

但這一次他不像以前提出狹義相對論和廣義相對論那樣有把握。一方面可能是因為有斥力項的方程式不簡潔、不和諧和不美麗，另一方面可能是因為這個斥力太古怪，令他不大放心。1917年2月將文章提交給普魯士科學院的前幾天，他在給好友埃倫菲斯特（P. Ehrenfest，1880-1933）的信中寫道：我對引力理論又在胡言亂語地說了些什麼，它快要使我處於進瘋人院的危險境地了。

後來事態的發展，似乎說明他的擔心不無道理。

（三）

愛因斯坦的論文發表後不久，蘇聯數學家弗里德曼（A. A. Φ

ридман，1888-1925）從純數學角度研究愛因斯坦的論文時，發現愛因斯坦在證明的過程中，犯了一個錯誤。當愛因斯坦在用一個比較複雜的項除以一個方程式的兩端時，他大約沒有注意到這個項在某些情形下有可能等於零。而不允許為零的量除以等式兩端，這是每個初中學生都十分清楚的。但是愛因斯坦這次卻疏忽了，這樣，愛因斯坦的證明當然就靠不住。

弗里德曼立即意識到，一個全新的宇宙觀正好在這兒顯示出自己誕生的權利。經過一番緊張的研究，弗里德曼確信，愛因斯坦在1916年最初提出的引力場方程式是完全正確的。這個方程式預言宇宙將隨時間而膨脹或收縮；愛因斯坦為了保證宇宙的靜態而違背初衷，加入一個宇宙項，其實是畫蛇添足，造成一個可悲可歎的錯誤。

弗里德曼將自己的發現寫信告訴愛因斯坦，據說愛因斯坦沒有給他回信。後來，弗里德曼又托列寧格勒大學物理教授克魯特科夫（Ю. A. Крутков，1890-1952）向愛因斯坦面談他的發現；克魯特科夫這時正好要去柏林訪問。據伽莫夫回憶說，愛因斯坦終於給弗里德曼回了一封短信，「雖然語氣有點粗暴，但同意了弗里德曼的論證」。

1922年，弗里德曼在德國《物理雜誌》上發表了他的論文。在論文中，他證明愛因斯坦原來的引力方程式，允許存在一個膨脹著的宇宙。弗里德曼的預言可以說是科學史上最偉大的預言之一，它開創了宇宙學一個嶄新的紀元。一方面是因為它預言的範圍涉及整個宇宙空間，另一方面它第一次打破了一個亙古以來的傳統觀點——宇宙在大尺度上是靜態的。

愛因斯坦讀了弗里德曼的論文之後，認為弗里德曼的論文中

有錯誤，就立即給編輯寫了一篇短文，批評了弗里德曼的文章，並登在接著的一期《物理雜誌》上。但弗里德曼立即看出，愛因斯坦的批評又有錯誤，於是他又對愛因斯坦提出了反批評。1923年，愛因斯坦在一篇短文中，撤回了對弗里德曼文章的批評，表示贊成弗里德曼提出的模型。但是，直到1931年愛因斯坦才正式承認：「宇宙項在理論上是無論如何也不令人滿意的」，並表示不再提及這個「愚蠢項」。

從1917年前後的知識背景來看，愛因斯坦引入一個宇宙常數以保證宇宙在大尺度上是靜態的，這肯定是一個錯誤。愛因斯坦在年輕時，以不輕信任何先驗自明的概念而令人嘆服。他曾說過：物理學中沒有任何概念是先驗地必然的，或者說是先驗地正確的。

但是，任何人也不能保證自己永遠不會陷入先驗概念設下的盲點。愛因斯坦雖然在1917年2月文章發表之前，也發現他的引力方程式會得出膨脹和收縮解，但是受傳統靜態觀的影響，迫使他放棄這種可能的解，而引入一個宇宙常量 Λ，以保證宇宙是靜態的。

於是，愛因斯坦終於做出他終身最大的一件「蠢事」。

這以後，又有許多意想不到的事情發生，宇宙常量的命運又幾次沉淪、幾次興旺，但那已經不屬於我們這篇文章所能包括的了。

第二十一講
伽利略錯在何處

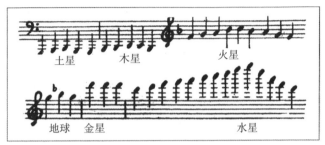

克卜勒在《世界的和諧》一書中的「天體音樂」五線譜

　　克卜勒曾在《世界的和諧》一書中紀錄了一段「天體音樂」的五線譜，這是一闋什麼樂曲？是巴哈的《布蘭登堡協奏曲》？是舒伯特的《野玫瑰》？還是貝多芬的《命運》？也許你想問的問題還不少，其中還會有一個共同的疑問：這一節不是講伽利略的失誤嗎？怎麼開篇卻是一段五線譜？是不是把話頭扯得太遠了一點？

　　好，下面我們將逐一給出回答。這段樂譜在音樂史上也許沒有什麼地位，但在物理學史以及人類認識宇宙的歷史上，卻扮演重大的作用。它既不是巴哈、舒伯特的作品，也不是貝多芬以及任何一位作曲家的作品，它是德國天文學家克卜勒在《世界的和諧》一書中的大作！

那麼，這和伽利略的失誤有關係嗎？有的。伽利略的失誤正是基於這闋樂曲的主題思想。

（一）

　　我們知道，科學的任務就是要致力於發現客觀事物「為什麼」是這樣的，物理學更是如此。這就正如克卜勒所說的那樣：「天體的數目、距離和運動這三者，引起我熱誠的探索，我要弄清楚為什麼它們是現在這樣，而不是別的樣子。」

　　為了要回答這個「為什麼」，各個時代有著各不相同的框架。古希臘時期，物理學家們的框架是「和諧」，這就是說可以用「和諧」來回答客觀事物的「為什麼」。例如，恆星為什麼做圓周運動，那是因為圓周運動最勻稱、飽滿、穩定，即最「和諧」。在這一框架下，這樣的解釋就非常標準了。到了牛頓時代，這個框架被認為是不完全、不精確的，物理學家用「力」的框架代替了「和諧」的框架。直到今天，天體物理學家的主要工作仍然是千方百計地尋找「力」，找到了「力」，也就能正確回答「為什麼」。顯然，這個框架比起和諧的框架的確有許多優越性，它可以更精確地解釋許多以前無法解決的難題，可以準確預見許多自然現象。

　　伽利略生活和工作的時代，正值舊理論的框架受到強烈衝擊而處於風雨飄搖之際。16世紀，在義大利和英國相繼在心臟、血管和血液循環方面有了重大發現，古希臘偉大名醫蓋倫（Galen，129-199）的見解被證明是錯誤的。從此，人們對古希臘學術成就不可動搖的地位產生了懷疑。當時在運動學方面有一

個問題是舊框架無法解決的，那就是物體運動的原因。亞里斯多德（Aristoteles，前384–前322）的理論將運動分為兩類，一類是「天然運動」，一類是「受迫運動」（即非天然運動）。前者如星體的圓周運動、重物的下落運動；後者如上拋的石塊、物體的水平運動。天然運動的原因，是每個物體都有它自己的「天然處所」，物體有尋求自己的「天然處所」的普遍本能。例如重物有趨向地心的本能，所以產生下落運動，物體愈重，其下落愈快。至於星體繞地球的運動，那是一種和諧的、無始無終的、永遠不離開其圓軌道的天然運動。受迫運動則需要在別的物體的強迫作用下才能發生，即亞里斯多德所說：「當推一個物體的力不再推它時，物體便歸於靜止。」

亞里斯多德的這些由直覺推出的結論，人們早就覺得漏洞百出，但在伽利略以前，人們儘管總是為這些問題爭論不休，但就是沒有人做一個實驗來檢驗這些爭論不休的理論。

伽利略則與他的前輩們大不相同，他崇尚科學實驗，強調推理不能建立在直覺的基礎上，而應該建立在實驗的基礎上。他曾恥笑那些不肯做實驗的人說：為了獲得自然力的知識，不去研究船或駑弓或火炮，而鑽進他們的書齋裡去翻翻目錄，查查索引，看看亞里斯多德對這些問題有沒有說過什麼。並且，在弄明白了他的原話的真實含意後，就認為此外再沒有什麼知識可以追求的了。

伽利略認為，重物下落並不是它要尋求什麼天然處所，而是地球上每個物體均受到一個「重力」。物體在重力作用下做勻加速運動，其加速度為一個普適常數g，與物體輕重、構成無關。伽利略還用斜面實驗加上理想實驗得出了著名的慣性定律。這一

定律指出，「力並非速度的原因，力是加速度的原因」。這樣一來，伽利略就為動力學奠定了正確的基礎。亞里斯多德的運動理論從此無立足之地。

按理說，伽利略既然已經摧毀了地面上運動的舊框架的基礎，也就不難動搖舊框架對天上星體運動的統治。可是不然。

（二）

當時，有一位科學家認識到，哥白尼關於地球是一顆行星的學說，以及伽利略關於地面運動規則的許多發現，使人們有必要和有可能建立一種既適用於天體、又適用於地球的動力理論。這個人就是與伽利略常有信件來往的克卜勒。1605年，他曾在一封信中寫道：我一心探討它的物理原因。我的目標是想指明那天體的機器不宜比作神聖的有機體，而應該比作時鐘……因為幾乎所有這些多種多樣的運動，只是借助於單一的，十分簡單的磁力而形成的，就像時鐘的各種運動只是由於一個重錘造成的一樣。此外，我還可以證明，這個物理概念可以透過計算和幾何學表示出來。

克卜勒在1605年就試圖用一種力學的框架一統天上和地面上的物理學，這實在令人吃驚！尤其是他在探索行星運動速度的各種比例關係時，還那麼熱衷於用和諧的規律；他還寫下了本章開篇引用的「天體音樂」。這麼一個極力追求和諧框架的人，同時是熱烈探求力學新框架的人，這就令人費解了。但是，和諧這一框架對他的吸引力太強烈了，這使得他無法統一地面上物體的運動和天體的運動。克卜勒肯定達不到他的目標，因為他還沒有正

確的動力學概念。

　　但是，對伽利略而言，情況就迥然不同了。伽利略發現了著名的慣性定律；在研究自由落體的加速度時又發現了重力；並且他還用自製的望遠鏡發現所有的行星都是球形，發現太陽上有黑子，月球表面凹凸不平，從而使亞里斯多德關於天體是最完美的、永恆不變的神話從此破滅；進而提出所有的星球都和地球是平權的，它們是由於物質的內聚力而成為球形，等等。有了這些卓越的見解和犀利的武器，伽利略足以用來解決天體運動，而且應該說已經走到發現萬有引力的邊緣了，只要再向前邁進一步，那麼這一歷史的機會就可能被他抓住。但是很可惜，他終究沒能邁出這一步。尤其是克卜勒還曾提出太陽放射出神祕的超距力，這種力可以推動地球及其他行星運動，還特別提到月球力可能是引起潮汐的原因。這些都是極有力的啟示。可惜，克卜勒這些傑出的見解不僅沒有啟發伽利略，反而引起他的厭惡。他曾說：在所有思考過潮汐……的偉人中，克卜勒比別人更使我驚奇。儘管他曠達而敏銳，精通地球運動，他還是聽信和附和月亮管轄海洋這種玄妙的說法以及這一類兒戲。

　　伽利略之所以沒有能夠提出萬有引力，用他所發現的犀利武器統一宇宙所有的物體運動，除了有一些歷史原因（如不理解速度是一個向量，沒有向心加速度的概念等）以外，還有一個很值得我們注意的原因，那就是他沒有擺脫天體運動是一種與地球上物體運動截然不同的運動，它們屬於天然的、無始無終的、最完美、最和諧的運動這一傳統的觀念。這樣他就認為天體運動是勻速圓周運動，是一種慣性運動。既然天體運動是慣性運動，因而這種運動當然就不需要力的作用。伽利略的這一錯誤的結論，

不僅使他自己失去了偉大發現的機會，而且在很長的一段時期裡，使人們忽視了對萬有引力的探索。

由以上這一段歷史，我們可以想見，舊的框架和偏見常常會極其頑固地阻礙科學家進行正確的探索，哪怕是傑出的科學家也在所難免。寫到這裡。倒使我們想起了伽利略早期的一段小故事。

那還是伽利略在讀大學時的事，學期一結束，伽利略決定回家度假。他家在佛羅倫斯，乘馬車得幾天的時間。對於一個像伽利略這樣精力充沛又勤思好學的年輕人來說，乘幾天的馬車可真夠乏味的了。幸好馬車上還裝有許多大桶，於是伽利略就開始估算這些桶的容積，以此消遣，打發難捱的時光。

在做了一番估算後，伽利略對車夫說：「你的每只桶裡裝有300升的橄欖油吧？」

馬車夫嚇了一跳，用懷疑的眼光盯著伽利略：「你怎麼知道的？」伽利略試著解釋給馬車夫聽。

馬車夫生氣地說：「你這是巫術！你老實坐我的車吧，你那一套巫術我可不願意聽，留給你自己受用去！」

伽利略傷感地搖了搖頭，輕輕地歎了口氣：人們身上的偏見多麼頑固啊！確立新的思想可真不是一件容易的事情……

正在這時，馬車夫突然甩了一個響鞭，對著馬怒氣衝衝地吆喝了一聲，馬車突然加速。伽利略正陷入沉思沒有預防，被他所發現的慣性定律的作用，重重地撞在車欄上。伽利略一面揉著撞疼的地方，一面喃喃地低語：「真不是一件容易的事情……」

（三）

　　伽利略除了在研究中有上述失誤以外，他還有一個重大的失誤。這個失誤不僅嚴重影響了他晚年的研究，而且使他蒙受到身心上極大的傷害，最終使得伽利略被羅馬教廷審判、軟禁起來，他的研究成果也被禁止傳播。顯然，這已經不僅僅是伽利略個人受到損害，人類的科學事業同樣受到了嚴重損害。這一失誤是與伽利略決定離開威尼斯共和國的帕多瓦大學，回到佛羅倫斯有關。

　　當伽利略用他製造的望遠鏡發現了月球表面的祕密和木星的4顆衛星以後，他的名聲已經震撼整個歐洲。這時，他的家鄉佛羅倫斯宮廷傳來了資訊：請偉大的伽利略回到家鄉來，為家鄉增光。佛羅倫斯宮廷答應給伽利略優厚的待遇：他既是比薩大學數學教授，又同時是宮廷哲學及數學顧問。這兩個職位都讓伽利略感到高興。比薩大學的職位使他可以報19年前的「一箭之仇」：19年前他幾乎是被比薩大學不友好地「驅逐」出去，弄得他慘兮兮幾乎無法生活下去；如今能風光地返回，豈不快哉！

　　佛羅倫斯宮廷一位高級官員寫信給伽利略說：「您的主要工作是繼續進行科學研究，以此增進宮廷和國家的光榮和利益。」

　　伽利略收到這封信後，高興地對好友沙格列陀說：「我的年薪已可以足夠家庭的開銷了，不再讓我整年整月為它發愁。而且，這兩樣工作都不會損壞我的健康。我無須住在比薩，甚至不需要在比薩大學安排固定的課程。這樣，我可以把大量的時間安排在我的實驗室中。」

　　1610年9月7日天亮前，他在帕多瓦做了最後一次天文觀察，

觀察的對象仍然是木星。

9月12日，他到佛羅倫斯宮廷報到。當他在遠處見到佛羅倫斯城市的塔樓時，他虔誠地畫著十字，然後低聲說：「我終於回到故鄉來了！我想父親在天之靈應該放心和滿意了。感謝主賜給我智慧和力量，使伽利略分享您的榮光。」

伽利略躊躇滿志，準備在佛羅倫斯繼續用望遠鏡研究天空，並且寫幾部書獻給佛羅倫斯的大公。但是，伽利略這一步走得真是大錯特錯了。一位叫羅傑斯（E. M. Rogers，1931-2004）的天文學家在《天文學理論的發展》一書中寫道：伽利略接受佛羅倫斯的新職位……為他提供了較有利的機會。伽利略走了這一步也失去了一些朋友。儘管這時他享有他工作所需要的閒暇，但結果證明是不明智的，因為他不是回到了朋友中間，而是回到了仇人們中間。

伽利略一生行事應該說是十分謹慎的，但這次毅然返回佛羅倫斯卻並非明智之舉。首先，他在帕多瓦大學的聘期還沒有滿，就接受了佛羅倫斯的新職位，這使得他不得不辭去帕多瓦大學的職務。這次辭職使他失去了一些朋友，因為這些朋友認為他的這一行動有點不夠光明正大，讓大家都感到意外和不愉快。其次，伽利略雖然為「光榮」重返比薩大學而暗自得意，卻忘了當年在比薩大學時樹了太多敵人；那時年輕氣盛，他曾經很不留情地攻擊過那些被他稱為「紙上談兵的哲學家們」，因此人們稱他為「氣勢洶洶的爭論者」。現在他以更大的名望回到比薩大學，會受到這些人的歡迎嗎？他也忘了，在教會勢力強大的地方，那些亞里斯多德學派的教授們，因循討好的偽善者們，以及宗教界和科學界的對手們，他們必然會結成聯盟來反對可能會對他們造成

威脅的任何學者。

　　當朋友沙格列陀得知伽利略已經決心接受佛羅倫斯的任職後，立即堅決反對他的這一不明智之舉。他嚴肅地對伽利略說：朋友，我看見你已經走上了一條可怕的道路。你看見了真理，還信賴人類的理智，但你不知道你正走向毀滅！你難道不明白，那些有權有勢的人怎麼可能讓一個知道真理的人，自由自在地到處活動呢？即使這真理只是無比遙遠的星體的真理！你以為你說教皇錯了，他會不知道？你以為他反而會信服你的真理嗎？你以為他會像你一樣在日記上寫上：「1610年1月10日，天被廢除了」嗎？你離開威尼斯共和國，自己鑽進陷阱裡去！你在科學上懷疑能力那麼強，但你對佛羅倫斯宮廷卻又那麼輕信；你懷疑亞里斯多德，卻完全不懷疑佛羅倫斯的大公！伽利略，當你剛才用望遠鏡向天空觀察時，我彷彿看見你站在烈焰熊熊的柴堆上；當你說你相信真理不可戰勝時，我似乎已經聞到燒焦的人肉味啦！我愛科學，但我更愛你。伽利略，我的朋友，請你三思而後行，不要去佛羅倫斯吧！

　　但伽利略只鍾情於天空的奧祕，似乎失去了對形勢判斷的智慧。他回答朋友的勸告仍然是固執己見：「如果佛羅倫斯接受我，我還是決定回去。」

　　還有一位朋友知道伽利略打算離開威尼斯共和國回佛羅倫斯，專程到他家勸說：「你為什麼想到要回佛羅倫斯？」

　　「我會有更多時間在實驗室裡工作，而不必忙於授課。」

　　「你的意思是說，你主要的目的是在佛羅倫斯繼續觀察天空和寫書，是吧？」

　　「正是。」

這位朋友用不解的眼光盯了伽利略一陣子後，搖了搖頭說：「朋友，我們許多人都承認你是我們這個時代最偉大的智者。但是在許多方面，你卻又純真得像一個小孩一樣。你難道不知道，現在已經有某些教會中有權勢的人在攻擊你在《星際信使》一書中的發現，說你在變著魔術蠱惑人心，說你對《聖經》不敬……在帕多瓦你享受了18年的自由，這是因為威尼斯共和國的統治者對羅馬教皇的權勢無所畏懼，而且在必要時可以挺身而出，為你抵制、抗拒由於『冒犯上帝』而進行的宗教審判。」

　　伽利略微微震動了一下，唉，為什麼想做一點探索宇宙奧祕的事業，竟有這麼多人為的困難呢？探索本身就充滿艱辛、險阻，卻還要時時提防教會、宮廷帶來的更可怕的陰謀、迫害！回佛羅倫斯的顧忌，伽利略也不是沒有，他曾幾度壓下了自己的思鄉之情，但每想到父親對達文西（Leonardo da Vinci，1452－1519）客死他鄉的詛咒時，他就有一種不顧一切返回故鄉的決心，使他不願考慮未來種種可能的下場。更何況，科西莫大公如此仁慈和信任他，而且如此迫切地希望他回到佛羅倫斯為故鄉爭光；那敬賢之情讓他深為感動。

　　不！他應該回去。於是他轉身對朋友說：「在佛羅倫斯我可以在科西莫大公的保護之下研究天空。他急切盼我歸去。」

　　「但據我所知，佛羅倫斯是直接受羅馬教廷控制的。」

　　「我想在必要時，我將親自去羅馬解釋我的新發現。那兒有我不少朋友，我看沒有必要認為教會有審判我的敵意吧？」

　　朋友換一個角度問：「難道你在帕多瓦度過的18年不愉快嗎？」

　　「不，不，在帕多瓦度過的18年是我生平最快樂的18年。

在這兒我享有真正的自由，沒有這種自由探索的風氣，我不會有今日的成功。但我忘不了我父親提起達文西客死他鄉時的憎惡情感。朋友，誰又不愛自己的故鄉呢？不管它是偏僻窮困的山村，還是亞得里亞海的天堂威尼斯。對我來說，佛羅倫斯是我生身之地，是最親愛的地方，我應該回到它的懷抱裡去。」

朋友沉思了半晌，然後對伽利略說：「現在沒什麼可多說的了，我和許多朋友已經警告過你了，但你不為所動。好吧，讓我祝福你回佛羅倫斯之後繼續成功和幸福！不論怎麼說，帕多瓦大學應該因為有過你這樣偉大的學者而感到驕傲滿足了。」

伽利略送走朋友後，不由黯然神傷，落下幾滴眼淚。是啊，今後在佛羅倫斯能有如此忠實的朋友嗎？

伽利略終於在1610年金秋季節，離開了生活過18年的帕多瓦；離了婚的妻子甘芭留在威尼斯，兒子文森佐暫時由甘芭撫養。

別了，自由自在的帕多瓦！

別了，曾給他帶來愛情和成功的威尼斯！別了，忠實的朋友們！

但是，這一別終於鑄成大錯。當後來伽利略的研究成果與《聖經》的內容有衝突時，教皇烏爾班八世（Pope Urban Ⅷ，1568-1644）受到伽利略論敵的教唆和挑撥，震怒了。1632年9月30日，宗教裁判所下了一紙命令：教皇陛下責成佛羅倫斯宗教裁判官以教廷的名義通知伽利略，他務必於10月以內迅速趕到羅馬來，聽候教廷首席特別代理的審訊。

伽利略朋友們的預言終於不幸被言中！佛羅倫斯宮廷歷來比較馴服於羅馬教皇的統治，不像威尼斯那樣敢於違抗教皇的指

令，於是，一幕宗教對科學可怕的迫害劇上演了！這場迫害與反迫害的鬥爭幾乎延續至今，從未停止。

1633年6月22日，伽利略在教廷的淫威之下，不得不低下他那高貴的頭，孤身一人在陰森的審判庭裡，顫抖地念著事先寫好的「懺悔書」：我，伽利萊‧伽利略，已放棄自己的主張，並已發誓、許諾和約束自己，有如上述；口說無憑，謹在這份悔改書上親筆簽字……

我們不難想像，伽利略在這種巨大的侮辱中承受著多大的痛苦！正像一位為伽利略作傳的作者所說：「如果羞辱真能殺人，伽利略在那天晚上就會死去。」

他不僅自己虛偽地宣誓放棄哥白尼的學說，而且宣誓成為教皇的「密探」、「內奸」，舉報「任何異端邪說和異端嫌疑分子」！他內心痛苦地呼喊：我不但違背了良心，放棄了真理，居然還在幫助惡勢力去剷除熱愛真理的人！多麼可怕的夢啊！這一切難道都是真的？……可怕的是，這一切都是真的！

這種內心的煎熬殘酷地折磨著衰老的伽利略，使他從此再沒有終止對自己靈魂的拷問：我是個懦夫，害怕可怖的刑具，害怕奪走自己的財產而讓兒子受窮，害怕由於自己而使兒子永無出頭之日，害怕自己背上一個異教徒的名聲死去……

「唉，真不如死去才好！」

如果伽利略在1610年聽信朋友們的建議留在威尼斯，不回到佛羅倫斯，這場悲劇本可避免，那伽利略對科學的貢獻肯定會更大，人類的受益也會更多。可惜……

第二十二講
應該如何對待實驗的結果

　　事實上，正是像赫茲這樣一位物理學家——電磁波的發現者——以前曾經進行過同樣的實驗，而且錯誤地導致了這樣一種結論：陰極射線是不帶電的。這段插曲最清楚地表明了一個基本事實：技術的改進和實驗科學的進展是相輔相成的。我們以後還會遇到這個基本真理的更多的例證。　　　　　　——楊振寧

　　我們自己為現象創造條件，而不是觀察原有的現象。……我控制著現象。這樣按照我個人的意思來影響現象的過程，那就稱為實驗。如果我只是觀看，而並不積極地干預，那就是單純地觀察。　　　——巴夫洛夫（I. P. Pavlov，1849-1936）

　　通常，實驗是在盡可能排除外界有關影響的前提下，使事件在已知條件下發生，並在突出主要因素的情形下進行密切、審慎的觀察，以便揭示各種現象之間的相互關係。美國微生物學家和病理學家杜波斯（R.J. Dubos，1901-1982）曾說過：實驗有兩個目的，彼此往往不相干：觀察迄今未知或未加釋明的新事實；以及判斷為某一理論提出的假說是否符合大量可觀察到的事實。
　　實驗對於科學研究的重要性，這是人人都知道的，似乎用不著多說，但是有一種傾向往往被人們忽視，那就是對實驗的過分

信賴。過分信賴已完成的實驗而使科學家陷入誤區，這在科學史上是屢見不鮮的。尤其值得注意的是，有許多非常卓越的科學家曾在這方面陷入誤區。

例如，法拉第由於相信各種「自然力」之間必然存在內在聯繫，曾經嘗試用磁來影響光，結果他發現磁場能夠引起玻璃內傳播的光產生偏振旋轉。這真是一個了不起的劃時代發現！為了紀念這一偉大發現，畫家曾為法拉第繪製了一幅著名的肖像畫，畫中的法拉第手裡拿著一塊火石玻璃。後來，法拉第還做過一個實驗，他試圖用磁場來影響鈉蒸氣發射的光，但是沒有成功。這一結果導致馬克斯威爾斷言：這種現象是不可能發生的。但是，24年之後，荷蘭一位不知名的物理學家塞曼（Pieter Zeeman，1865-1943）卻用繞射光柵完成了法拉第想完成的實驗，這就是著名的「塞曼效應」。1902年，塞曼因此獲得諾貝爾物理學獎。

科學實驗對於認識客觀世界來說，是一個不可或缺的重要手段，但它也是有局限性的。其局限性產生的原因主要來自兩方面：一是實驗技術具有歷史的局限性；另一是研究對象太複雜，科學家一時無法看清它的全貌，常常一葉障目。達爾文曾半開玩笑半認真地說過：「大自然是一有機會就要說謊的。」

因而，當研究物件必然受到限制的情形下，對實驗結果有多大的實用性，其可靠程度如何，必須慎之又慎，萬不可不加分析地盲目信任。

美國物理化學家班克羅福特（W. D. Bancroft，1867-1953）曾指出：所有科學家由於切身的經歷都深知，要想從實驗得出正確的結果是多麼困難，即使有時知道該怎麼做也同樣如此。因此他強調，對於旨在得到資料的實驗，不應過分信任。

經過下面將要研究的三個案例，我們將會充分認識到，班克羅福特的話是十分有道理的。要想從迷宮中找到阿莉阿德尼的線團（clewof Ariadne）真是談何容易啊！

（一）

第一個案例是關於鼎鼎大名的牛頓的故事。英國詩人波普（A. Pope，1688-1744）為牛頓寫下這樣的墓誌銘：大自然與它的規律為夜色掩蓋，上帝說讓牛頓出來吧，於是一切出現光明！

這首詩表露了詩人對歷史上最傑出科學家牛頓無限敬仰和讚美之情。牛頓的成就不僅在於他創立了經典力學和微積分，而且還在於他確立了科學研究的正確方法，即現在所稱呼的「物理思想」。這種方法要求科學家首先觀察事實，盡可能地變換條件，以便在精確實驗的基礎上得出最一般的規律，然後透過推理得出個別的定律或定理，又透過進一步的實驗來驗證這些推理。後來法國物理學家安培深知其中奧妙，並根據這一方法創立了經典的電動力學，因而博得「電學中的牛頓」這一美名。

由於牛頓具有這種科學的思維方法，所以他一生對於自己提出的種種理論，都是十分謹慎的。他有一句名言至今仍流傳於世：在事實與實驗面前沒有辯論的道理。

這條他終生遵循的原則，深深體現了他忠實於科學的崇高品質。

但是，牛頓也有背離這條原則而顯得不謙虛謹慎的時候。科學史無數次表明，每當一個科學家不謙虛謹慎，盲目相信自己和不尊重事實的時候，他就多半會受到失敗的懲罰。牛頓也不例外。

我們知道，牛頓在光學上作出了許多貢獻，這方面的主要工作大部分都記載在1704年出版的《光學》一書中。牛頓對光學最主要的貢獻是對顏色的研究。

古代人很早就注意到自然界中光會出現五彩繽紛的顏色，例如霓虹和油薄膜上呈現出相似的色彩。古希臘的亞里斯多德認為，顏色是由白與黑、光明與黑暗按不同比例混合的結果。這一看法在牛頓以前一直占支配地位。牛頓的老師巴羅（I. Barrow，1630-1677）則同意另外一種見解，認為白光不同程度的聚和散就形成不同的顏色，例如濃縮、聚集程度最高的是紅色，最稀釋、分散的就成了紫色。1665年，只比牛頓大七歲的虎克（Robert Hooke，1635-1703）在《顯微圖志》一書裡，從光是一種波動的觀點為顏色提出了一種具體的物理機制，他認為光的顏色是光在折射時由於其波前偏轉而形成。過了一年，牛頓對光和色也產生了興趣，開始進行研究，並對顏色提出了一種全新的見解。

牛頓為什麼對顏色感興趣呢？這是起因於他想改進望遠鏡。自從伽利略利用望遠鏡對天體做了卓有成效的觀測以來，許多科學家都熱心於望遠鏡的改良。當時望遠鏡有兩個嚴重的缺陷亟待改進。一個是球面像差（spherical aberration），另一個是色差（chromatic aberration）。球面像差是同一光源發出的近軸光線和遠軸光線在通過透鏡後，由於成像位置不同而使像的邊緣呈模糊狀。克卜勒於1611年，笛卡兒於1637年分別對球面像差進行了研究，而且都寫了名為《折射光學》的書。當他們弄清楚了球面像差的原因以後，認為透過研磨橢圓和拋物線旋轉體狀的透鏡來加以解決。但收效不大。

望遠鏡的另一個缺陷是色差（或色像差），即白光經過透鏡

後所成像的邊緣呈彩色模糊狀。牛頓對改進這一缺陷有著強烈的願望。但是牛頓十分清楚，要想消除色差那必須重新研究顏色理論。

1666年，23歲的牛頓買來了一塊玻璃稜鏡，他要透過實驗而不是毫無邊際的假說來揭開這一費解之謎！經過一系列有名的「稜鏡實驗」之後，牛頓得出了如下結論：「光本身是一種折射率不同的光線的複雜混合物」，「顏色不是像一般所認為的那樣是從自然物體的折射或反射中所匯出的光的性能，而是一種原始的、天生的、在不同光線中不同的性質。」這就是說，光的顏色是由其單色分布決定的。白光透過稜鏡後之所以呈現出紅、橙、黃、綠、青、藍、紫諸色，是因為白光本來就是由這七種單色光組成，現在只不過是被分開來了，絕不是無中生有或由白光改變而成。

對今天的讀者來說，這些實驗和理論似乎都是老生常談，可在當時卻掀起了一場異常激烈的爭論。

牛頓確立了顏色的理論後，色差的原因也就明白了。那麼，能不能消除這一弊病呢？如果不同的物質具有不一樣的折射率，那麼色差也許可以透過不同折射率透鏡的組合得以消除。牛頓為此設計了一個實驗：在一個注滿了水的玻璃容器裡，放入了一個玻璃稜鏡，以觀測光線通過它們時折射是否會發生什麼變化。牛頓設想，如果不同的物質有不同的折射率，那麼這一水和玻璃的組合，肯定會使折射發生某些變化。

這種設想顯然是十分合理的。但牛頓萬萬沒有料到他選用的玻璃恰好與水有相同的折射率，所以儘管牛頓將這實驗重複多次，他仍然看不到折射會有什麼改變。於是他犯了一個不可原諒

的錯誤，即從有限的實驗事實，得出一個普遍的推論：「所有不同的透明物質都是以相同的方式折射不同顏色的光線」；又由於折射必然引起色散，所以望遠鏡的色差問題是無法解決的。

如果問題僅及於此，我們也許還可以體諒牛頓的失誤，但牛頓這次特別不謹慎，特別固執，這就不僅使他犯了錯誤，而且使他失去了改正錯誤的機會。當時有一位業餘對光學很感興趣的人，名叫盧卡斯，他重複了牛頓的上述試驗。由於他用的玻璃與牛頓選用的玻璃品種不同，所以得到的實驗結果與牛頓的實驗結果大不相同。他十分驚奇，並將自己的實驗結果告訴了牛頓。牛頓如果謹慎一點，把盧卡斯的實驗詳細瞭解一下，就可以明白問題出在什麼地方。但他卻固執地相信自己沒有錯，也不可能錯。一次改正錯誤的寶貴機會就這樣失去了。

牛頓死後，人們才發現牛頓的結論是錯誤的，明白了不同透明物質有不同的折射率，並用不同種的玻璃製成消除色差的複合透鏡。1758年，倫敦的光學儀器商J.多朗德經過多年努力，終於製成了消色差望遠鏡，這一創舉在當時轟動了整個歐洲。迄今，幾乎所有精密光學儀器都運用複合透鏡來達到消除色差的目的。

牛頓由於自己的不謹慎，使他失去了色散可變性這一重要的發現。不過他也有引以為慰的地方，那就是他認為改進折射望遠鏡無望之後，他卻製出了反射望遠鏡。直到今天，世界上許多天文臺都安裝有大型的反射望遠鏡。

（二）

第二個案例是講德國物理學家海因利希·赫茲（H. R.

Hertz，1857-1894）一次失敗的實驗。

在一次紀念赫茲的演說中，量子論的創立者普朗克曾高度讚揚了赫茲，稱他「是我們科學的領袖之一，是我們民族的驕傲和希望」。對這一崇高的讚譽，赫茲是當之無愧的，他所發現的電磁波，對於人類文明的貢獻實在是太偉大了。

他的偉大不僅在於他傑出的貢獻，而且也在於他那一貫的謙虛和富有自我批評的精神。他一貫反對把科學見解看成是不可動搖的僵死的東西，他在任何時候都不厭其煩地反復檢驗自己的實驗觀察，校準觀察的結果。他有一句名言：來源於實驗者，亦可用實驗去之。

在他短暫的一生中，儘管他也是一位卓越的理論物理學者，但他從來沒有離開過實驗室。那些眾多的實驗，有許多是成功的，並把他推向成功的頂峰；但更多的實驗是失敗的；也有實驗使他得出了錯誤的結論。成功也好，失敗也好，它們都給我們顯示了赫茲的研究風格，這種風格具有重大的意義，它極大地影響了物理學後來的發展。

1873年，赫茲還只有16歲。這一年，馬克斯威爾發表了《電磁通論》。當時德國物理學界，仍然堅信牛頓的學說是絕對正確的，認為力只能是一種超距的作用，所以對於反對超距作用的馬克斯威爾的理論，絕大多數物理學家持懷疑、否定的態度。但也有一些有見識的物理學家支持馬克斯威爾的電磁理論，其中包括德國的玻爾茲曼（Ludwig Boltzmann，1844-1906）和亥姆霍茲（H. von Helmholtz，1821-1894）。非常幸運的是，赫茲在讀大學時，成了亥姆霍茲最欣賞的高才生。

1879年冬，柏林科學院根據亥姆霍茲的倡議，頒布了一項

科學競賽獎。根據競賽題，要解決的問題是馬克斯威爾部分理論的證明。亥姆霍茲希望赫茲能夠應徵參加競賽。亥姆霍茲對赫茲說：「這是一個很困難的問題，也許是本世紀最大的一個物理難題。你應該去闖一闖！」

年輕的赫茲受到老師的鼓動，很想試一試，但他畢竟太稚嫩，不知道該從哪兒下手。於是他問道：「該從哪兒著手呢？」

老師回答說：「關鍵在於找到電磁波！要不然你就證明永遠找不到它。」

赫茲答應試試看。但後來他做了一個近似計算以後，確信由於當時無法產生足夠的快速電振盪，這個難題還暫時不能動手。他決定先從基礎研究開始。

1883年，愛爾蘭物理學家費茲傑羅（G. F. FitzGerald，1851－1901）提出了一個論斷：如果馬克斯威爾的電磁理論是正確的話，那麼萊頓瓶（Leyden jar）在振盪放電的時候，就應該產生電磁波。

赫茲這時正為找不到神祕的電磁波而苦惱萬分，費茲傑羅的思想給了他以極大的啟發。萊頓瓶在那時是一件很普通的儀器，每個實驗室都有。這就是說，如果費茲傑羅的推斷正確，那麼產生電磁波就不是什麼難事，剩下的關鍵問題就是如何將電磁波偵測出來。

1885年3月，他應聘到德國西南一個邊境小城市的卡爾斯魯厄大學任物理教授。開始的一年多時間，由於忙於備課、考試以及各種事務性工作，他沒有時間從事科研，所以偵測電磁波的工作也沒有進行。赫茲為此十分苦惱，他曾在信中向父母訴苦：「難道我也將成為在獲得教授職位後，就停止任何創造的那些人

中的一員嗎？」

　　幸好這種情形到第二年夏季後就改觀了。1886年，赫茲經過多次試驗，製出了一個可以探測電磁波的電波環。它的結構非常簡單，只不過是在一根彎成環狀的粗銅線兩端安上兩個金屬小球，小球間的距離可以進行調整。有了這個接受電波的環以後，赫茲便開始了緊張的偵測電磁波的實驗。

　　但是實驗進行得很不順利。由於他開始用的電波的波長太長，而且在室內進行，雖竭盡全力想消除室內的不利影響，但仍毫無效果。有一段時間，他甚至誤入歧途，得出了與馬克斯威爾理論相矛盾的結論。無數次失敗並沒有動搖赫茲的信心。他幾乎是整日整夜地沉浸在實驗之中。這期間他的艱苦可以從他寫的一封信中看出：無論從時間上還是從性質上，我都像一個工人在工廠裡那樣工作，我上千次地重複每一個單調的動作，一個挨一個地鑽孔、彎扁鐵，接下來還要把它們塗上漆……

　　到1888年1月，赫茲宣布，他成功地證實了馬克斯威爾的理論，電磁波不僅找到了，而且還具有與光波相同的性質。

　　赫茲的實驗公布以後，立即引起了全世界物理學家的矚目。使人信服的是赫茲的實驗設備極其簡單，任何懷疑的人都可以親自動手進行驗證。赫茲的成功，使他成了世界上最有名望的科學家之一。

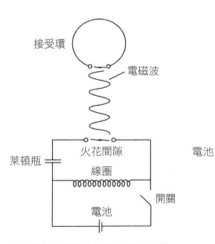

赫茲測出電磁波的試驗線路示意圖。

電磁波被證實以後，有一些工程界人士對於其實用價值極感興趣，但遺憾的是赫茲本人對這一點卻持懷疑、否定的態度。

　　1889年12月，他的朋友胡布林工程師曾寫信問他，電磁波是不是可以用來進行通信聯繫，他回答說：「如果要利用電磁波進行通信聯繫，那非得有一架和歐洲大陸面積差不多大的巨型望遠鏡才行。」

　　這一點赫茲可沒說對。俄國科學家波波夫（A. C. Попов，1859-1906）在技術開發和應用上要比赫茲有遠見多了。他在赫茲否定電磁波可以用來通信聯繫的同一年，就曾經在一次公開的演講中明確地指出：人類的機能中還沒有能夠覺察電磁波的感覺器官，假如發明了這樣的儀器，使我們能夠覺察電磁波，那麼電磁波就可以用來傳播遠距離的信號。

　　果然，到1895年5月7日，波波夫在聖彼德堡的一次公開表演中，用他發明的第一台無線電接收器收到了雷電的電磁波。1896年3月24日，在俄國物理化學學會的年會上，他又用這個裝置傳送了世界上第一份有明確內容的無線電報，電文是：「亨利·赫茲」，傳送距離為250公尺。

　　又過了5年，義大利的馬可尼（Guglielmo Marconi，1874-1937）在1901年12月12日，已經可以用無線電報將「S」字母帶過大西洋，傳到3700公里的遠處！

　　如果就在預言電磁波能否傳送遠距訊息方面赫茲失誤了，可以說是由於他在技術開發上是外行，那麼，在陰極射線的研究上他的失誤，就不能歸咎於此了。

　　赫茲很早就對陰極射線的研究很感興趣，尤其那令人驚歎的色彩，使他感受到一種美的享受。在研究電磁波的同時，赫茲一

直沒忘懷那美麗的神祕莫測的光輝。當時研究的主要問題是：陰極射線是否攜帶電荷，亦即陰極射線到底是微粒性的，還是像光那樣只是一種波。

赫茲於1892年宣稱，陰極射線不可能是粒子，它們是一種波。赫茲當然不會隨便亂說，他的信條是「結論應來源於實驗」。說陰極射線是一種波，他是有實驗根據的。為了驗證陰極射線是否帶電，他特意用一千個電池產生兩千伏的電壓，用以得到連續發射的陰極射線，然後他讓陰極射線通過一對上下加有240伏電壓的平行板電容器。如果陰極射線是帶電粒子組成，那它將在平行板電容器的電場偏轉。但實驗結果，陰極射線並沒有偏轉。

1897年，英國傑出的物理學家湯姆森卻用與赫茲差不多的實驗設備，得出了確鑿的、與赫茲相反的結論：陰極射線是一種帶電的粒子流，而且他還相當準確地計算出這種帶電粒子電荷和品質的比值e/m。這樣，陰極射線本質的爭論，就以湯姆森的勝利而告終。

那麼，赫茲的失誤原因何在呢？也許會有人問，湯姆森的實驗，現在每所高中都可以輕易做出來，為什麼赫茲那樣優秀的實驗家卻失敗了呢？湯姆森本人在他的回憶錄中回答了這個問題：我使一束陰極射線偏轉的第一次嘗試，是使陰極射線通過兩片平行的金屬板之間的電場。結果沒有產生任何持續的偏轉。

這和赫茲的實驗結果一樣。是什麼原因呢？湯姆森解釋道：偏轉之所以沒有出現，是由於平行板電容器裡有太多的氣體存在。因此，要解決的問題就是要獲得更高度的真空。這一點說起來比做起來容易得多。當時高真空技術還處於發軔階段。

湯姆森正是在解決了高度真空這一技術難題之後，才終於使陰極射線偏轉成功。

楊振寧教授在談到赫茲的這一失誤時曾說道：「這段插曲最清楚地表明了一個基本事實，技術的改進和實驗科學的進展是相輔相成的。我們以後還會遇到這個基本真理的更多的例證。」

「來源於實驗者，亦可用實驗去之」。顯然，赫茲本人並沒有認為自己從實驗得到的結論是永遠正確的。

（三）

第三個案例是關於著名的「法蘭克－赫茲」實驗。要請你注意的是，這兒的赫茲不是上一節的赫茲，這兒的赫茲是古斯塔夫·赫茲（Gustarv Hertz，1887-1975），是上一節海因利希·赫茲的侄子。古斯塔夫·赫茲在1925年與詹姆斯·法蘭克（James Franck，1882-1964）共同分享該年度諾貝爾物理學獎。他的叔叔海因利希·赫茲若不是英年早逝，幾乎可以肯定會比他侄子更早獲得諾貝爾獎。

法蘭克－赫茲實驗在進行期間，發生了一件非常有趣的事情，連法蘭克後來回想起來都覺得不可思議。事情得從1911年講起。

1911年，法蘭克和赫茲設計了一個實驗，利用陰極射線管來測定原子的「電離電勢」。什麼是「電離電勢」呢？我們知道，原子由一個帶正電的核組成，核外面則有數量不等的電子繞核旋轉，就像一個太陽系一樣，在太陽（核）周圍有八大行星在不同的軌道上繞太陽旋轉。有的電子在離核較近的軌道上旋轉，有的

則遠離核的軌道上旋轉。如果我們用其他速度很高的粒子（如電子、光子……）撞擊原子，則原子核外的電子就可能被撞擊出這個原子，飛到其他地方去了。原子中少了一個電子，則整個原子就帶一個正電，這個原子就成了「離子」（ion）。例如鈉離子、氫離子、氯離子，寫成化學符號就分別是Na^+、H^+、Cl^-。

法蘭克和赫茲的辦法是在電場中加速電子，當電場中的電勢到達一定值的時候，電子的能量恰好達到可以將某原子核外的電子打出來，這時電場的電勢值就稱為「電離電勢」。

法蘭克和赫茲的實驗十分複雜，設計得也非常精巧，但專業性太強，這兒就不多說了。我們只需知道，到1914年，他們兩人認為他們測出了水銀的電離電勢是4.9伏。他們兩人將實驗報告發表了。

波耳當時正在研究原子構造，而且剛剛提出了著名的「氫原子結構理論」，後來在1923年波耳為此獲得了諾貝爾物理學獎。1914年波耳看到法蘭克和赫茲的文章後，大吃一驚。因為根據他的理論推算出的水銀電離電勢是10.5伏，而不是4.9伏。如果法蘭克和赫茲是對的，那波耳可就慘了，他研究了好多年的氫原子理論可能是錯的！

但是，波耳在仔細思考了法蘭克和赫茲的實驗後，他相信自己並沒有錯，而是法蘭克和赫茲的實驗有錯。法蘭克和赫茲測出的4.9伏不是水銀的電離電勢，根據他的氫原子理論應該是水銀原子最裡面一層電子受到外界加速電子的撞擊後，跳到最近一層軌道所需要的電勢；這也就是說，4.9電子伏的能量並沒有使水銀原子中的電子跳出原子核的控制圈，水銀原子中的電子只不過在核裡面從最裡面的電子跳到了最鄰近的軌道上。

波耳想到這兒不由大喜過望，因為他的原子結構理論提出來以後，很少有人相信，還有不少非常著名的物理學家指責波耳在「瞎搞」，德國物理學家勞厄還宣稱：「如果波耳的原子理論對了，那我就不再研究物理了！」

波耳對勞厄的話倒不很在意，但是他正苦於沒有辦法用確鑿的實驗來證實他的理論。現在好了，歪打正著，法蘭克和赫茲的實驗正好可以證明那4.9伏的電勢正好是他理論中「電子躍遷」時所需的最低電勢。「電子躍遷」是波耳原子理論中的一個非常重要的概念，指的是電子在原子裡從一個軌道躍遷到另一個軌道。波耳真個是欣喜若狂：有了這麼精確的實驗來證實自己的理論，真不啻天助吾也！

波耳立即發表文章，指出法蘭克和赫茲弄錯了，他們測的4.9伏的電勢證實了他的氫原子結構理論。按道理說，法蘭克和赫茲應該感到高興，因為如果他們的實驗真的證實了波耳的氫原子理論，那價值比測出一個電離電勢不知大到哪兒去了。而且，波耳的理論如果真的被他們的實驗證實了，那波耳就成了當代最偉大的物理學家之一，獲得諾貝爾物理學獎肯定沒有問題，連法蘭克和赫茲也會因此而大出其名，甚至也大有希望得到諾貝爾物理學獎。

也許讀者會猜想：法蘭克和赫茲連忙承認波耳是對的。恰好相反！法蘭克和赫茲堅持認為波耳錯了，認為4.9伏是水銀的電離電勢，而不是什麼躍遷電勢。

波耳可著了急。怎麼辦呢？只好設法做實驗，用更精確的實驗證明法蘭克和赫茲的實驗有誤。

但他不是一個實驗物理學家，儘管他急於想澄清這個大是

大非的問題，卻只能求助於實驗物理學家。波耳這時在英國曼徹斯特與他的恩師盧瑟福在一起工作。在盧瑟福的敦促下，馬考瓦（W. Makower）答應與波耳一起對法蘭克和赫茲的實驗結論做驗證性實驗。但馬考瓦和實驗室的一位德國玻璃工匠鮑姆巴赫（O. Baumbach）老是爭爭吵吵。鮑姆巴赫是一位了不起的高級技師，據說他能使盧瑟福的「darling」α射線，能在各種玻璃裝置裡自由來去，如入無人之境。但他有一個最大的毛病是喜歡信口開河。在第一次世界大戰爆發後，鮑姆巴赫經常口無遮攔地說，德國將會採取可怕的行動，英國人肯定會大吃苦頭，以及其他一些威脅英國人的話。波耳是丹麥人，而且性格溫和，對鮑姆巴赫的話不在意；但馬考瓦可就受不了，見鮑姆巴赫總是侮辱英國、威脅英國人，心中不由怒火中燒，常常不客氣地叫鮑姆巴赫這個「敵國公民」把嘴管嚴一點，否則將「自食惡果」。但鮑姆巴赫照說不誤，激烈的威脅話仍然自由自在地向外發洩。最終，他被拘留了。更加不幸的是，他們已經差不多快完成的複雜而精巧的設備，在鮑姆巴赫被拘留後，又被一場大火給燒毀了。接著，馬考瓦又到部隊服役。實驗就這麼慘兮兮地擱了淺。

幸好到1919年，美國的戴維斯（B. Davis）和古切爾（F. S. Goucher）用實驗證實，法蘭克和赫茲錯了，而波耳是對的。

由此可知，當波耳得知戴維斯和古切爾的實驗結論後，該是多麼高興！他情不自禁地說道：1919年，這個問題終於被紐約的戴維斯和古切爾兩位出色的實驗所解決。結果與我所設想的十分一致。我曾提到我們在曼徹斯特那次毫無結果的嘗試，目的僅在於說明我們當時所面臨的困難。我們那時的困難與家庭主婦對付的困難頗為相似。

頭」，讓穩穩當當該他們獲獎的機會，一個又一個地從鼻子尖上溜走了。不過幸好，他們總算抓住了一次機會，在1935年獲得了諾貝爾化學獎。

下面我們就先從幸運的貝克勒講起。

（一）

1895年11月8日，這天是星期五。在德國維爾茨堡美麗的普拉爾公園不遠處，有一幢石造的二層樓房，這就是後來聞名於世的維爾茨堡大學物理研究所。在這深秋寒冷的夜晚，研究所靜悄悄，除了樹葉沙沙的落地聲，真是萬籟俱寂。但這個寒冷的秋夜對偉大的德國物理學家倫琴（W. C. Rontgen，1845-1923）來說，卻是終生難忘之夜。因為就是在這個晚上，倫琴發現了X射線。20世紀物理學革命的序幕也因X射線的發現而從此拉開。

X射線的發現一公布，迅速引起了全世界強烈的震動。其迅猛的程度，在科學史上真可謂空前。世界各地的許多物理實驗室，都立即夜以繼日地工作，以證實倫琴那令人瞠目結舌的新發現。當物理學家都確信這一發現是千真萬確以後，緊接著對X射線的物理性質展開了激烈的爭論。當時有兩種針鋒相對的看法：一種看法認為X射線是一種帶電的粒子流；另一種看法則認為X射線是一種電磁波。非常有意思的是，這兩種對立看法，大致上是以國家分界的：英國物理學家大多支持前一種看法，而德國物理學家則大多支持後一種看法。

當時法國有一位偉大的數學家叫彭加勒，他那出類拔萃的才華、淵博的知識以及廣泛的研究和卓著的貢獻，使他聞名世

界。如同許多世界第一流的數學家一樣，他非常關心當代物理學的進展，在物理學領域裡他發表的文章和書籍多達七十多種。當X射線本質的爭論在物理學家中激烈進行時，彭加勒也積極參加了爭論。他傾向於英國物理學家的觀點，認為X射線是一種帶電的粒子流。現在我們知道，彭加勒以及英國物理學家的觀點是錯誤的，因為德國物理學家勞厄同他的兩位助手弗里德里希（W. Friedrich，1883-1968）和克尼平（P. Knipping，1883-1935）於1912年用精巧的實驗證實了X射線可以產生衍射，於是它的波動性得到了證實。這是後話，這兒就不多講了，還是回到彭加勒參加爭論的事情上來。

說起來也許令人奇怪，任何一個法國物理學家都沒有像彭加勒那樣為X射線的發現而高度激動。1896年1月20日在法國科學院週會上，彭加勒把X射線照片給大家看，那是一張活人手骨的照片。

貝克勒問彭加勒：「X射線從管子的哪一部分發出？」

彭加勒回答說：「看來是從陰極對面的玻璃壁發螢光的地方發出的。」

貝克勒立即作出推斷：可見光與非可見光產生的機理應該是一樣的，X射線可能總是伴隨著螢光現象。貝克勒一貫的研究方法是描述性的，他基本上只信賴觀測，盡可能小心地回避推理，但這一次他非常相信他的推理：X射線與螢光之間很可能有一種關係。並決定立即用實驗來證實這一推斷。

貝克勒是很幸運的，他有極優越的條件可以立即著手進行實驗，因為他祖父曾研究過磷光[17]，在他寫的六本書中有兩本是磷光方面的專著；而他的父親則是螢光方面的專家，而且特別熟悉

鈾。貝克勒繼承父業，也非常熟悉螢光物質，而且實驗室裡還有現成的硫酸鈾醯鉀。他決定用這一鈾鹽開始實驗。

實驗的構思是這樣的：用黑色的厚紙嚴密包好照相底片，使其不受陽光作用，但可受到X射線作用。在紙封附近放兩塊鈾鹽的晶體，其中有一塊鈾鹽晶體用一枚銀幣與紙封隔離，然後，用陽光照射這兩塊晶體，使它們發出螢光。如果發螢光的物體可以產生X射線，那麼底片上將留下明顯不同的痕跡。

當貝克勒把底片沖洗出來以後，一切和預料中的完全一樣，用銀幣隔著鈾鹽晶體的那一張底片上下了銀幣的輪廓分明的斑點。看來，貝克勒一定非常滿意他的推斷，即發螢光的鈾可以發射X射線。不過貝克勒的信條是要不厭其煩地反復實驗，他不會輕易相信一兩次實驗的結論。

1896年2月26日，他想重複做一次上面的實驗，但是很掃興的是天氣陰沉，這是巴黎二月份常有的事。他只得把鈾鹽晶體和閉封的底片一起鎖到抽屜裡，等待天氣轉晴。貝克勒當時萬萬沒有想到，二月底的幾天陰沉的天氣，竟給他帶來了天大的幸運，給人類的科學前景帶來了光明！3月1日，天氣晴朗，貝克勒開始實驗。不知出於什麼原因，他把原來放進抽屜中的底片沖洗出來了；沖洗的原因有的說是由於他嚴謹的工作作風，有的說他可能要換做另一個實驗，還有人則說是為第二天報告的需要。哪知底片沖洗出來以後，讓他大吃一驚：他原以為由於光線極弱，鈾鹽晶體只有極其微弱的螢光，因而X射線就幾乎不可能產生，這

---

17 通常發光方式很多，但根據餘輝時間的長短將晶體的發光分成兩類：螢光（fluorescence，≤10-8秒）和磷光（phosphorescence，≤10-4秒）。餘輝指激發停止後晶體發光消失的時間。

樣，底片也可能不會感光；即使感光，也一定非常非常微弱。但沖洗出來的底片其感光的程度竟與上次一樣！貝克勒立即意識到他發現了一種非常重要的現象：鈾鹽晶體即使不受太陽照射，亦即不發螢光，也可能發出X射線。這一預想很容易用實驗來證實，而實驗也果然證實了他的預言。但他一直認為他做的實驗，都是在進一步研究X射線，還不知道自己是在一系列錯誤的假設下進行探索的。

進一步的研究，貝克勒發現所有的鈾鹽晶體，不論它們是否發螢光，都使底片感光；而其他的礦物，即使是發出極強螢光的物體，卻不能使底片感光。這一發現才真正使他激動起來，連他那一小撮漂亮的鬍子也因激動而不斷地抖動。貝克勒這才明白，使底片感光的不是什麼X射線，而是一種新的射線，其射線源就是鈾。這種射線他稱之為「鈾射線」，後來被取名為「貝克勒射線」。

貝克勒射線的發現，對物理學有極為重大的意義，因而使他榮獲了諾貝爾物理學獎。在這以前，科學家們堅信原子是最小的、不可再分割的粒子，現在，鈾原子卻可以放射出一種射線來，可見原子並不是不可分割的。還有更使物理學家迷惑不解的是，鈾鹽晶體不斷放出射線的能量是從哪兒來的呢？當時有一位物理學家問英國實驗物理學家瑞利勛爵：「如果貝克勒的發現是真的，那能量守恆定律豈不遭到了破壞嗎？」

瑞利十分幽默地回答說：「更糟糕的是我完全相信貝克勒是一位值得信任的觀察者。」

（二）

現在我們再回想一下貝克勒得到這個重大發現的過程，令人驚奇的是，這一發現竟然建立在三個錯誤的假設上：第一，X射線是由玻璃壁上發螢光的地方產生；第二，其他發螢光的物質也發射X射線；第三，當鈾鹽不發螢光時也仍然發射X射線。難怪連瑞利勛爵都發出了感慨：「一個如此奇妙的發現，竟然起因於一連串虛假的線索，這真是驚人的巧合。科學史上大約很難再出現與這相似的發現」。

這種巧合雖然令人驚奇，但是我們不能因此就認為，貝克勒的重大發現完全是由於他的運氣好。如果我們持這種看法，就不能從中得出有益的結論。我們知道，造成錯誤最常見的原因，就是在實驗證據不足的情況下作出普遍性總結。貝克勒在開始研究X射線與螢光之間的關係時，他大概明白自己是在證據不足的情況下作了一些尚需證實的推斷，不然他為什麼一再告誡他的助手，要不厭其煩，反反復復地做實驗呢？貝克勒是一位十分嚴謹的實驗物理學家，他平生最厭惡的就是輕率地作出總結，在證據不足的情形下提出假說。這次他能大膽提出幾個推斷，對他來說幾乎是空前絕後的事情了，所以我們可以想見他將如何謹慎地用實驗來證實自己的推斷。在沒有十足的證據時，他是不會相信自己的推斷的。正因為如此高度重視實驗對理論建立的作用，所以他的發現也就具有一定的必然性了。

此後，貝克勒對放射線還繼續做了幾年研究，但未取得實質性的進展，在這方面繼續作出貢獻的是居禮夫人（Marie Curie，1867-1934）。貝克勒之所以停滯不前，是因為他只局限於把鈾

作為他的放射源。鈾是他知道得最清楚的物質，它曾經幫助過他做出了重大發現，現在卻又阻礙他繼續前進。另外，他的思想方法的缺陷，也不能不是其中的重要原因。他重視實驗觀察，對假說持謹慎、懷疑的態度，無疑是他發現貝克勒射線重要原因之一；但對假說在理論建立中的重大作用他卻認識不足，這又使他沒有能夠乘勝擴大戰果，進而研究放射性的普遍性。難怪在多年之後，他不無遺憾地說：因為新射線是透過鈾來認識的，所以有一種先驗的觀點，認為其他已知物體的放射性可能比這個還要大很多是不可能的。於是，對這個新現象普遍性的研究，似乎就沒有對它的本質的物理研究來得緊迫。

（三）

講完幸運的貝克勒，再來看看約里奧–居禮夫婦的不幸。

1935年，瑞典皇家科學院諾貝爾物理學獎委員會決定把該年度物理獎授予1932年發現中子的英國物理學家查德威克（James Chadwick，1891–1974）。

據說評獎委員會在徵求意見時，盧瑟福堅持要把發現中子的諾貝爾物理獎授給他的學生查德威克一個人。當時有人提出，約里奧–居禮夫婦對此做過真正重要的發現，不考慮他們是說不過去的。盧瑟福的回答據說是這樣的：發現中子的諾貝爾獎單獨給查德威克就算了，至於約里奧–居禮夫婦嘛，他們是那樣聰明，不久會因別的項目而得獎的。

約里奧–居禮夫婦對發現中子所做的貢獻，的確是無法否認的，查德威克本人在1935年12月12日發表獲獎講話時，就曾這麼

提到約里奧－居禮夫婦的貢獻：約里奧－居禮及其夫人的非常卓越的實驗，在發現中子的路上邁出了真正的第一步……

那麼，約里奧－居禮夫婦是怎樣失去了做出重大發現的機會呢？下面我們將介紹的就是他們的失誤，以及他們從失誤中的奮起。

約里奧－居禮於1900年3月19日出生在法國一個商人家庭。約里奧喜愛運動，他曾回憶說他差一點就成了職業足球運動員。同時，他又喜歡音樂，能彈一手漂亮的鋼琴。在中學時，由於太喜歡運動，他的學習成績並不好，所以剛進大學念書時，他感到非常吃力。但是到1923年畢業時，他已是名列前茅了。他的物理老師是著名的物理學家朗之萬（Paul Langevin，1872-1946），他看到約里奧很有培養前途，就親自與居禮夫人商量，將約里奧安排到她的實驗室去當助理實驗員。從此，約里奧便踏上了他那光輝的科學探索生涯。

更幸運的是在居禮夫人的實驗室裡，他與居禮夫人的女兒伊倫娜在一起工作。伊倫娜1918年就已經從巴黎大學畢業，比約里奧大3歲。開始約里奧聽人說伊倫娜冷若冰霜、言語尖刻，但透過一段時間的交往，約里奧發覺伊倫娜並不像人們說的那樣。他對伊倫娜產生了好感。後來約里奧回憶這一時期的情形曾寫道：我開始注意她了。她表情冷淡，有時還忘了對人說一聲早安。她在實驗室裡是不會引起別人好感的。但是在這位被別人看成是一塊未經琢磨的石頭似的青年女子身上，我發現了一個非常敏感、具有詩人氣質的人。她在許多方面是她父親的化身……作風樸實，有頭腦，態度從容。

由於志趣相投，他們在相識3年後於1926年10月9日結婚。兩

人決心合力研究放射性。非常有意思的是，普朗克決定在大學從事物理研究時，他的老師約里（P. von Jolly，1809-1884）說物理已經完善得沒有什麼可以值得研究的了；30多年以後，著名化學家德比爾納（André Debierne，1874-1949）多少有點開玩笑地對約里奧說：「你現在才來研究放射性，未免太晚了。這些元素和衰變系列現在都已知道了。除了把它們的各種特性算到小數點3位和4位以外，沒有剩下什麼可做的了。」

約里奧和伊倫娜可不這麼認為，他們認為在他們面前展開的是一個嶄新而神祕的世界，需要開拓的領域太多了。事實證明，他們是對的。在他們探索過程中，他們曾先後4次走到偉大發現的邊緣，其中3次因為某些方面的失誤而錯失良機。

（四）

1930年，德國物理學家博特（Walter Bothe，1891-1957）和他的學生貝克爾（Herbert Becker）發現了奇怪的現象，當他們用 α 粒子轟擊原子序數為4的元素鈹（Be）時，按照以往的實驗情況，α 粒子應該從鈹元素的原子核裡打出質子來。但這一次質子沒有出現，卻出現了一種強度不大而穿透力很強的射線，這種射線能穿透幾公分厚的銅板而其速度並不明顯減小。當時因為不知道這是一種什麼射線，就稱其為「鈹輻射」。由於鈹輻射穿透力極強，酷似當時人們所知的 γ 射線，所以博特在1931年蘇黎世物理學家會議上，在報導這一實驗結果時，就說鈹輻射很可能是 γ 射線之類的東西。

約里奧-居禮夫婦在1931年底，也開始研究博特的實驗發

現。他們實驗室條件極好，又有強大的 α 射線源，所以很容易就做出了與博特相同的實驗結果。為了檢查一下石蠟是否會吸收這種「鈹輻射」，他們在鈹和輻射偵測裝置間放了一塊石蠟。結果他們非常驚異地發現，石蠟不僅沒有吸收「鈹輻射」，而且在石蠟後面的輻射比沒有石蠟時還要強大得多！經過鑒別，從石蠟後面飛出來的竟是質子！也就是說，「鈹輻射」從石蠟中打出了質子。在這種情形下，約里奧-居禮夫婦已經面臨偉大的發現了，但他們卻仍然沿著博特的錯誤思路想下去，還認為「鈹輻射」是一種「新的 γ 射線」。現在回想起來，約里奧-居禮夫婦的結論簡直是不可思議。因為 γ 射線是由品質幾乎為零的光子組成，如果它與品質比質子小得多的電子相碰，那是能夠將電子撞得動起來的（這種碰撞由康普頓在「康普頓效應」裡做過詳細的研究）。但是，現在撞出的是質子，其品質為電子品質的1836倍，γ 光子怎麼能夠撞得動它呢？這猶如用一個乒乓球去撞一個鉛球，無論乒乓球以多大的速度撞向鉛球，即使乒乓球被撞得粉身碎骨，鉛球也是絕對不會動的。按照這種正常的邏輯思考，約里奧-居禮夫婦就應該知道他們已經發現了一種新的基本粒子了——它不帶電、品質比電子大得多。可惜他們糊塗一時，活生生讓偉大的發現從他們的鼻子尖上溜走了！

　　1932年1月18日，他們把這一實驗結果和評論發表在《報告》上。

　　當時在英國有一位物理學家叫查德威克，為尋找盧瑟福在1920年就提出的中子，10年來歷經無數次失敗仍毫無所獲。有一天早晨，查德威克看到了約里奧-居禮夫婦的文章，他感到極為震驚，就將這一實驗情況告訴給老師盧瑟福。盧瑟福的震驚想來

一定比查德威克更有過之而無不及，因為他聽了後竟大聲嚷道：
「我不相信這個實驗！」

當然，最後他還是同意：任何人都應當相信觀察的結果，至於解釋嘛，那就是另一碼事了。

查德威克開始也沒有十分固定的看法，但他很自然地想到了他尋找了十多年的中子。再加上他在尋找過程中取得了一定的經驗，所以他很快就肯定約里奧-居禮夫婦觀察到的現象絕不是什麼「新的 γ 射線」，並確信這裡面有一種新奇的東西將被發現。經過一段時間的努力，他才弄清楚所謂「鈹輻射」原來正是他苦苦尋找、「千呼萬喚始出來」的中子！這正是：踏破鐵鞋無覓處，得來全不費工夫。

這種粒子的品質近似於質子的品質。於是，盧瑟福12年前預言的中子，終於被證實了，又一個基本粒子——中子，終於出現在人類面前！

1932年2月17日，即約里奧-居禮夫婦的第一篇實驗報告發表差不多一個月之後，查德威克在英國《自然》雜誌上發表了自己的實驗報告及結論。

查德威克之所以能夠這麼迅速地取得成果，正如他自己在回憶中所說：「這不是偶然的」，而是他早就對中子這一概念有了精神上的準備。約里奧-居禮夫婦則完全沒有朝中子這方面想。約里奧自己也承認，他根本不知道盧瑟福關於中子的假說，因而缺乏作出這一重大發現的敏感性。他說：中子這個詞早就由盧瑟福這位天才，在1920年一次會議上用來指一個假設的中性粒子。這個粒子和質子一起組成原子核。大多數物理學家包括我自己在內，沒有注意到這個假設。但是它一直存在於查德威克工作所在

的卡文迪什實驗室的空氣裡。因此最後在那兒發現了中子。這是合乎情理的，同時也是公道的。具有悠久傳統的老實驗室總是蘊藏著寶貴的財富。在已消逝的歲月裡，我們那些還活著的或已去世的老師所發表的見解，被人們有意或無意地多次思考過然後又忘掉了。但他們的見解卻能深入到這些老實驗室工作人員的思想裡，結出豐碩的果實。這，就是發現。

約里奧的話有一定的道理，但也不全對。老實驗室固然有寶貴的思想薰陶它的成員，但也常常會散發出一種陳腐的保守氣息。這種例子在本書中就有不少。關鍵是實驗物理學家不能只埋頭於自己的實驗，而忽略廣泛地吸取別人創造性的新思想。用一句中國人十分熟悉的話來說，就是「不能只顧埋頭拉車，還得抬頭看路」。

約里奧－居禮夫婦由於忽視了學術思想的廣泛交流，不僅失去了發現中子的機會，而且由於幾乎完全相同的原因，又失去發現正電子的機會。

事情還得從1928年講起。那年英國科學家狄拉克在處理一個量子力學中符合相對論的方程式時，出現了一件很有趣味也很值得人思考的事情。在解方程式時，求出的電子總能量有兩個值，一正一負。現在的中學生都知道，這時負根將被視為「增根」而捨去，因為電子怎麼可能有負能量？這似乎是毫無物理意義的。狄拉克開始也是這樣認為，捨去了負值，只保留下正值。但是不久，狄拉克又仔細研究了負能態的值，得出了一個非常成功的電子理論，這一理論預言存在一種電子的「反粒子」，即正電子。正電子帶正電荷，其電量和品質與電子相同。

1932年8月2日，美國物理學家密立根的得意門生，安德森

（C. D. Anderson，1905-1991）在研究宇宙射線對鉛板的衝擊時，他利用置於磁場中雲室所拍的照片，發現了一種新粒子的徑跡。這種粒子在磁場中偏轉的徑跡與電子完全相同，但偏轉方向卻恰好相反。從偏轉方向來看，這個粒子應該帶正電荷，那麼，它會不會是質子呢？安德森經過計算，由這種粒子運動的曲率可以肯定，它不是質子，於是他認為這種粒子是一種帶正電荷的電子。於是狄拉克的預言被證實了。安德森因為這項發現於1936年獲得諾貝爾物理學獎。

但在安德森發現正電子之前，約里奧-居禮夫婦就曾經在雲室中清楚地看見過正電子的徑跡。但遺憾的是他們沒有認真研究這一奇特的現象，卻提出了一種經不住仔細推敲的解釋。直到安德森提出了正電子實驗報告以後，他們才明白又一次錯失了重大發現的機會。

經過連續兩次失誤之後，約里奧-居禮夫婦並沒有灰心喪氣，他們總結經驗教訓，繼續研究。果然如盧瑟福預言的那樣，在1933年底研究射線轟擊鋁的時候，他們發現了「人工放射性」，並於1935年因這一發現而獲諾貝爾化學獎。

約里奧-居禮夫婦對科學研究的獻身精神，執著的追求，精湛的實驗技術，都是非常可貴的，作為實驗物理學家，他們堪稱典範。然而由於不注重學術思想交流，不注重理論思維，使得他們缺乏一種敏感性，習慣於定向思維，不擅長側向思維和逆向思維。總的說來，就是缺乏想像力。

這種缺點不僅表現在失去發現中子、正電子這兩件事上，而且也相當明顯地表現在「核裂變」的發現這一過程中。德國化學家哈恩之所以能做出「核裂變」這一震撼世界的偉大發現，正像

查德威克發現中子一樣，完全是得益於約里奧–居禮夫婦的實驗發現。而且奇怪的是，剛開始哈恩完全不相信約里奧–居禮夫婦的實驗結果，還多次嚴厲批評過他們！在用中子轟擊鈾元素時，約里奧–居禮夫婦已經發現產物中好像有鑭元素；這時，約里奧–居禮夫婦實際上已經發現了核裂變，但他們就是拘泥於陳舊的定見，打不開思路，認為在這種情形下鈾核不可能裂變。一直等到哈恩因為不相信他們的實驗而重複他們的實驗時，才發現了鈾原子核在中子的轟擊下真的分裂了！哈恩是化學分析方面的權威學者，他在實驗中確定鈾核裂變的產物不是鑭，而是鋇。在化學上來說，鑭元素和鋇元素的差別並不大，在週期表裡鋇僅僅在鑭的前面一格。這麼偉大的發現再次從約里奧–居禮夫婦面前溜走！這已經是第三次了。

愛因斯坦在《論科學》一文中曾說過這麼一段話：想像力比知識更重要，因為知識是有限的，而想像力概括著世界上的一切，推動著進步，並且是知識進化的源泉。嚴格說，想像力是科學研究中的實在因素。

愛因斯坦的這句話有極深刻的道理，它不僅對科學家是十分重要的，而且對我們當代的中學生、大學生來說同樣極為重要。沒有想像能力的人，絕對不可能做出有重大價值的發現。

他們真是一群科學騙子嗎

> 個性衝突在科學思想的發展中有時非常重要。我敢說，這應
> 該被當作一條規則而不是一個特例，這一規則使生物學史變得更
> 加清晰。 ——吉塞林（M. T. Ghiselin，1939-2019）

1903年，法蘭西科學院通訊院士布朗洛（Prosper-René
Blondlot，1849-1930）繼1897年英國物理學家盧瑟福發現 α 射
線和 β 射線、1900年法國物理學家維拉德（P. U. Villard，1860-
1934）發現 γ 射線之後，鄭重而又激動人心地在法蘭西科學院院
刊（*Comptes Rendus*）上宣布了新的發現：N射線（N-rays）。

接著，在一段短暫的時間裡，N射線這種新輻射的異乎尋常
的性質，吸引了全世界許多科學家。這正如美國西北大學克洛茨
（I. M. Klotz）教授在1980年撰文所說：「布朗洛的發現在科學
界的許多部門激起了一陣狂熱的反應。」

但兩年之後，研究N射線的這股狂熱浪潮又突然中止，因為
人們發現N射線是一種純屬虛幻的射線。事後，圍繞N射線事件
展開了一場爭論，有人認為布朗洛是一個科學騙子，並聳人聽聞
地說：「悲劇的暴露最終導致布朗洛的發瘋和死亡。」

勒傑曼認為，布朗洛的助手「對N射線的發現或許扮演了一
個過分熱心的促進者的角色」。還有的人則明確表示，「故意的

欺詐可以不予考慮」，而應該「從心理學方面進行一些研討」。

下面，我們將對N射線事件的始因做一初步探討，對某些不夠認真或者說過火的說法，提出一些不同的看法。為此，我們應該先從布朗洛本人談起。

（一）

布朗洛於1849年誕生在一個知識分子家庭裡。他的父親N.布朗洛是一位生物學家和化學家。布朗洛畢業於法國的南錫大學，後又於1881年獲索爾本大學物理學博士學位，他的博士論文是論「電池和極化規律」。從1882年起，他開始在南錫大學任教，並於14年之後晉升為教授。1910年，他年滿61歲就退休了。

布朗洛是一位經驗豐富而且頗有名氣的電磁學方面的專家。亥姆霍茲去世後，布朗洛被推選為法蘭西科學院通訊院士，以頂替亥姆霍茲空出來的位置。在「發現」N射線以前，他曾經用實驗證實馬克斯威爾的電磁理論。

布朗洛「發現」N射線的過程大致是這樣的：1890年前後，布朗洛對X射線的研究十分感興趣，並積極參與到X射線本質的爭論之中。他是一位實驗技巧十分高超的物理學家，1891年他設計了一種與迅速旋轉鏡相似的技術，測得電磁輻射傳播的速度為297600km/s；後來他又確定X射線傳播速度與光速一樣，從而認為X射線應該是電磁輻射的一種。為了進一步證實這一結論，布朗洛又設計了一個巧妙的實驗，試圖從電磁波的偏振性來證實X射線是一種電磁輻射。

如果X射線是電磁波，它就必然有偏振性，這種偏振性可以

用下述方法檢測：在X射線傳播的途徑上，安置由兩根削尖的金屬絲做成的可以跳火花的檢測器。調置檢測器的方位，如果X射線是電磁波，它必有某一確定的偏振方向，那麼當檢測器的方位與偏振方向吻合時，跳動的電火花的強度將會明顯增強。結果，實驗證實了布朗洛的推測，火花亮度確實在某一特定方向上有明顯增強。這使布朗洛十分興奮。

在這次實驗中出現了一件令布朗洛感到十分奇怪的現象：當X射線通過電火花縫隙後，再讓它通過一個石英稜鏡時，某些射線發生了折射。由於當時人們認為X射線通過石英稜鏡不會發生折射，因而布朗洛甚為驚訝。接著，他在概念上做了一個「災難性的飛躍」：這種發生折射的射線既然不可能是X射線，那一定是某種尚不為人所知的「新射線」。他把這種「新射線」命名為「N射線」，以紀念他供職的南錫大學。

布朗洛並非物理新手，他深知要使N射線被物理學界公認，還需要排除許多偶然和人為的因素，所以在「發現」N射線以後，他立即對實驗設備做了進一步改進，其中包括照相設備和使用低強度氣體火焰作為檢測器等。利用新的設備，布朗洛不僅進一步「證實」了新射線的存在，而且他還對N射線的性能和輻射源做了廣泛的研究。1903年初，他開始將自己的研究結果連續發表在法蘭西科學院院刊上。

接著，各有關學科的科學家都迫不及待地湧到N射線研究領域來，形成一股熱潮。法國第一流的科學家，包括彭加勒、J.貝克勒（Jean Besquerel，發現天然放射線的H. Besquerel的兒子）和受人尊敬的生理學家卡彭蒂爾（Augustin Charpentier，1852-1916）等人，紛紛發表意見，讚揚布朗洛的「偉大」發現。1904

年，在國外已經開始對N射線提出懷疑和批評時，科學院的Le Conte獎金評選委員會（彭加勒是評委之一），仍然決定將這一珍貴的榮譽和5萬法郎的獎金授給布朗洛，而沒有授予另一位候選人皮耶‧居禮（Pierre Curie，1859-1906，1903年諾貝爾物理學獎獲得者）。據說，獎狀第一稿主要是表彰他關於N射線的發現，後來因為批評和懷疑N射線的人越來越多，為了謹慎起見，在獎狀的定稿上只在末尾提到了N射線的發現，而獎勵的主要原因則改為「他的全部研究工作」。但是，一般人仍然認為，N射線的發現仍然是布朗洛獲得這個重要獎的主要原因。

正是由於著名科學家的讚揚和法蘭西科學院的鼓勵及支援，N射線在法國研究的浪潮越來越洶湧。據統計，1903年上半年法國科學院的院刊上只登載了4篇有關N射線的論文，但到1904年上半年，這方面的論文數量扶搖直上，竟達到54篇！一位作者指出：從1903年到1906年期間，至少有40人「觀察」到N射線，有100多名科學家和醫生發表了大約300多篇論文來分析這種射線。

這種大規模的研究，使得N射線各種驚人的性質迅速為人們「發現」。物理學家們「發現」幾乎所有可被N射線穿透的物質，如木頭、紙、薄鐵板和雲母等，都不能透過可見光；但水和鹽都能阻擋這種射線……生理學家們也不甘落後，他們也展開了規模不小的研究工作，其掛帥人物是南錫大學醫學院生物物理學教授卡彭蒂爾。在1904年5月的一個月裡，他發表了7篇關於N射線的文章。他發現人體的神經和肌肉可以發出特別強的N射線，他甚至測出屍體發出的N射線。他還發現N射線可以提高人的視覺、嗅覺和聽覺的敏感性，不久又發現生物發出的這種射線與N

射線有些不同，於是他稱它為「生理射線」，並聲稱實驗已「證實」這種射線與N射線均可沿導線傳播。面對如此豐富多彩的發現，卡彭蒂爾信心十足地宣稱：N射線作為一種有效的人體探測手段，將迅速應用於醫學臨床。除了卡彭蒂爾，還有許多科學家作出了生理上N射線的「重大發現」。索爾本大學一位物理學家發現，N射線是從人腦部控制語言的「布洛卡氏區」發出的；還有一位科學家發現，從人體分出的酶也能發出N射線……

有一位作者用了59頁的篇幅，才簡要列舉和綜述了三年時間內所作的有關N射線的發現。有趣的是，像其他一些重大發現一樣，N射線發現的優先權之爭也隨著研究取得的「進展」而激烈展開。

（二）

正當法國國內N射線的研究熱鬧得不可開交的時候，國外物理學界卻產生了普遍的懷疑。因為任何一個真正的科學發現，例如電磁波、X射線等，總可以在世界任何地方的實驗室和在任何時候重複產生，可是N射線卻無法滿足這一最起碼的要求。英國的開爾文勛爵（Lord Kelvin，1824-1907）、克魯克斯（William Crookes，1832-1919），德國盧麥爾（O. R. Lummer，1860-1925）、魯本斯（Heinrich Rubens，1865-1922）、德魯特（P. K. L. Drude，1863-1906）、美國的伍德（R.W. Wood，1868-1955）等世界著名的物理學家，雖然都對發生在法國的N射線極感興趣，並且按照布朗洛論文中所指示的方法安排實驗，但無論怎樣小心和努力，也得不到一點N射線的影子，這使他們迷惑不

解。正如伍德所說，法國「似乎有存在著出現這種最難以捉摸的輻射形成所必需的、顯然是特別的條件」。在法國國內也有持不同看法的人，例如著名物理學家朗之萬。

1904年夏季，正在美國約翰‧霍普金斯大學任教的伍德教授要出席在歐洲召開的學術會議，他決定趁此機會去訪問布朗洛的實驗室。

伍德是美國著名的實驗物理學家。他畢業於哈佛大學，很早就顯示出超群的實驗天才。他擅長用最簡單的方法揭示隱祕現象。他一生主要的貢獻是在物理領域裡，尤其是光譜學，他的實驗對原子物理學的進展起了重大作用。他的《物理光學》（*Physical Optics*）（1905年）一書，是美國權威教材。伍德有一種不可遏止的好奇心，還有惡作劇和捉弄人的癖好。有一次，一個巫師說他能夠同已經去世的英國物理學家瑞利保持聯繫，伍德為了揭露騙局，就編了一些電磁學難題請這位巫師向死了的瑞利請教，結果讓巫師大出洋相。

伍德到了南錫大學後，受到布朗洛友好而真誠的接待。布朗洛還立即為伍德做了一系列實驗，以證實N射線的存在和它的一些奇異性質。伍德是一位極高明的物理實驗專家，當布朗洛為他做完一系列實驗後，他立即敏銳地察覺出他的法國同行們極可能誤入歧途了。布朗洛將能斯特燈發出的N射線射到正在閃火花的間隙檢測器上，根據他的介紹，火花亮度要增加；如果用手擋住射線，火花亮度將減弱。令伍德十分驚訝的是，法國同行竟然用極不可靠的肉眼來判斷光的強弱。當法國同行們煞有介事地演示火花亮度強弱變化時，伍德無論怎樣睜大眼睛凝視那微弱的火花，卻絲毫感覺不到亮度的變化。伍德將自己的觀察結果告知東

道主時，他們卻說這是由於伍德眼睛的靈敏度太差！伍德聽了不免氣上心頭，於是他決心試試東道主的「眼睛的靈敏度」。

伍德於是詭祕地說，既然我的眼睛不夠靈敏，就請你們說出我用手指擋住N射線的正確時刻吧。由於房間昏暗，伍德很隱蔽地把手伸進、移出，結果東道主們幾乎一次也沒有說對。伍德像逗小孩一樣，有時故意把手放在N射線經過的路徑上不動，然後問東道主火花強弱的程度。他們一會兒說亮了，一會兒又說暗了；而當伍德有時移動手的時候，他們所說的亮度起伏又同手的進出運動毫無關係。在接著的一個演示實驗裡，布朗洛要在N射線的折射光束中「找出」N射線的光波譜。實驗時，伍德惡作劇地把一個必不可少的零件（一個鋁質稜鏡），偷偷地裝進了自己的口袋裡，布朗洛不知道，但他仍然在那兒正兒八經地「分析N射線」的光譜！

回到美國後，伍德寫了一篇文章披露此事，發表在英國的《自然》雜誌上。伍德的文章發表後，在法國以外的科學家們對N射線的研究，立即失去了興趣，只有少數法國科學家還繼續支持布朗洛。到1905年，法蘭西科學院的院刊也不再刊登關於N射線的文章了。1906年，法國《科學評論》提議讓布朗洛做一個判決性實驗，布朗洛拒絕了。

於是，N射線事件至此可以說正式結束了。雖然布朗洛到1919年還聲稱：我從未對我命名的N射線……有絲毫的懷疑，並且我還將盡我的一切力量證明它們將被我從未停止的無數觀察所確證。

但幾乎已經沒有人相信他的話。也許只有心理學家對他的話感興趣；這畢竟是科學創造心理學一個不可多得的典型例證。

（三）

　　轟動一時的N射線事件如今早已被人們遺忘，也許現在連知道這件事的人都很少。但也有幾位物理學家和科學史家對這事頗感興趣。他們訪問了所剩無幾的幾位知情人，翻閱積滿灰塵的檔案，希望能挖掘出隱藏在這一事件背後更深層的啟示。W.布勞德和N.韋德在《背叛真理的人們——科學殿堂中的弄虛作假》一書中談到N射線事件時，尖銳地指出：整個領域的科學家居然都被非理性的因素引入了歧途，這是一種值得深思的現象。用「病理的問題」作搪塞，無異於胡亂貼標籤。實際上，N射線事件極為突出地暴露出科研過程中廣泛存在的幾個問題。

　　那麼，到底「廣泛存在」一些什麼問題呢？這當然是一個仁者見仁、智者見智的問題，各人看法很可能不會完全一致。

科學創造心理學是一門很重要的學科。

　　直到今天，還有為數不少的人仍然認為，科學研究要求的是準確的計算、精密的實驗、無懈可擊的邏輯論證和至高無上的客觀性，與感覺、情緒、動機、氣質等心理因素沒有什麼關聯。這種看法實際上是歷史留下來的一種偏見，而且正是由於這種偏見才使得有些作者認為，N射線事件只不過是一場地道的騙局，布朗洛和卡彭蒂爾只不過是兩位「超級科學騙子」而已。用這種觀點來對待N射線事件固然痛快淋漓，慷慨激昂，但這種觀點是不科學的，它無法解釋許多令人惶惑的現象。法國科學家羅斯丹（Jean Rostand，1894-1977）就曾指出：（N射線事件）最令人吃驚之處在於受騙人數之多，簡直到了令人難以相信的地步。這

些人當中，沒有一個是假科學家和冒充內行的人，沒有一個是夢想家或故弄玄虛的人；相反，他們熟知實驗程式，頭腦清醒，思維健全。他們後來作為教授、諮詢專家、講師所取得的成就就是明白無誤的證明。

羅斯丹是法國人，他的話也許有些偏向他的同胞們，例如「無私」「頭腦清醒」這些評語似乎不合實際情況（下面我們將會看到這一點），但羅斯丹的話大致上與實際情況是相符的。

就拿布朗洛來說，前面我們介紹過他對物理學作出的貢獻和他在法國科學界的地位，即使在N射線事件以後，雖然他仍然堅持N射線絕非虛妄，但他的生活、教學和研究仍一如既往，一直都非常正常。他到1910年才退休，退休後仍然保留名譽教授稱號，並繼續與大學裡的人有學術聯繫。1923年他的一本熱力學教科書出第三版，1927年11月還為他的電學教科書的第三版寫過前言，根本沒有像西布羅克（W. Seabrook）說的那樣，因「騙局」被揭露，羞於做人而發瘋以致自殺身亡。說他是個地道的「騙子」，似乎有悖於實際情況。

再拿卡彭蒂爾來說，認為他在N射線事件中玩弄騙術，似乎也說不過去。卡彭蒂爾是一位受人尊敬的生物物理學教授，聲望極高。對於N射線的研究，他的熱情和興趣是異乎尋常的，而且他的「成果」驚人。為了人體N射線的發現，他還與幾位學者就優先權打起了官司，鬧得沸沸揚揚，不可收拾，後來還是法蘭西科學院出面，在1904年春的一份正式報告中判定卡彭蒂爾的發現最早，因而擁有優先權。最令人感到有趣和惶惑的是，他曾專門研究過眼科學，他的博士論文題目是「視網膜不同部分的視覺」，他還寫過一篇題為「影響光度測量的生理條件」的文章。

對視覺有如此豐富的理論和實驗研究的醫學院教授，正如拉傑曼（R. T. Lagemann，1934-1994）所說：「如果有誰本應提防在觀測閃動的、低強度的光源時可能出現錯誤的話，卡彭蒂爾就是一位。」可恰恰就是這位卡彭蒂爾，在虛假的N射線研究中做出了「重大的發現」！

還有J.貝克勒和彭加勒等人，他們都高度評價了N射線這一「重大發現」，但他們又同時都是世界知名的科學家，尤其是彭加勒，前面我們曾經專門提到過他，他是當時科學界最偉大的科學家之一。用騙局、學術騙子來對待這些人和N射線事件，顯然有失偏頗；而且對科學史的研究也會帶來不良的影響。相反，如果我們放棄這種偏頗的看法，而從心理學的角度來研究這一事件，它也許會給我們帶來許多有益的啟示。蘇聯學者Ⅱ.А.拉契科夫（1928-）曾深刻指出：科學心理學作為科學的重要組成部分之一，現在正在發展著。沒有它，就不可能揭示完整的和真正的科學歷史過程。

拉契科夫的這一觀點顯然值得我們高度重視。從科學心理學觀點對N射線事件進行剖析，我們比較容易理解這一事件的發生和發展過程。布朗洛是在五花八門的射線（如X射線、α射線、β射線、γ射線、陰極射線、陽極射線，等等）不斷被發現的時候，「發現」了N射線，並且迅速為眾多科學家接受。這一事件在事後看起來似乎有點令人迷惑，但實際上它與一種心理定勢和崇拜權威的心理現象有密切關係。

到1903年，科學界早已熟知了各種各樣的射線，對於再出現一種新的射線，無論對布朗洛還是對其他科學家來說，早就有了心理上的準備，已經是「見怪不怪」了。正如克洛茨所說：「如

果這種射線先於X射線和放射性十年⋯⋯那麼它就沒有其他射線作先例，因而布朗洛幾乎肯定會對他的發現作更嚴格的分析。」

在心理學中，這種現象稱為心理定勢。心理定勢是一種在科學研究中經常出現的心理現象，它常常給科學研究帶來難以克服的惰性和阻礙，延緩科學研究的正常進行。例如，在楊振寧和李政道提出在弱相互作用中宇稱可能不守恆這一見解之前，雖然沒有任何實驗足以判明在弱相互作用中宇稱是守恆的，但是一種心理定勢的作用，即在其他相互作用中人們有肯定的判據證明宇稱是守恆的，再加上某種美學的觀點，於是人們幾乎堅信在弱相互作用中宇稱也一定是守恆的。甚至當楊振寧和李政道提出新的不同見解時，他們的意見遭到包括包立、費曼和戴森（F. J. Dyson，1923-）等最著名科學家在內的幾乎所有物理學家的反對。可見心理定勢一旦形成，將是一股多麼強大的力量。對於一些二流科學家來說，心理定勢和崇拜權威的心理肯定起了雙重的作用。

造成N射線的另外一個不可忽視的心理因素，是一種似乎與科學毫不相關的情感，即民族自尊心。法國科學的興盛期是1770-1830年，到了19世紀初達到全盛期以後就急轉直下地走向衰落；而德國則由於1848年資產階級革命和1871年的全國統一，科學日漸昌盛，並取代法國成為世界科學的中心。到20世紀初，德國科學達到了極盛期，法國科學界的國際聲望則繼續下落。在這種情形下，在貝克勒和居禮夫婦發現放射性之後，又發現了N射線，這實在使法國科學界興奮得難以自已。在這種情緒和感情支配下，本來可以防止的錯誤發生了，本來可以做到的嚴格自律放鬆了。正如莎士比亞在《威尼斯商人》一劇中所說：理智可以制

定法律來約束感情，可是熱情激動起來，就會把冷酷的法令蔑棄不顧……

自然規律就是科學研究活動的「法律」和「法令」。在科學創造活動中，激情和忠誠固然不可缺少，但任何時候都必須有冷峻的理智，萬不能「把冷酷的法令蔑棄不顧」。

相比之下，義大利物理學家費米就比布朗洛冷靜得多。

從1934年3月開始，費米開始用慢中子轟擊從輕到重的所有能找到的元素。在轟擊鈾元素以前的元素時，他發現每一種元素被慢中子轟擊後，其原子核都變成有放射性的原子核，放射性原子核的品種數由該元素的同位素數目決定。如某元素只有一種同位素，則只有一種有放射性的核；如有兩種同位素，則有兩種有放射性的核。他還發現了一條普遍規律：中子碰到原子核後，原子核即將其捕獲，形成一個新核；由於新核不穩定，核裡的一個中子發射出一個 β 粒子（即電子），使該中子變為質子，於是被轟擊的元素多出一個質子，原子序數因而提高一位。接下去，費米當然會想到：如果用慢中子轟擊當時元素週期表上最後一個元素鈾92時，鈾的同位素如果也像它前面的元素一樣，放出一個 β 粒子，那不就會產生一個週期表上還沒有、自然界中尚未見到的第93號元素了嗎？這一設想簡直是太激動人心了！

費米懷著激動的心情開始用慢中子轟擊鈾92，我們完全可以想像他是多麼熱切地期望得到「超鈾元素」啊！結果似乎頗為理想，β 粒子果然放射出來了。但是，大自然在顯示她的真實面目時，似乎總是羞羞答答，「猶抱琵琶半遮面」。現在，β 粒子倒是真放射出來了，但與此同時又出現了一些以前未曾出現過的複雜情況，這使得費米不敢貿然斷定自己真的得到了「超鈾元素」

（即93元素）。他發表在1934年6月英國《自然》雜誌上的論文，題目還只是「可能產生原子序數高於92的元素」，他並沒有因為某些非常可能是93號元素的跡象，而忘記了大自然是頗善於惡作劇的。他在文章中謹慎地寫道：我們有可能假設該元素的原子序數大於92。如果是第93號元素，那麼在化學性質上，它應該與錳和錸相似。這一假設由下面的觀測得到一定的證實，即……可以被不溶於鹽酸的硫化錸的沉澱物帶走。然而，考慮到有幾種元素都易於以這種形式沉澱，因而這一證據不能認為是非常充分的。

應該說費米的態度是值得讚賞的，他沒有讓激情主宰自己。尤其難能可貴的是，他抵擋住了榮譽的誘惑，保持了一個科學家在任何時候也不能喪失的理智。當時羅馬大學物理研究所所長柯比諾（O. M. Corbino，1876-1937）卻認為費米太謹慎，認為費米的猶豫純屬多餘。柯比諾不僅是一位科學家，他還是一位參議員，在他身上激情多於理智，政治因素多於科學因素。為了振興日趨衰落的義大利科學事業，他費了很多心血才物色和培養了費米這樣一位科學上的帥才，如今發現了第93號元素，多年來想使義大利科學恢復到伽利略、伏特和亞佛加厥光輝時代的夢想，終於實現了！

同年6月4日在有國王出席的琳賽科學院會議上，柯比諾自作主張地宣布：93號元素被義大利物理學家費米發現了！這一消息立即轟動了全世界，義大利報紙更是趁機大肆宣揚「法西斯主義在文化領域的重大勝利」；甚至有一家小報還煞有其事地宣稱費米將一小瓶93號元素獻給了義大利王后。

費米對柯比諾輕率的做法十分生氣。在他的堅持下，柯比諾

和費米向報界做了聲明，指出製成93號元素是可能的，但在得到確證之前，「尚需完成無數精密的實驗」。

後來的事實證明，費米的謹慎是完全正確的，正是在他感到有疑問的地方，由他人做出了重大發現——核裂變。

N射線事件和1934年的超鈾元素的「發現」，具有極為相似的心理背景（許多類似的發現都有強烈的愛國主義激情驅使）。然而，N射線事件最後鬧得法蘭西科學院狼狽不堪，而費米的科學理智卻使義大利避免了一場災難。這兩件事的對比，很值得我們研究和深思。

情感如果不用冷峻的理智來約束，往往就會給科學研究帶來災難。個性，也是科學心理學應該深入研究的課題。布朗洛帶來的災難，肯定與他的個性有關。如果說在N射線事件剛開始時，布朗洛的錯誤還可以原諒的話，那麼後來他仍然一味堅持自己是正確的，就無論如何也無法原諒了。1969年諾貝爾生理學或醫學獎獲得者盧里亞曾尖銳指出：在科學界，正像人類其他活動一樣，個性和競爭一直存在著，甚至是決定性因素……在哥倫比亞讀著像《豐富的機會》這種優美的敘事詩的學生們，需要多長時間才能瞭解科學史上大量的嫉妒和爭鬥呢？

加州大學動物學系的吉塞林也曾著文指出：個性衝突在科學思想的發展中有時非常重要。我敢說，這應該被當作一條規則而不是一個特例，這一規則使生物學只變得更加清晰。

反觀中國的科學史研究，似乎過分強調歷史的、客觀的規律，而對豐富的心理學事例幾乎很少有人問津。這不能不說是一個大缺陷。應該說這是物理學中機械決定論在科學史研究中的一種反映。

除此以外，下面的一個問題也值得重視。

觀察的可靠性問題

有一個小故事，或許有助於我們瞭解N射線事件。

我們知道，盧瑟福是一位偉大的物理學家，他所領導的卡文迪什實驗室對於實驗結果，要求有非常嚴格的檢驗。盧瑟福經常強調，正確的實驗結果必須能用多種方法重複出來。20世紀初，盧瑟福的實驗室在做元素嬗變實驗研究時，他們的結論與奧地利科學院院士梅耶（Stefan Meyer，1872-1949）領導的鐳研究所得到的結論有明顯的差異，這使盧瑟福十分吃驚。梅耶在放射性和核子物理方面有許多重要貢獻，而且是盧瑟福的好朋友。盧瑟福雖然對自己的研究結果充滿信心，但畢竟梅耶也不是平庸之輩，於是盧瑟福請查德威克去梅耶實驗室考察一下，弄清差異產生的原因。考察的結果讓查德威克大吃一驚，梅耶實驗室竟然採用了一種極不可靠的觀察方法，正是這種不可靠的觀察方法導致梅耶的失誤。

原來，梅耶實驗室專門找一些斯拉夫姑娘來讀粒子轟擊元素後引起螢光屏上的「閃爍數」，據說斯拉夫姑娘眼睛大，讀數準確。這當然無可非議，即使斯拉夫姑娘眼睛不大也沒有關係，但糟糕的是他們在向姑娘們交代任務時，先把預想的結果告訴了她們。而卡文迪什實驗室在這方面的做法就明顯不同，他們專門找那些不懂行的人來讀數，並且事先絕不告訴他們結果「應該會怎麼樣」。後來，查德威克向梅耶建議，由他親自用卡文迪什實驗室的辦法來安排姑娘們進行觀察，他連放射源、螢幕等都不作交代，只讓她們見閃亮就讀數。這一次，實驗結果與卡文迪什實驗

室的結果一樣。

那麼，布朗洛的實驗助手對N射線事件起了什麼樣的作用，有沒有什麼影響呢？這是許多考察N射線事件的學者十分關心的事情。伍德認為，布朗洛的助手「還沒有足夠的科學知識來製造這樣一個騙局」，而且據考察N射線事件的一位學者皮瑞特（E. Pierret）的說法，布朗洛「從未以欺騙的原因責備他以前的助手」。但是，有根據認為，由於以下兩方面原因，布朗洛的助手仍然對N射線事件的發展可能起了推波助瀾的作用。

一是當時實驗物理學家們多有梅耶實驗室的習慣，在布置助手們做實驗時，常常做過多的指示，有意無意地道出「實驗出現什麼結果最理想」等帶有「啟發性」的暗示。這種暗示，肯定會使助手們「觀察」到超出實驗所能提供的一些「結果」，正如梅耶實驗室的斯拉夫姑娘所做的一樣。皮瑞特在考察中明確指出，「布朗洛也有這種習慣」。這樣，布朗洛的助手肯定為布朗洛提供了一些失真而又被當作真實的資訊。

另一原因多少帶有一點猜測了。皮瑞特指出，在N射線「發現」以前，布朗洛曾兩次獲得獎金，他的助手因實驗的成功也獲得了獎金的一部分。那麼，期望N射線實驗成功以獲得更多的獎金，很可能影響了助手的觀測。著名教授的「暗示」，再加上利益的影響，的確會容易使觀測者有一種偏愛某些資料的心理。這並不是什麼罕見的現象，問題是科學家應該認識到這一情況，並採取有效措施防止這種偏愛帶來的虛假結果。也許布朗洛正是在這上面出了問題。

美國物理學史研究中心的威爾特（S. Weart）在對各國為物理學提供基金傾向進行考察時，在法國發現一份沒人注意卻十分

有趣的文件。這份文件是布朗洛在宣布N射線被發現兩週後寫的一封推薦信，目的是想提高助手的薪金和地位。信是這樣寫的：如果我能完成（我的工作），那應該感謝一個非常有獻身精神的合作者的得力幫助，他就是我們實驗室的技師菲爾茲先生（Mr. L. Virtz）。他不僅製造了所有的設備，而且對於它的安裝也提出了不止一個聰明主意；另外，他重複了我所有的實驗和測量，以及一個精密研究中不可缺少的控制過程。

如果說勒傑曼在他的文章中只是暗示布朗洛的助手「對N射線的發現或許扮演了一個過分熱心的促進者的角色」，那麼，在引述了上面的推薦信後，威爾特就有理由歎息說：「布朗洛過分信賴一個依賴他的人的科學辨別力了。」

總的看來，布朗洛犯下了嚴重的錯誤這是無可否認的，他犯錯誤的原因也是多方面的。在他之後，這些錯誤原因還一再使其他科學家犯下了許多同樣的錯誤。

這也許更值得人們深思。

邁克生為什麼感到遺憾

我尊敬的邁克生博士，您開始工作時，我還是一個小孩子，只有一公尺高。正是您，將物理學家引向新的道路。透過您的精湛的實驗工作，鋪平了相對論發展的道路。您揭示了光乙太理論的隱患，激發了洛倫茲和費茲傑羅的思想，狹義相對倫正是由此發展而來。沒有您的工作，這個理論今天頂多也只是一個有趣的猜想，您的驗證使之得到了最初的實驗基礎。

—— 愛因斯坦

邁克生（A. A. Michelson，1852-1931）是美國偉大的實驗物理學家，因發明精密光學儀器並借助這些儀器在光譜學和度量學的研究工作中所做出的貢獻，獲得了1907年諾貝爾物理學獎。

1931年，愛因斯坦到美國時，專門去拜會了邁克生。愛因斯坦當面表示了對邁克生的敬佩。他說了上面引言中的那一大段話。

邁克生聽了愛因斯坦的稱讚後，說：「我的實驗竟然對相對論這樣一個『怪物』起了作用，真是令人遺憾呀！」

這時邁克生已經79歲了，他是不是老糊塗了？因為到1931年的時候，相對論早已被全世界科學家接受了，而且獲得了極高的聲譽，愛因斯坦本人也在1921年獲得了諾貝爾物理學獎。在這種

情形下，邁克生不僅不為自己對相對論有所貢獻感到高興，反而感到「遺憾」？

（一）

1852年12月19日，邁克生誕生在波蘭的一個小鎮斯特爾諾。他的父親是一位經營紡織品商店的老闆，母親也是商人的女兒。

19世紀中期，由於經濟危機和政治上的動亂，許多歐洲人都向美國遷居。邁克生的幾個姑媽都在美國，因此，他們全家也決定於1856年遷往美國，那年邁克生只有4歲。他們先乘船到巴拿馬，然後乘火車、獨木舟、騎騾子……最後又乘遠洋輪船，到達舊金山。

讀中學時，邁克生因家中經濟不寬裕，學習之餘常為學校清理物理儀器，每月可得到3美元的報酬。中學校長伯拉雷先生對光學很有興趣，常常給邁克生講解奇妙的光學現象。這使邁克生對科學，尤其是光學，從此有了極大的興趣。邁克生一生不忘伯拉雷校長對他的啟發引導。他曾經在回憶文章中寫道：伯拉雷校長是一位了不起的人，我非常感謝他對我嚴格徹底的訓練。他喜歡我，對我的訓練非常嚴格，特別是在數學方面。當時我並不喜歡這樣，因為太艱苦了！但後來我十分感激這種訓練。

邁克生16歲時中學畢業，是班上年齡最小的一個，考什麼大學呢？邁克生徵求伯拉雷校長的意見。

校長說：「你可以報考安納波利斯海軍學院，我們學校有一個名額。」

「您為什麼覺得那兒好呢？」邁克生問。

「那兒可以受到很好的實驗訓練，尤其是光學實驗。另外，在海軍學院讀書可以得到生活、旅費補助。畢業後工作沒問題，待遇也不錯。」

邁克生聽了校長的建議，報考了海軍學院。他考得很好，名列前茅。但是，本應屬於他的這個名額，卻被一位議員開後門給了別人。邁克生不服氣，決心要進海軍學院。於是他在親朋好友的幫助下，湊齊了路費，親自到華盛頓去見當時的美國總統格蘭特，申明自己的情況和決心。

格蘭特總統在白宮接見了邁克生，對這位年輕人的決心、勇敢，十分欣賞，竟然破例允許他進入海軍學院。

以後，邁克生常常驕傲地說：「我一生的事業，就是從這次『不合法』的行動開始的。」

（二）

1873年，邁克生從海軍學院畢業後，被任命為海軍學院的物理教師。這時，他對於在實驗室測量光的傳播速度有強烈的興趣。光傳播的速度很快，每秒達30萬公里。這麼快的速度，簡直讓人難以想像。難怪邁克生說：「光速的數值大大超越了人們的想像力。但是，我們可以用極精確的方法，將它測量出來。因此，測量光速是一件非常吸引人的工作。」

1877年11月，他設計了一個很巧妙的方法，可以更精確地測出光速。可惜他沒有錢購買儀器設備。幸虧他的岳父很富有，也很支持他的研究，就送給他2000美元購置設備。有了這筆當時不小的贈款，邁克生才順利在1878年完成了實驗。這次實驗，由於

他把光速測得很準確，因此引起了全世界科學家的重視。

邁克生家鄉的人，感到非常自豪，就在當地報紙上，專門刊登了一則消息：本地布商薩繆爾的兒子邁克生海軍少尉，由於在測定光速方面有驚人發現，引起了人們廣泛的重視。

正在這時，全世界物理學家都在關心乙太的問題。物理學家們認為光是靠乙太傳播的，但乙太又十分神祕，很不容易找到它。很多實驗室都想尋找乙太，但都沒有結果。邁克生這時測量光速出了名，很多人勸他：「你的儀器是世界第一流的，如果你用實驗尋找乙太，那是再合適不過的了。」

邁克生一聽，正中下懷，於是下決心從事「尋找乙太」的實驗。到1887年，邁克生用當時最先進的光學儀器，尋找乙太已經好幾年了，但一直找不到這個神出鬼沒的東西。他在一年不同的時期，如春夏秋冬，重複他的實驗，但是不管他如何努力，就是找不到乙太的蹤跡。

有人說：「也許邁克生的實驗設計有缺點？」但是，經過最仔細、最挑剔的分析，邁克生的實驗，幾乎沒有任何設計上的失誤。這就是說，邁克生的實驗證實：根本沒有乙太；乙太是科學家自己想像出來的一種實際上並不存在的東西。

美國物理學家密立根（R. A. Millikan，1868-1953）當時認為：「邁克生的實驗結果，是一個不合道理的、看上去無法解釋的實驗事實。」

荷蘭物理學家洛倫茲說：「我真不知道應該如何看待邁克生的結果，是不是他的實驗還有漏洞？」英國物理學家瑞利歎氣說：「邁克生的實驗結果，真令人掃興。」

（三）

　　邁克生雖然用他聞名於世的實驗，證實了乙太根本不存在，但他本人，直到去世的時候都沒有放棄乙太。在他晚年，還經常提到「可愛的乙太」。在去世前4年出版的最後一本書上，他還寫道：雖然相對論已被普遍接受，但我個人仍然保持懷疑。

　　我們知道，邁克生1931年去世，那麼上面那段話應該是1927年寫的。到1927年，相對論早已被認定是20世紀最偉大的理論了，而邁克生卻堅持不承認相對論，這種極端的保守態度，真令人感到驚訝。他不但不為自己曾對相對論做出了貢獻而高興，相反卻感到遺憾。

　　邁克生是一位偉大的實驗物理學家，這是大家都承認的，他終身從事光學精密實驗，為科學發展做出了卓越的貢獻。但在對待物理學發展的態度上，他不容易接受新的物理思想。他經常自信地對人說：「物理學的發展，只能通過精密測量得到，只能在小數點以後的第6位數上尋找。」

　　做精密的實驗，對物理學的進步當然很重要，但是，如果沒有理論上的指導，精密測量就會失去意義。例如，邁克生自己把光學實驗做得非常精密，世界第一流，但他不能引起物理學發生重大的、突破性的進展。

　　愛因斯坦說得好：「是理論決定你觀察到什麼。」

　　這是什麼意思呢？每個人在實驗中觀察測量時，腦袋裡一定事先有一種想法（所謂想法，廣義地說，就是一種理論），這種想法支配你如何進行觀測。打個比方，如果你對天上的雲，事先沒有任何理論知識，你向天上的雲看了好半天，也許什麼也看不

出來，只知道雲彩在天空變化萬千。如果你知道許多天氣知識，你向天上多看幾眼，就可能說出今天、明天的氣象：有沒有雨，有沒有風，等等。這就是「理論決定你觀察到什麼」。

邁克生正是由於對理論、假說的意義，缺乏正確的認識，所以對別人提出的新理論、新思想不感興趣，有時顯得十分無知。有一次，他問一位天文學家：「英國的愛丁頓先生提出一種恆星理論，這個理論是怎麼一回事？」

那位天文學家回答說：「愛丁頓認為，有一種恆星上的物質，密度比水大三萬倍。」

邁克生急忙打斷那人的話頭，說：「那不是比鉛的密度還大？」鉛的密度，是地球上密度最大的。那位天文學家點了點頭，邁克生於是斬釘截鐵地說：「那麼，愛丁頓先生的理論一定錯了！」

實際上，愛丁頓的理論並沒有錯，天空中有一種叫「白矮星」的恆星，那上面的物質的密度真是比水的密度大幾萬倍。但這種奇特的結論，邁克生是決不相信的。

正是因為邁克生只專心於埋頭實驗，對新理論不感興趣，又不喜歡與研究生合作，所以他一直不願意承認相對論。

有一件趣事。1931年邁克生病重時，許多科學家去看望他，他的妻子總是在大門口小聲叮嚀探視邁克生的客人：「千萬別向他提到相對論，否則他會發火。」

他直到去世，也未改變這種保守觀點。

第二十六講

包立為什麼敗給
兩位年輕的物理學家

大約兩年前，整個科學史上最令人驚奇的發現之一誕生了……我指的是由楊振寧和李政道在哥倫比亞大學做出的發現。這是一項最美妙、最獨具匠心的工作，而且結果是如此令人驚奇，以至於人們會忘記思維是多麼美妙。它使我們再次想起物理世界的某些基礎。直覺、常識——它們簡直倒立起來了。這一結果通常被稱為宇稱的不守恆性。

——斯諾（C. P. Snow，1905–1980）

　　一部物理學史，真是充滿了離奇的事件，如果去掉那些令人生畏的數學公式和一些讀起來令人彆扭的專業名詞，其離奇曲折的程度，絕不亞於一部福爾摩斯探案集。如果就「破案」的難度和技巧而言，那比後者不知強多少倍。就拿 β 衰變來說，由於 β 能譜的連續性，使物理學陷入危機。為了解救這一危機，包立獨具一格地提出中微子假說，成功地解釋了連續譜，而且拯救了能量和角動量兩個守恆定律。包立的功勞不可謂不大。

　　到了1956年，又是這個 β 衰變出了問題，引出了所謂的「$\theta-\tau$ 之謎」，威脅著另一個叫作宇稱守恆的定律。包立，這位在幾十年前為拯救能量守恆定律立下豐功偉績的「福爾摩

斯」，又要重振當年雄風，繼續拯救這個宇稱守恆定律。哪知滄海桑田，這次他竟敗在比他小將近30歲的兩位年輕物理學家手下。這不真有點玄嗎？可這都是事實。

<h1 align="center">（一）</h1>

物理學家對守恆定律有一種特殊的偏愛，這有著深刻的歷史原因和現實意義。從古希臘起，人們就試圖從雜亂無章的自然界找到某種符合審美原理的一些形式，即希望在自然界找到和諧、秩序。而且，從一種純思辨的原因出發，人們有理由希望自然界具有一種我們可以理解的秩序。令人驚奇的是，人們這種希望竟獲得了極大的成功，守恆量和守恆定律的發現就是最突出的一個例子。

守恆量和守恆定律是物理學中非常重要的概念。有些量在一定的系統中，不論發生多麼複雜的變化，都始終保持不變，如系統的總能量、總動量等。有了這種規律，自然界的變化就在其看來雜亂無章中呈現出一種簡單、和諧、對稱的關係，這不僅有著美學的價值，而且它能對物質運動的範圍作出嚴格的限制，從而具有重要的方法論意義。每一個讀過高中物理的人，都有這種體會：有些題目如果用能量守恆定律來解，比用牛頓三大定律來解簡單得多，幾乎可以一下子就直接解出來，讓人覺得十分舒服、痛快！在科學研究中也是如此，例如，在物理學史上，單純從守恆定律出發，就曾做出過許多重大的發現，而且十分簡便、痛快。例如中微子的發現，以及反粒子的預言，無一不雄辯地證實了這一事實。

守恆定律的普遍性引起了物理學家們的深思：在守恆定律的背後有沒有更深刻的物理本質？19世紀末，人們才終於認識到，一定物理量的守恆是和一定的對稱性相聯繫的。楊振寧教授在1957年12月11日作的諾貝爾獎獲獎演說中，曾詳細談到了這一關係。他說：一般來說，一個對稱原理（或者，一個相應的不變性原理）產生一個守恆定律……隨著狹義相對論和廣義相對論的出現，對稱定律獲得了新的重要性……然而，直到量子力學發展起來以後，物理學的語彙中才開始大量使用對稱觀念……對稱原理在量子力學中所起的作用如此之大，是無法過分強調的……當人們仔細考慮這過程中的優雅而完美的數學推理，並把它同複雜而意義深遠的物理結論加以對照時，一種對於對稱定律的威力的敬佩之情便會油然而生。

　　楊振寧教授的這段話言簡意賅，但對尚未學習理論物理的人來說，似乎有點抽象，不太好懂。其實，我們學過的中學物理學中，有很多有關對稱性方面的定律，只不過沒有用「對稱性」這樣的深度來描述它罷了。例如，與能量守恆定律相聯繫的對稱性，是時間平移的對稱性，即物理規律在 t 時刻成立，那在另一時刻 t' 它也應該成立；與動量守恆定律相聯繫的對稱性是空間平移的對稱性，即物理規律不因空間位置平移而改變，歐姆定律在湖北省武漢市成立，在美國紐約市也會成立，這就是「空間平移的對稱性」。與角動量守恆相聯繫的是空間轉動的對稱性，即空間具有各向同性，物理規律不因空間轉動而改變，馬克斯威爾電磁定律在地球表面成立，在不斷轉動的太空站也成立。

　　上面提到的都是經典力學中的對稱性，是最簡單的一些對稱性，它們反映了時間和空間是均勻的、各向同性的。這些對稱

性都是對某種「連續變換」的不變性。經典力學還具有左右對稱性，即在空間座標反射變換下的不變性。牛頓定律就具有空間座標反射不變性。

例如，品質為m的物體在外力F的作用下，沿AB做加速度為a的勻加速直線運動，且$a = F/m$；a、F、AB具有相同的方向。如果做空間反射：即用座標（$-x$、$-y$、$-z$）代替座標（x、y、z），運動軌跡則為$A'B'$，力F為F'，F'與$A'B'$方向仍一致，牛頓定律為$a = F'/m$，即品質為m的物體的運動規律在空間反射下仍然不變。但這種左右對稱性是一種分立變換下的對稱性。經典力學雖然具有這種對稱性，卻找不到相應的守恆量，因而不產生守恆定律。這樣，左右對稱性對於經典力學就不具有十分重要的實用意義。但是在量子力學中，分立變換下的對稱性和連續變換下的對稱性一樣，可以形成守恆定律，找到守恆量。這個守恆量被稱之為「宇稱」（parity）。

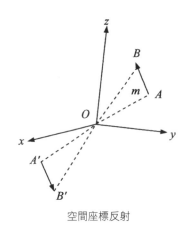

空間座標反射

（二）

宇稱的概念最早是由美國物理學家維格納（E. P. Wigner，1902-1995，1963年獲得諾貝爾物理學獎）引入的。1924年，正在進行鐵光譜研究的美國物理學家拉波特（Otto Laporte，1903-1971）發現，鐵原子的能級分為兩種，後來把它們分別稱為

「奇」「偶」能級。如果只發射或吸收一個光子，則在這些能級躍遷中，能級總是由奇變偶，或由偶變奇。1927年5月，維格納用嚴密的推導，證明拉波特的經驗規律是輻射過程中左右對稱的結果。維格納的分析論證，正是借助於「宇稱」和「宇稱守恆」的觀點。他將偶能級定義為正宇稱，奇能級定義為負宇稱。拉波特發現的規律正好反映了輻射過程中宇稱守恆，即粒子（系統）的宇稱在相互作用前、後不改變，作用前粒子系統宇稱如果為正，作用後亦為正；作用前粒子系統宇稱如果為負，則作用後亦為負。如果作用前、後宇稱的正負發生了改變，則宇稱不守恆。維格納還指出，與宇稱守恆相關聯的對稱性就是左右對稱，或稱空間反射不變。

維格納的基本思想很快被吸收到物理學語言中。由於在其他相互作用中宇稱守恆是毫無疑問的，於是這一思想就迅速被推廣到原子核子物理學、介子物理學和奇異粒子物理學中去。而且，這一推廣應用似乎頗具成效，於是物理學家們確信，宇稱守恆定律有如能量、動量等守恆定律一樣，是一條普遍有效的規律。從宏觀現象得到的左右對稱的規律，也完全適用於微觀世界。

在科學史上，科學家經常採用擴大已發現規律的應用範圍，向未知領域進行探索。1959年諾貝爾物理學獎獲得者之一賽格雷說過：一旦某一規則在許多情況下都能成立時，人們就喜歡把它擴大到一些未經證明的情況中去，甚至把它當作一項「原理」。

宇稱守恆定律的遭遇也正是這樣。在 1956年以前，它一直被視為物理學中的「金科玉律」，誰也沒有想到去懷疑它。但到1956年，物理學家們的這一信念開始發生動搖。發生動搖的原因是出現了一種悖論，即「$\theta - \tau$ 之謎」。

1947年，鮑威爾（C. F. Powell，1903-1969）用乳膠方法發現了12年前日本物理學家湯川秀樹（H. Yukawa，1907-1981，1949年獲諾貝爾物理學獎）預言的介子。不久，英國物理學家羅徹斯特（G. D. Rochester，1908-2001）和澳大利亞物理學家巴特勒（C. C. Butler，1922-1999）從宇宙射線中發現了一種中性粒子衰變為兩個π介子的過程，這中性粒子後被稱為θ粒子，其衰變過程為：

$$\theta \to \pi + \pi$$

1949年，R. 布朗（R. Brown）等人又發現一個新粒子，即τ粒子，它可以衰變為3個π介子，

$$\tau \to \pi + \pi + \pi$$

由於θ，τ粒子具有一些未曾預料到的性質，故被稱為「奇異粒子」。根據實驗測得，這兩個粒子的品質、平均壽命非常接近，但其衰變方式不同：θ粒子衰變為2個π介子，因此宇稱為正，而τ衰變為3個π介子，宇稱為負。1953年，英國理論物理學家達里茲（R. H. Dalitz，1925-2006）和法布里（E. Fabri）根據實驗指出，按照θ和τ的衰變公式，可以確定θ的宇稱為正（亦稱偶），而τ的宇稱為負（亦稱奇）。這當然不是什麼了不起的問題，人們早就知道不同的粒子可以以不同方式衰變，正如不同的人可以以不同的方式死去一樣。問題在於這兩個粒子在物理學家看來似乎是同一個粒子，如果真是同一個粒子卻不遵守宇稱守恆定律，在當時看來這是不允許的。到1956年初，實驗資料均證實了達里茲和法布里的論證。

於是，物理學家只能在兩種選擇中決定取捨：要麼認為τ和θ粒子是不同的粒子，以挽救宇稱守恆定律；要麼承認τ和θ粒

子是同一種粒子，而宇稱守恆定律在這種衰變中失效。但是，左右對稱這一原理畢竟具有那麼悠久的歷史，以致人們很難相信宇稱會真的不守恆。所以，人們囿於傳統的信念，開始根本不願意放棄宇稱守恆的觀念，而是極力設法去尋找 τ 和 θ 粒子之間的某種不同，以證明它們是不同的粒子。但一切努力均勞而無功，τ 和 θ 粒子實在是無法區分。物理學家又一次陷入了迷惘和思索；同時，新的突破也在緊張地孕育著。這種情形正如楊振寧所說：那時候，物理學家發現他們所處的情況，就好像一個人在一間黑屋子裡摸索出路一樣，他知道在某個方向上必定有一個能使他脫離困境的門。然而這扇門究竟在哪個方向上呢？

（三）

1956年9月，物理學家們聽到了一個他們不願意聽到的建議，提建議的人卻認為這個建議正是「脫離困境的門」。提這個建議的人就是楊振寧和李政道。在西雅圖舉行的一次國際理論物理學學術會議上，楊振寧指出：然而，不應匆忙即下結論。這是因為在實驗上各種K介子（即 τ 和 θ）看來都具有相同的品質和相同的壽命，已知的品質值準確到2～10個電子品質，也就是說準確到1%，而壽命值則準確到20%。……這迫使人們懷疑……τ 和 θ 不是同一粒子的結論是否站得住。附帶地，我要加上一句：要不是由於品質和壽命的相同，上述結論肯定會被認為是站得住的，而且會被認為比物理學上許多其他結論更有依據。

接著，10月1日，楊振寧和李政道在美國《物理評論》上發表了一篇名為「弱相互作用中宇稱守恆的問題」的文章。他們在

文章中指出，雖然在所有強相互作用中，宇稱守恆的證據是強有力的：但在弱相互作用中，以往的實驗資料對於宇稱是否守恆的問題，都不能給出回答。雖然以前在分析實驗資料時都預先假定宇稱是守恆的，但實際上根本沒有必要，也就是說，以前的實驗安排得使宇稱守恆或不守恆都不影響結果，因而整個衰變過程中，所完成的實驗既不足以肯定、也不足以否定宇稱守恆定律。原來物理學家由於一廂情願地認為在弱相互作用中宇稱是守恆的，結果竟受到自然界的愚弄。他們兩人認為，也許在弱相互作用中宇稱根本就是不守恆的。而且他們還注意到，類似的情況不是唯一的，以前人們就知道至少有一個守恆定律（同位旋守恆）僅適用於強相互作用，而不適於弱相互作用。他們在文章中明確指出：為了毫不含糊地肯定宇稱在弱相互作用中是否守恆，就必須進行的實驗……並加以討論。

這兒我們需要簡單介紹一下弱和強相互作用。物理學家通過對亞原子粒子五十多年的研究，已掌握它們之間有4種不同的相互作用。現將其類型及強度列表如下：

四種不同的相互作用類型及其強度

類型	強度（數量級關係）
強相互作用	1
電磁相互作用	10^{-2}
弱相互作用	10^{-13}
引力相互作用	10^{-38}

關於電磁和引力相互作用人們比較熟悉，就不必多說。強相互作用是把核子結合在一起的力，以及核子和π介子之間的相互

作用；弱相互作用最典型的例子是原子核的 β 衰變，後來物理學家發現π介子衰變、中微子過程等都屬於弱相互作用。

物理學家對弱相互作用的研究，從發現 β 射線算起到1956年已有半個多世紀，如果從費米提出 β 衰變理論算起，也有二十多年。但由於人們從未懷疑過左右對稱性，所以雖然對弱相互作用（尤其是 β 衰變）做過大量實驗，卻沒有一個實驗能證明弱相互作用中宇稱是否守恆。

楊振寧和李政道的文章發表後，反應冷淡。當時在加州理工學院任教的著名理論物理學家費曼曾回憶說，他對宇稱不守恆的看法是：我認為這種看法不一定能兌現，但並非不可能，而且這個可能性還是驚人的。數日後，實驗物理學家拉姆齊（N. F. Ramsey，1915-2011，美國物理學家，1989年獲得諾貝爾物理學獎）問我，是否值得讓他為此做實驗驗證，以確定在 β 衰變中宇稱守恆是否真的遭到破壞。我明確地回答，值得。雖然當時我感到宇稱守恆肯定不會遭到破壞，但又感到也許有遭到破壞的可能，所以，設法澄清這一點是十分緊要的事。他問我：你說宇稱守恆不可能遭到違反，那你是否願意以100元對1元跟我打賭？我回答說：不行，但打50元的賭我倒情願。他說：50元也行，這個賭可是打定了，我去做！不幸的是拉姆齊此後沒時間去做這個實驗。使我欣慰的是我這50元算保住了。

費曼對宇稱守恆的態度在當時來說還是比較高明的，而其他絕大部分物理學家還遠不如費曼的認識水準，他們根本無法相信宇稱竟會不守恆。普林斯頓高等研究院的戴森教授曾在《物理學的新事物》一文中，生動地描述了當時大多數物理學家的「蒙昧無知」。他寫道：給我寄來了一個副本（指李政道和楊振寧的論

文），我看過了。我一共看了兩遍。我說了「這個問題很有趣」一類的話，或許不是這幾個字，但意思差不多。可是，我沒有想像力，我連下面的話都說不出來：「上帝！如果這是真的話，那它就為物理學開闢了一個全新的分支。」我認為，當時除了很少數幾個人外，其他物理學家也都和我一樣，是毫無想像力的。

戴森的話一點也不誇張。例如被公認為物理直覺異常敏銳、而且在量子物理發展過程中幾乎是戰無不勝的包立，在1957年1月17日給韋斯科夫（V. F. Weisskopf，1908-2002）的信中寫道：我不相信上帝是一個軟弱的左撇子，我願出大價和人打賭……我看不出有任何邏輯上的理由認為，鏡像對稱會與相互作用的強弱有關係。

（四）

信也好，不信也好，這是只有實驗才能決定的是非。但是，沒有多少實驗物理學家作出積極的回應。正如戴森在上面提到的文章中所說：自然可以想像，在得知李、楊的模型後，所有的實驗物理學家都會立即去做這個實驗。要知道這裡提出的正是盼望已久的、能揭示新的自然規律的實驗。但是，實驗物理學家們，除極少數人以外，仍然默默地繼續從事原來的工作。只有吳健雄和她的同事們有勇氣花費半年的時間來準備這個有決定意義的實驗。

大多數實驗物理學家對驗證宇稱守恆的實驗所採取的態度是：這個實驗太難，還是讓別人去做吧！

吳健雄（1912-1997）於1934年畢業於南京的中央大學，獲

學士學位。1936年，從浙江大學物理系考入美國柏克萊加州大學，先後當過勞倫斯（E. O. Lawrence，1901-1958）和賽格雷的研究生。由於她剛強堅定的性格、敏銳的物理思想和高超的實驗技術，而受到許多傑出物理學家的高度評價。賽格雷在他的《從X射線到夸克》一書中寫道：她的毅力和對工作的獻身精神使人想起了瑪麗·居禮，但她更成熟、更漂亮、更機靈。她的大部分科學工作是從事 β 衰變的研究，並且在這方面作出一些重要的發現。

她還跟包立工作過一段時間，包立對她十分敬重，他曾說：吳健雄這位中國移民，對核子物理這門科學的興趣簡直濃厚到了令人難以想像的程度。和她討論核子物理方面的問題，她會滔滔不絕，忘記了夜晚窗外早已是皓月當空。

吳健雄需要約半年時間為實驗做各種準備。由於實驗需要使溫度接近0.01K，而她當時所在的工作單位哥倫比亞大學實驗室裡，還沒有獲得這種製低溫的裝置，只有美國國家標準局才有這樣的裝置和熟悉製冷技術的工作人員。幸好標準局相信吳健雄做這項實驗是必要的，於是吳健雄與物理學家安伯勒（Ernest Ambler，1923-2017）、海瓦爾德（R.W. Hayward，1921-）、霍普斯（D. D. Hoppes，1928-）和哈德森（R. P. Hudson，1924-）等人在標準局開始緊張的準備和預測工作。這時，全世界物理學家都焦急、緊張地等待他們實驗的結果。大部分物理學家期望實驗的結果將再次使包立的「拯救」成功，他們甚至相信只可能出現包立預言的結果，否則，已經相當完美、和諧的理論將又一次面臨可怕的混亂。

1957年1月15日，哥倫比亞大學舉行了新聞發布會，著名物

理學家拉比（I. I. Rabi，1898-1988）宣布吳健雄等人的實驗明確無誤地證實了在 β 衰變中宇稱是不守恆的。第二天，《紐約時報》頭版刊登了這一消息。

現在，人們很難想像當時物理學家在得知這一結果時的心情。他們感到極度地震驚。不少人還默默期望，在其他弱相互作用中宇稱也許仍然是守恆的。但是，以後所有的實驗都毫無例外地證明：在強相互作用中，宇稱守恆定律是不可動搖的，但在弱相互作用中，這個定律不起作用。

由於楊振寧和李政道的發現，深刻影響了科學理論的結構，給科學帶來一次偉大的解放，再加上吳健雄迅速用實驗證實了他們的理論，所以，1957年的諾貝爾物理學獎迅速授給了楊振寧和李政道這兩位年輕的物理學家。一個影響如此重大的理論從提出到獲獎只有不到兩年的時間，在諾貝爾獎數十年授獎史上，是十分罕見的，費曼曾經說：「這是諾貝爾獎最快的一次」。這顯然與吳健雄的實驗驗證有密切的、決定性的關係。

1957年1月27日，包立又寫了一封信給韋斯科夫，他在信中寫道：現在第一次震驚已經過去了，我開始重新思考……現在我應當怎麼辦呢？幸虧我只在口頭上和信上和別人打賭，沒有認真其事，更沒有形成文字，否則我哪能輸得起那麼多錢呢！不過別人現在是有權來笑我了。使我感到驚訝的是，與其說上帝是個左撇子，還不如說他用力時，他的雙手竟是對稱的。總之，現在面臨的是這樣一個問題：為什麼在強相互作用中左右是對稱的？

包立的問題已經超越了本節 $\theta - \tau$ 之謎的討論範圍。宇稱既然在弱相互作用中已經肯定是不守恆的了，$\theta - \tau$ 之謎當然也就解開了。在結束本講之前，有一個問題也許應該引起我們的深

思。

　　中國文化與西方文化是相輔相成的，應當互相學習。在楊振寧、李政道的理論獲得吳健雄實驗證實以後，西方人對中國文化是否對他們三人起了某種特殊作用，十分感興趣。因為，這麼一個重大的理論突破，從理論到實驗恰好由三個中國年輕人完成，這大約不會是偶然的。美國一位雜誌編輯小坎佩爾（James Campell, Jr.）推測，也許在西方和東方世界的文化遺產中有某種差異，促使中國物理學家去研究自然法則的對稱性。《科學美國人》雜誌的編輯伽德勒（Martin Gardner，1914-2010）則更有意思，他以中國的陰陽符號為例，說明中國文化素來強調不對稱性。下圖就是伽德勒所說的陰陽符號，從圖中可以清楚地看出，陰陽符號是一個非對稱分割的圓，並塗成黑白（或黑紅）兩色，分別代表陰和陽。陰陽表示了自然界、社會以及人的一切對偶關係，如善惡、美醜、雌雄、左右、正負、天地、悲歡、奇偶、生死等，無窮無盡。而且最奧妙的是每一側都有另一側的小圓點，這意思是說陰中有陽、陽中有陰；醜中有美、美中有醜；奇中有偶、偶中有奇；生中有死、死中有生……這種不對稱性的思想傳統也許早就使楊、李受到潛移默化，使他們比更重視對稱性的西方科學家易於懷疑西方的科學傳統。

中國古代學說中的陰陽圖

　　無論以上具體分析有多大學術價值，但東方文化（尤其是中

國文化）早從萊布尼茨起，就受到西方傑出科學家的重視。英國科技史學家李約瑟（J. T. M. Needham，1900-1995）說：17世紀的歐洲大思想家中，以萊布尼茨對中國思想最為嚮往，許多文獻裡都載有他對中國的濃厚興趣。

到20世紀70年代以後，科學的整體化時代正在到來，人們開始驚訝地發現，西方所謂系統、協同等新穎的觀念和理論，在中國古代科學中竟然如此豐富，有的已形成了一定的理論體系，它們將會對現代科學中的綜合起到巨大作用，可以幫助現代科學更有效地突破舊框架的束縛。

1977年諾貝爾化學獎獲得者普里戈金曾經說：我們正在向新的綜合前進，向新的自然主義前進。這個新的自然主義將把西方傳統連同它對實驗的強調和定量的表述，同以自發的自組織世界觀為中心的中國傳統結合起來。

他還說：「中國文化是歐洲科學靈感的源泉。」普里戈金的話的確值得深思。

科學大師的失誤／楊建鄴作.--初版.--臺北市：時報文化出版企業股份有限公司，2021.04

352 面；14.8x21 公分 .--（知識叢書；1097）

ISBN 978-957-13-8743-7（平裝）

1.科學　　2.文集

307

110003051

ISBN 978-957-13-8743-7

Printed in Taiwan

知識叢書 1097
科學大師的失誤

作者　楊建鄴｜主編　李筱婷｜封面設計　兒日設計｜總編輯　胡金倫｜董事長　趙政岷｜出版者　時報文化出版企業股份有限公司　108019台北市和平西路三段240號7樓　發行專線—（02）2306-6842　讀者服務專線—0800-231-705，（02）2304-7103　讀者服務傳真—（02）2304-6858　郵撥—19344724時報文化出版公司　信箱—10899臺北華江橋郵局第99信箱　時報悅讀網—http://www.readingtimes.com.tw　時報出版愛讀者—http://www.facebook.com/readingtimes.fans｜法律顧問　理律法律事務所　陳長文律師、李念祖律師｜印刷　勁達印刷有限公司｜初版一刷　2021年4月2日｜定價　新台幣380元｜版權所有　翻印必究（缺頁或破損的書，請寄回更換）

時報文化出版公司成立於1975年，並於1999年股票上櫃公開發行，
於2008年脫離中時集團非屬旺中，以「尊重智慧與創意的文化事業」為信念。